동아출판이 만든 진짜 기출예상문제집

특급기출

기말고사

중학 수학 **2-1**

Structure 구성과 특징

단원별 개념 정리

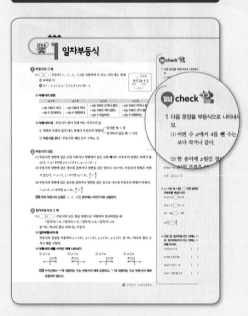

중단원별 핵심 개념을 정리하였습니다.

| 개념 Check |

개념과 1 : 1 맞춤 문제로 개념 학습을 마무리
할 수 있습니다.

기출 유형

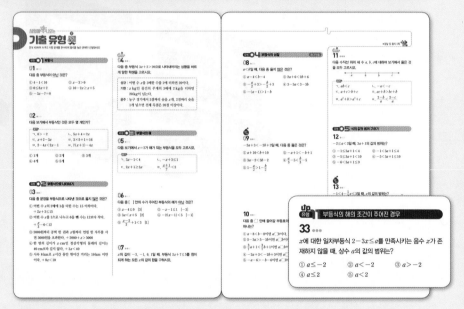

전국 1000여 개 학교 시험 문제를 분석하여 출제율 높은 문제만 선별해 구성하였습니다.

시험에 자주 나오는 빈출 유형과 난이도가 조금 높지만 중요한 **up 유형**까지 학습해 실력을
올려 보세요.

기출 서술형

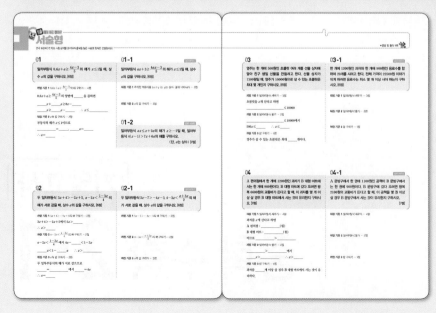

전국 1000여 개 학교 시험 문제 중 출제율 높은 서술
형 문제만 선별해 구성하였습니다.

틀리기 쉽거나 자주 나오는 서술형 문제는 쌍둥이
문항으로 한번 더 학습할 수 있습니다.

"전국 1000여 개 최신 기출문제를 분석해 학교 시험 적중률 100%에 도전합니다."

모의고사 형식의 중단원별 학교 시험 대비 문제

학교 선생님들이 직접 출제한 모의고사 형식의 시험 대비 문제로 실전 감각을 키울 수 있도록 하였습니다.

교과서 속 특이 문제

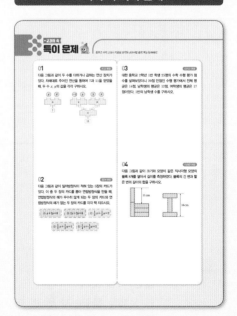

중학교 수학 교과서 10종을 완벽 분석하여 발췌한 창의·융합 문제로 구성하였습니다.

부록

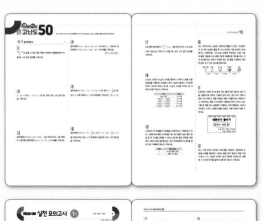

기출에서 pick한 고난도 50

전국 1000여 개 학교 시험 문제에서 자주 나오는 고난도 기출문제를 선별하여 학교 시험 만점에 대비할 수 있도록 구성하였습니다.

실전 모의고사 5회

실제 학교 시험 범위에 맞춘 예상 문제를 풀어 보면서 실력을 점검할 수 있도록 하였습니다.

🌐 특별한 부록
동아출판 홈페이지
(www.bookdonga.com)에서 실전 모의고사 5회를 다운 받아 사용하세요.

나의 오답 Note

오답 Note를 만들면...

실력을 향상하기 위해선 자신이 틀린 문제를 분석하여 다음에는 틀리지 않도록 해야 합니다. 오답노트를 만들면 내가 어려워하는 문제와 취약한 부분을 쉽게 파악할 수 있어요. 자신이 틀린 문제의 유형을 알고, 원인을 파악하여 보완해 나간다면 어느 틈에 벌써 실력이 몰라보게 향상되어 있을 거예요.

오답 Note 한글 파일은 동아출판 홈페이지 (www.bookdonga.com)에서 다운 받을 수 있습니다.

★ 다음 오답 Note 작성의 5단계에 따라 〈나의 오답 Note〉를 만들어 보세요. ★

1단계

제목 쓰기
공부한 날짜와 해당 주요 개념을 적습니다.

3단계

바른 풀이 쓰기
바른 풀이를 간략하게 씁니다. 실수한 부분을 색연필이나 형광펜으로 표시해 두면 복습할 때 도움이 될 거예요.

2단계

틀린 문제 다시 쓰기
틀린 문제를 직접 손으로 적거나 오려 붙이세요. 문제를 적으면서 문제의 의미에 대해 한 번 더 생각해 보세요.

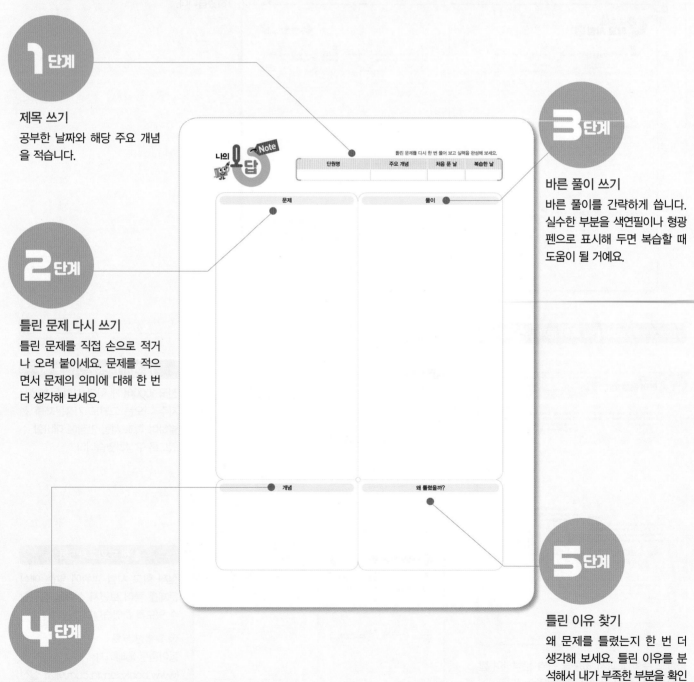

5단계

틀린 이유 찾기
왜 문제를 틀렸는지 한 번 더 생각해 보세요. 틀린 이유를 분석해서 내가 부족한 부분을 확인하고 다시 틀리지 않도록 해요.

4단계

개념 확인하기
문제와 관련된 주요 개념을 정리하고 복습합니다.

나의 오답 Note

틀린 문제를 꼭 다시 한 번 풀어 보고 실력을 완성해 보세요.

단원명	주요 개념	처음 푼 날	복습한 날

문제

풀이

개념

왜 틀렸을까?

문제

풀이

Contents 차례

1 일차부등식

② 연립일차방정식

 단원별로 학습 계획을 세워 실천해 보세요.

학습 날짜	월 일	월 일	월 일	월 일
학습 계획				
학습 실행도	0 100	0 100	0 100	0 100
자기 반성				

1 일차부등식

① 부등식과 그 해

(1) ☐(1)☐ : 부등호($>$, $<$, $\geq$, $\leq$)를 사용하여 수 또는 식의 대소 관계를 나타낸 식

예 $5>-1$, $x<2$, $a-1\geq3$, $b+2\leq2b-4$

(2) **부등식의 표현**

$a>b$	$a<b$	$a\geq b$	$a\leq b$
• a는 b보다 크다. • a는 b 초과이다.	• a는 b보다 작다. • a는 b 미만이다.	• a는 b보다 크거나 같다. • a는 b보다 작지 않다. • a는 b 이상이다.	• a는 b보다 작거나 같다. • a는 b보다 크지 않다. • a는 b 이하이다.

(3) **부등식의 해** : 부등식이 참이 되게 하는 미지수의 값

① 좌변과 우변의 값의 대소 관계가 부등호의 방향과 ┌ 일치할 때 ➡ 참
└ 일치하지 않을 때 ➡ 거짓

② 부등식을 푼다 : 부등식의 해를 모두 구하는 것

② 부등식의 성질

(1) 부등식의 양변에 같은 수를 더하거나 양변에서 같은 수를 빼어도 부등호의 방향은 바뀌지 않는다. ➡ $a<b$이면 $a+c<b+c$, $a-c<b-c$

(2) 부등식의 양변에 같은 양수를 곱하거나 양변을 같은 양수로 나누어도 부등호의 방향은 바뀌지 않는다. ➡ $a<b$, $c>0$이면 $ac<bc$, $\dfrac{a}{c}<\dfrac{b}{c}$

(3) 부등식의 양변에 같은 음수를 곱하거나 양변을 같은 음수로 나누면 부등호의 방향이 바뀐다.

➡ $a<b$, $c<0$이면 $ac>bc$, $\dfrac{a}{c}>\dfrac{b}{c}$

참고 위의 부등식의 성질은 $>$, $\geq$, $\leq$인 경우에도 마찬가지로 성립한다.

③ 일차부등식과 그 해

(1) ☐(2)☐ : 부등식의 모든 항을 좌변으로 이항하여 정리하였을 때

(일차식)>0, (일차식)<0, (일차식)≥0, (일차식)≤0

중 어느 하나의 꼴로 나타나는 부등식

(2) **일차부등식의 해**

부등식의 성질을 이용하여 $x>$(수), $x<$(수), $x\geq$(수), $x\leq$(수) 중 어느 하나의 꼴로 고쳐서 해를 구한다.

(3) **부등식의 해를 수직선 위에 나타내기**

① $x>a$　　② $x<a$　　③ $x\geq a$　　④ $x\leq a$

참고 수직선에서 '●'에 대응하는 수는 부등식의 해에 포함되고, '○'에 대응하는 수는 부등식의 해에 포함되지 않는다.

개념 check

1 다음 문장을 부등식으로 나타내시오.

(1) 어떤 수 x에서 4를 뺀 수는 3보다 작거나 같다.

(2) 한 송이에 x원인 장미꽃 10송이의 가격은 9500원 미만이다.

(3) 자전거를 타고 분속 x m로 20분 동안 간 거리는 2 km 이상이다.

(4) 한 개의 무게가 500 g인 똑같은 장난감 x개를 무게가 200 g인 상자에 담았더니 그 무게가 3 kg보다 무거웠다.

2 x의 값이 0, 1, 2일 때, 다음 부등식을 푸시오.

(1) $2x\geq1$

(2) $x+3>4$

(3) $5x-3<3x$

(4) $8-3x\leq x+2$

3 $a<b$일 때, 다음 ☐ 안에 알맞은 부등호를 써넣으시오.

(1) $a+3$ ☐ $b+3$

(2) $a-1$ ☐ $b-1$

(3) $-4a$ ☐ $-4b$

(4) $\dfrac{a}{7}$ ☐ $\dfrac{b}{7}$

4 다음 중 일차부등식인 것에는 ○표, 일차부등식이 아닌 것에는 ×표를 하시오.

(1) $3+x<4$　　　(　)

(2) $2x+5\geq2x$　　(　)

(3) $x^2+3>-1$　　(　)

(4) $x-4\leq3x+1$　(　)

답 (1) 부등식　(2) 일차부등식

4 일차부등식의 풀이

(1) 일차부등식의 풀이

❶ 미지수 x를 포함한 항은 좌변으로, 상수항은 우변으로 이항한다.

❷ 양변을 정리하여 $ax>b$, $ax<b$, $ax \geq b$, $ax \leq b$ $(a \neq 0)$ 꼴로 고친다.

❸ 양변을 x의 계수 a로 나눈다. 이때 a가 음수이면 부등호의 방향이 ___(3)___ .

(2) 복잡한 일차부등식의 풀이

① 괄호가 있는 경우 : 분배법칙을 이용하여 괄호를 푼 후 동류항끼리 정리하여 푼다.

② 계수가 분수인 경우 : 양변에 분모의 최소공배수를 곱하여 계수를 정수로 고쳐서 푼다.

③ 계수가 소수인 경우 : 양변에 10의 거듭제곱을 곱하여 계수를 정수로 고쳐서 푼다.

주의 부등식의 양변에 분모의 최소공배수를 곱하거나 10의 거듭제곱을 곱할 때는 계수가 정수인 항에도 반드시 곱해야 한다.

---

5 다음 일차부등식을 풀고, 그 해를 수직선 위에 나타내시오.

(1) $x+1>4$

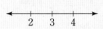

(2) $-5x>15$

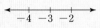

(3) $x+6 \geq 2x$

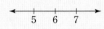

(4) $8x-3 \geq 3x+7$

---

5 일차부등식의 활용

(1) 일차부등식의 활용 문제 풀이 순서

❶ 미지수 정하기 : 문제의 뜻을 파악하고, 구하려는 값을 미지수 x로 놓는다.

❷ 부등식 세우기 : x를 이용하여 주어진 조건에 맞는 부등식을 세운다.

❸ 부등식 풀기 : 부등식을 풀어 x의 값의 범위를 구한다.

❹ 확인하기 : 구한 해가 문제의 뜻에 맞는지 확인한다.

주의 사람 수, 물건의 개수, 횟수 등을 미지수로 놓았을 때는 구한 해 중에서 자연수만을 답으로 해야 한다.

미지수 정하기
↓
부등식 세우기
↓
부등식 풀기
↓
확인하기

(2) 여러 가지 일차부등식의 활용

① 연속하는 수에 대한 문제

(ⅰ) 연속하는 세 정수 : x, $x+1$, $x+2$ 또는 $x-1$, ___(4)___, $x+1$로 놓는다.

(ⅱ) 연속하는 세 짝수(홀수) : x, $x+2$, $x+4$ 또는 $x-2$, x, $x+2$로 놓는다.

② 거리, 속력, 시간에 대한 문제

$$(\text{거리}) = (\text{속력}) \times (\text{시간}), \quad (\text{속력}) = \frac{(\text{거리})}{(\text{시간})}, \quad (\text{시간}) = \frac{(\boxed{(5)})}{(\text{속력})}$$

참고 ① 도중에 속력이 바뀌는 경우

$$\left(\begin{array}{c}\text{시속 } a \text{ km로} \\ \text{갈 때 걸린 시간}\end{array}\right) + \left(\begin{array}{c}\text{시속 } b \text{ km로} \\ \text{갈 때 걸린 시간}\end{array}\right) = (\text{전체 걸린 시간})$$

② 왕복하는 경우

(왕복하는 데 걸린 시간) = (갈 때 걸린 시간) + (중간에 소요된 시간) + (올 때 걸린 시간)

③ 농도에 대한 문제

$$(\text{소금물의 농도}) = \frac{(\text{소금의 양})}{(\text{소금물의 양})} \times 100 \, (\%)$$

$$(\boxed{(6)} \text{의 양}) = \frac{(\text{소금물의 농도})}{100} \times (\text{소금물의 양})$$

---

6 다음 일차부등식을 푸시오.

(1) $-2x>3(x+5)$

(2) $3(2x+3) \leq -2(x+4)+1$

(3) $-\dfrac{x}{4} + \dfrac{1}{2} \geq -\dfrac{x}{6}$

(4) $-0.3(x+3)<-1.2$

---

7 한 번에 2000 kg까지 운반할 수 있는 트럭이 있다. 이 트럭에 몸무게가 65 kg인 사람 4명이 1개에 120 kg인 짐을 여러 개 실어 운반하려고 할 때, 한 번에 운반할 수 있는 짐은 최대 몇 개인지 구하시오. (단, 4명 모두 트럭에 탑승한다.)

---

8 민주는 20 km 코스의 마라톤 대회에 참가하였다. 처음에는 시속 8 km로 뛰다가 도중에 시속 6 km로 뛰어서 3시간 이내에 완주하였다. 민주가 시속 8 km로 뛴 거리는 최소 몇 km인지 구하시오.

답 (3) 바뀐다 (4) x (5) 거리 (6) 소금

유형 **01** 부등식

01 •••

다음 중 부등식이 <u>아닌</u> 것은?

① $4-1<10$　　　　② $x-3>0$
③ $0 \le 8x+2$　　　　④ $10-2x \ge x+5$
⑤ $-3x-7=0$

02 •••

다음 보기에서 부등식인 것은 모두 몇 개인가?

> **보기**
> ㄱ. $0>-2$　　　　ㄴ. $5x+4=2x$
> ㄷ. $x+2-3x$　　　ㄹ. $3 \times 5+1=16$
> ㅁ. $2-4x<2x-1$　ㅂ. $7(x+1)-4x$

① 1개　　　② 2개　　　③ 3개
④ 4개　　　⑤ 5개

유형 **02** 부등식으로 나타내기

03 •••

다음 중 문장을 부등식으로 나타낸 것으로 옳지 <u>않은</u> 것은?

① 어떤 수 x의 2배에 3을 더한 수는 15 이하이다.
　➡ $2x+3 \le 15$
② 어떤 수 x를 3으로 나누고 6을 뺀 수는 12보다 작다.
　➡ $\dfrac{x}{3}-6<12$
③ 2000원짜리 공책 한 권과 x원짜리 연필 한 자루를 사면 3000원을 초과한다. ➡ $2000+x>3000$
④ 한 변의 길이가 x cm인 정삼각형의 둘레의 길이는 40 cm보다 길지 않다. ➡ $3x<40$
⑤ 시속 8 km로 x시간 동안 뛰어간 거리는 10 km 미만이다. ➡ $8x<10$

다음 중 부등식 $3x+2>20$으로 나타내어지는 상황을 바르게 말한 학생을 고르시오.

> 성규 : 어떤 수 x를 3배한 수를 2에 더하면 20이다.
> 기현 : x kg인 물건의 무게의 3배에 2 kg을 더하면 20 kg이 넘는다.
> 윤주 : 농구 경기에서 3점짜리 슛을 x개, 2점짜리 슛을 1개 넣으면 전체 득점은 20점 이상이다.

유형 **03** 부등식의 해

05 •••

다음 보기에서 $x=2$가 해가 되는 부등식을 모두 고르시오.

> **보기**
> ㄱ. $3x-1<4$　　　ㄴ. $-x+3 \le 1$
> ㄷ. $2x+1 \ge 3x$　　ㄹ. $\dfrac{x+1}{2}<2$

06 •••

다음 중 [ ] 안의 수가 주어진 부등식의 해가 <u>아닌</u> 것은?

① $x-4 \le 0$ 　[3]　　　② $-x-1 \le 1$　[-3]
③ $3x<x+5$ 　[2]　　　④ $-2(x-1)<5$　[-1]
⑤ $\dfrac{x-2}{2}+1<3$ 　[1]

07 •••

x의 값이 -2, -1, 0, 1일 때, 부등식 $2x+7 \le 5$를 참이 되게 하는 모든 x의 값의 합을 구하시오.

● 정답 및 풀이 5쪽

유형 **04** 부등식의 성질   최다 빈출

08 ●●●

$a<b$일 때, 다음 중 옳지 <u>않은</u> 것은?

① $a-4<b-4$ ② $2a+6<2b+6$

③ $-\dfrac{a}{2}+3>-\dfrac{b}{2}+3$ ④ $3-3a<3-3b$

⑤ $-(a-1)>1-b$

09 ●●

$-2a+3<-2b+3$일 때, 다음 중 옳은 것은?

① $a+10<b+10$ ② $-a+1<-b+1$

③ $3a-2<3b-2$ ④ $\dfrac{a}{3}-5<\dfrac{b}{3}-5$

⑤ $1-\dfrac{a}{2}>1-\dfrac{b}{2}$

10 ●●

다음 중 ☐ 안에 들어갈 부등호의 방향이 나머지 넷과 다른 하나는?

① $a-8<b-8$이면 $a\,\square\,b$이다.

② $5-3a>5-3b$이면 $a\,\square\,b$이다.

③ $\dfrac{3}{7}a+1<\dfrac{3}{7}b+1$이면 $a\,\square\,b$이다.

④ $-2a+3<-2b+3$이면 $a\,\square\,b$이다.

⑤ $-a-6>-b-6$이면 $a\,\square\,b$이다.

11 ●●●

다음 수직선 위의 세 수 a, b, c에 대하여 보기에서 옳은 것을 모두 고르시오.

보기

ㄱ. $ab<c$ ㄴ. $-a<-c$

ㄷ. $a+c>b+c$ ㄹ. $ac+b>bc+b$

ㅁ. $a^2+b>a^2+c$ ㅂ. $\dfrac{2-b}{a}<\dfrac{2-c}{a}$

유형 **05** 식의 값의 범위 구하기

12 ●●●

$-2\le a<3$일 때, $3a+1$의 값의 범위는?

① $-1\le 3a+1<4$ ② $-1<3a+1\le 4$

③ $-5\le 3a+1<10$ ④ $-5<3a+1\le 10$

⑤ $-6<3a+1\le 9$

13 ●●

$-1<4-\dfrac{1}{2}x\le 3$일 때, x의 값의 범위는?

① $-10\le x<-2$ ② $-2<x\le 10$

③ $-2\le x<10$ ④ $2<x\le 10$

⑤ $2\le x<10$

14 ●●

$-\dfrac{1}{4}<x\le \dfrac{1}{5}$이고 $A=-4x+1$일 때, A의 값의 범위는 $a\le A<b$이다. 이때 상수 a, b에 대하여 $a+b$의 값을 구하시오.

유형 06 일차부등식

15

다음 중 일차부등식인 것을 모두 고르면? (정답 2개)

① $3x-2 \leq 10$

② $5x-1 = 4x$

③ $-3x+2(x+3) < -x+8$

④ $x(2-x) \geq 7$

⑤ $x+6 > 5-2x$

16

부등식 $ax+4x+5 \geq 2x+8$이 x에 대한 일차부등식일 때, 다음 중 상수 a의 값이 될 수 없는 것은?

① -2 ② -1 ③ 0

④ 1 ⑤ 2

유형 07 일차부등식의 풀이

17

일차부등식 $10-2x \leq 4-5x$를 풀면?

① $x \geq -1$ ② $x \leq -2$ ③ $x \leq -5$

④ $x \geq -5$ ⑤ $x \leq -7$

18

다음 일차부등식 중 해가 $x > 2$인 것은?

① $2x-4 < 0$ ② $4x+8 < 0$

③ $x-3 < -5$ ④ $3x-1 > -5$

⑤ $-2x-1 < -5$

19

다음 일차부등식 중 해를 수직선 위에 나타내었을 때, 오른쪽 그림과 같은 것은?

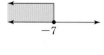

① $3x < -21$ ② $x+4 < -3$

③ $4x-14 \geq 2x$ ④ $6x+2 \geq 10x+30$

⑤ $9x-6 \geq 7x-20$

유형 08 복잡한 일차부등식의 풀이   최다 빈출

20

일차부등식 $3(x+1) \geq 5x+9$를 풀면?

① $x \leq -3$ ② $x < -3$ ③ $x \geq -3$

④ $x > 3$ ⑤ $x \leq 3$

21

일차부등식 $2(x-3)+4 > 3(x-1)$을 만족시키는 x의 값 중 가장 큰 정수는?

① -2 ② -1 ③ 0

④ 1 ⑤ 2

22

일차부등식 $\dfrac{x-1}{2}+\dfrac{x}{3} < \dfrac{1}{3}$의 해가 $x < a$일 때, a의 값은?

① -1 ② $-\dfrac{1}{5}$ ③ 1

④ $\dfrac{10}{3}$ ⑤ 5

23 ••

다음 중 일차부등식 $0.7x-1>0.4x+0.5$의 해를 수직선 위에 바르게 나타낸 것은?

①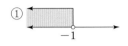
②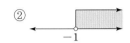
③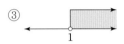
④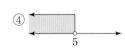
⑤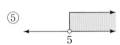

24 ••

다음 중 일차부등식 $\dfrac{x-1}{5}+0.1x\leq\dfrac{3}{2}$의 해가 <u>아닌</u> 것은?

① -1 ② 1 ③ 3
④ 5 ⑤ 7

25 ••

일차부등식 $0.2(6x-1)<\dfrac{1}{2}(2x+3)$을 만족시키는 자연수 x는 모두 몇 개인가?

① 6개   ② 7개   ③ 8개
④ 9개   ⑤ 10개

26 ••

다음 일차부등식 중 해가 나머지 넷과 다른 하나는?

① $-2x-8\leq14$
② $4x+15\geq x-18$
③ $12(x+4)\leq3(x-17)$
④ $\dfrac{x+5}{8}\geq-\dfrac{3}{4}$
⑤ $1.2x+0.8\leq1.6x+5.2$

유형 **09** x의 계수가 문자인 일차부등식의 풀이

27 ••

$a<0$일 때, x에 대한 일차부등식 $-ax<3a$를 풀면?

① $x>-3$ ② $x<-3$ ③ $x<0$
④ $x>3$ ⑤ $x<3$

실수주의
28 •••

$a<2$일 때, 다음 중 x에 대한 일차부등식 $ax-3a>2x-6$의 해를 수직선 위에 바르게 나타낸 것은?

①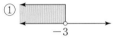
②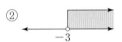
③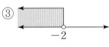
④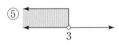
⑤

유형 **10** 부등식의 해가 주어질 때, 미지수의 값 구하기   최다 빈출

29 ••

x에 대한 일차부등식 $\dfrac{1}{2}x+\dfrac{2}{3}a\geq\dfrac{5}{6}$의 해를 수직선 위에 나타내면 오른쪽 그림과 같을 때, 상수 a의 값을 구하시오.

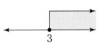

30 ••

다음 두 일차부등식의 해가 서로 같을 때, 상수 a의 값을 구하시오.

$$2x+10<3x+6, \quad -3x+2(x-1)<a$$

31

x에 대한 일차부등식 $ax-3<5$의 해가 $x>-4$일 때, 상수 a의 값은?

① -2 ② -1 ③ 1

④ 2 ⑤ 4

New
32

x에 대한 일차부등식 $ax-2\leq4(x-2)$를 만족시키는 x의 값 중 가장 작은 수가 3일 때, 상수 a의 값을 구하시오.

up
유형 **부등식의 해의 조건이 주어진 경우**

33

x에 대한 일차부등식 $2-3x\leq a$를 만족시키는 음수 x가 존재하지 않을 때, 상수 a의 값의 범위는?

① $a\leq-2$ ② $a<-2$ ③ $a>-2$

④ $a\leq2$ ⑤ $a<2$

34

x에 대한 일차부등식 $\dfrac{x-1}{4}<a$를 만족시키는 자연수 x가 5개일 때, 상수 a의 값의 범위는?

① $1<a<\dfrac{5}{4}$ ② $1\leq a<\dfrac{5}{4}$ ③ $1<a\leq\dfrac{5}{4}$

④ $\dfrac{3}{4}\leq a<1$ ⑤ $\dfrac{3}{4}<a\leq1$

유형 02 **수에 대한 일차부등식의 활용**   최다 빈출

35

어떤 정수의 2배에 3을 더한 수는 어떤 정수에서 4를 뺀 수의 3배보다 작지 않다고 한다. 어떤 정수 중 가장 큰 정수는?

① 11 ② 13 ③ 15

④ 17 ⑤ 19

36

차가 7인 두 정수의 합이 25 이하라고 한다. 두 수 중 큰 수를 x라 할 때, x의 값 중 가장 큰 값은?

① 15 ② 16 ③ 17

④ 18 ⑤ 19

실수주의
37

연속하는 세 정수 중 작은 두 수의 합에서 큰 수를 뺀 것이 8보다 작다고 한다. 이와 같은 수 중 가장 큰 세 정수는?

① 5, 6, 7   ② 6, 7, 8   ③ 7, 8, 9

④ 8, 9, 10   ⑤ 9, 10, 11

38

민아는 두 번의 수행 평가에서 35점, 42점을 받았다. 총 세 번의 수행 평가 성적의 평균이 40점 이상이 되려면 세 번째 수행 평가에서 몇 점 이상을 받아야 하는지 구하시오.

●정답 및 풀이 8쪽

유형 13 가격, 개수에 대한 일차부등식의 활용 [최다 빈출]

39 ●○○

한 송이에 1000원인 장미꽃으로 꽃다발을 만들려고 한다. 3000원짜리 포장지로 포장하여 꽃다발의 가격이 18000원이 넘지 않게 하려고 할 때, 장미꽃을 최대 몇 송이까지 살 수 있는가?

① 14송이   ② 15송이   ③ 16송이
④ 17송이   ⑤ 18송이

40 ●●○

한 개에 500원인 사탕과 한 개에 800원인 빵을 합하여 10개 살 때, 그 값이 7000원 이하가 되게 하려고 한다. 이때 빵은 최대 몇 개까지 살 수 있는지 구하시오.

41 ●●○

어느 박물관의 입장료는 5명까지는 1인당 2000원이고 5명을 초과하면 추가되는 사람에 대하여 1인당 1500원이다. 이 박물관에 입장하는 데 드는 비용을 20000원 이하가 되게 하려면 최대 몇 명까지 입장할 수 있는가?

① 11명   ② 12명   ③ 13명
④ 14명   ⑤ 15명

42 ●●○

어느 공영 주차장의 주차 요금이 처음 30분까지는 3000원이고 30분을 초과하면 1분에 50원씩 추가 요금이 부과된다고 한다. 주차 요금이 10000원 이하가 되게 하려면 최대 몇 분 동안 주차할 수 있는지 구하시오.

유형 14 예금액에 대한 일차부등식의 활용

43 ●○○

현재 성아의 통장에는 8000원이 들어 있다. 다음 달부터 매달 3000원씩 예금한다면 성아의 예금액이 30000원 이상이 되는 것은 몇 개월 후부터인지 구하시오.

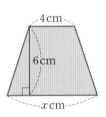

44 ●●○

현재까지 형은 40000원, 동생은 10000원을 저금하였다. 다음 달부터 매달 형은 5000원씩, 동생은 3000원씩 저금한다면 형의 저금액이 동생의 저금액의 2배보다 적어지는 것은 몇 개월 후부터인가?

① 20개월   ② 21개월   ③ 22개월
④ 23개월   ⑤ 24개월

유형 15 도형에 대한 일차부등식의 활용

45 ●○○

오른쪽 그림과 같이 윗변의 길이가 4 cm, 아랫변의 길이가 x cm, 높이가 6 cm인 사다리꼴의 넓이가 36 cm² 이상일 때, x의 값의 범위를 구하시오.

46 ●●○

직사각형 모양의 꽃밭의 둘레에 울타리를 설치하려고 한다. 세로의 길이가 가로의 길이보다 2 m 더 길고, 울타리의 둘레의 길이가 16 m를 넘지 않게 하려면 가로의 길이는 몇 m 이하이어야 하는가?

① 2 m   ② 2.5 m   ③ 3 m
④ 3.5 m   ⑤ 4 m

유형16 유리한 방법을 선택하는 일차부등식의 활용 `최다 빈출`

47 •••

집 근처 가게에서 한 장에 10000원인 티셔츠가 도매 시장에서는 한 장에 9300원이라고 한다. 도매 시장에 다녀오려면 왕복 교통비가 6000원이 들 때, 티셔츠를 몇 장 이상 살 경우 도매 시장에서 사는 것이 유리한가?

① 8장   ② 9장   ③ 10장
④ 11장   ⑤ 12장

48 •••

어느 음악회의 입장료는 1인당 8000원이고 20명 이상의 단체에 대해서는 입장료가 1인당 6500원이라고 한다. 20명 미만의 단체는 몇 명 이상부터 20명의 단체 입장권을 사는 것이 유리한지 구하시오.

49 •••

두 자동차 A, B의 가격과 휘발유 1 L당 주행 거리는 다음 표와 같다. 휘발유 가격이 1 L당 2000원으로 일정하다고 가정하고 자동차 가격과 주유 비용만을 고려하여 자동차를 구입하려고 할 때, 자동차를 구입한 후 최소 몇 km를 초과하여 주행해야 B 자동차를 구입하는 것이 A 자동차를 구입하는 것보다 유리한가?

자동차	가격(만 원)	1 L당 주행 거리(km)
A	1500	10
B	2100	16

① 70000 km   ② 75000 km   ③ 80000 km
④ 83000 km   ⑤ 85000 km

50 •••

어느 야구장의 입장료는 1인당 9000원이다. 30명 이상의 단체 입장권을 구입하면 20 %를 할인해 준다고 할 때, 30명 미만의 단체는 몇 명 이상부터 30명의 단체 입장권을 사는 것이 유리한지 구하시오.

유형17 정가, 원가에 대한 일차부등식의 활용

51 •••

원가가 22000원인 물건을 정가의 20 %를 할인하여 팔아서 원가의 40 % 이상의 이익을 얻으려고 할 때, 다음 중 이 물건의 정가가 될 수 <u>없는</u> 것은?

① 38000원   ② 38500원   ③ 39000원
④ 39500원   ⑤ 40000원

52 •••

원가가 10000원인 어떤 물건에 30 %의 이익을 붙여서 정가를 정하였는데 팔리지 않아서 할인하여 팔기로 했다. 원가의 17 % 이상의 이익을 얻으려면 정가에서 최대 몇 %까지 할인하여 팔 수 있는지 구하시오.

유형18 거리, 속력, 시간에 대한 일차부등식의 활용 `최다 빈출`

53 •••

A, B 두 지점을 왕복하는데 갈 때는 시속 3 km로, 올 때는 같은 길을 시속 6 km로 걸어서 전체 걸린 시간을 3시간 이내로 하려고 한다. 두 지점 A, B 사이의 거리는 최대 몇 km인지 구하시오.

54 ●●

상혁이가 집에서 11 km 떨어진 공원에 가는데 처음에는 시속 5 km로 걷다가 도중에 시속 3 km로 걸어서 3시간 이내에 공원에 도착하였다. 시속 5 km로 걸은 거리는 최소 몇 km인지 구하시오.

55 ●●

8시 30분이 등교 시각인 경수는 아침 8시 10분에 집에서 출발하여 분속 30 m로 걷다가 늦을 것 같아서 분속 90 m로 뛰어갔더니 지각을 하지 않았다. 집에서 학교까지의 거리가 1 km일 때, 경수가 뛰어간 거리는 최소 몇 m인가?

① 400 m   ② 500 m   ③ 600 m
④ 700 m   ⑤ 800 m

56 ●●

선아는 열차 출발 시각까지 1시간의 여유가 있어서 서점에 가서 책을 사 오려고 한다. 책을 사는 데 20분이 걸리고 왕복 시속 3 km로 걷는다고 할 때, 선아는 기차역에서 최대 몇 km 이내에 있는 서점을 이용할 수 있는가?

① 1 km   ② 1.5 km   ③ 2 km
④ 2.5 km   ⑤ 3 km

57 ●●

나라는 휴일에 자전거를 타고 운동을 하는데 갈 때는 시속 30 km로, 올 때는 같은 길을 시속 20 km로 달리고 소요 시간은 2시간 40분 이내로 하려고 한다. 중간에 간식을 먹는 데 걸리는 시간이 30분이라고 할 때, 나라는 최대 몇 km 지점까지 갔다 올 수 있는가?

① 25 km   ② 26 km   ③ 27 km
④ 28 km   ⑤ 29 km

58 ●●

준규와 화정이가 일직선상의 산책로의 한 지점에서 동시에 출발하여 준규는 동쪽으로 분속 150 m로, 화정이는 서쪽으로 분속 100 m로 달려가고 있다. 준규와 화정이가 1 km 이상 떨어지는 것은 출발한 지 몇 분 후부터인지 구하시오.

유형 UP 19 농도에 대한 일차부등식의 활용

59 ●●

10 %의 소금물 300 g이 있다. 이 소금물에 물을 더 넣어 6 % 이하의 소금물을 만들려고 할 때, 최소 몇 g의 물을 더 넣어야 하는가?

① 100 g   ② 150 g   ③ 200 g
④ 250 g   ⑤ 300 g

60 ●●

6 %의 소금물 500 g이 있다. 이 소금물의 물을 증발시켜 10 % 이상의 소금물을 만들려고 할 때, 최소 몇 g의 물을 증발시켜야 하는가?

① 160 g   ② 170 g   ③ 180 g
④ 190 g   ⑤ 200 g

61 ●●

5 %의 설탕물 200 g에 10 %의 설탕물을 섞어서 농도가 8 % 이상인 설탕물을 만들려고 할 때, 10 %의 설탕물을 몇 g 이상 섞어야 하는지 구하시오.

01

일차부등식 $0.6x+a \geq \dfrac{4x-3}{5}$의 해가 $x \leq 1$일 때, 상수 a의 값을 구하시오. [6점]

채점 기준 1 $0.6x+a \geq \dfrac{4x-3}{5}$의 해 구하기 ⋯ 4점

$0.6x+a \geq \dfrac{4x-3}{5}$의 양변에 _____을 곱하면

_____$x+$_____$a \geq 8x-$_____

_____$x \geq$_____$a-$_____ $\therefore x \leq$ _____

채점 기준 2 a의 값 구하기 ⋯ 2점

부등식의 해가 $x \leq 1$이므로

_____ $=$ _____, _____$a=$_____

$\therefore a=$ _____

01-1

일차부등식 $ax+3 \geq \dfrac{4ax-3}{5}$의 해가 $x \leq 3$일 때, 상수 a의 값을 구하시오. [6점]

채점 기준 1 주어진 부등식을 $px \geq q$ (p, q는 상수) 꼴로 나타내기 ⋯ 3점

채점 기준 2 a의 값 구하기 ⋯ 3점

01-2

일차부등식 $ax \leq x+2a$의 해가 $x \geq -2$일 때, 일차부등식 $4(x-1) > 7x+6a$의 해를 구하시오.

(단, a는 상수) [7점]

02

두 일차부등식 $3x+4 > -2x+5$, $a-2x < \dfrac{1-3x}{4}$의 해가 서로 같을 때, 상수 a의 값을 구하시오. [6점]

채점 기준 1 $3x+4 > -2x+5$의 해 구하기 ⋯ 2점

$3x+4 > -2x+5$에서 $5x >$ _____

$\therefore x >$ _____

채점 기준 2 $a-2x < \dfrac{1-3x}{4}$의 해 구하기 ⋯ 2점

$a-2x < \dfrac{1-3x}{4}$에서 $4a-$ _____ $< 1-3x$

_____$x < 1-$ _____a $\therefore x >$ _____

채점 기준 3 a의 값 구하기 ⋯ 2점

두 일차부등식의 해가 서로 같으므로

_____ $=$ _____에서 _____$=4a$

$\therefore a=$ _____

02-1

두 일차부등식 $2x-7 > -4x-3$, $4-3x < \dfrac{a+3x}{2}$의 해가 서로 같을 때, 상수 a의 값을 구하시오. [6점]

채점 기준 1 $2x-7 > -4x-3$의 해 구하기 ⋯ 2점

채점 기준 2 $4-3x < \dfrac{a+3x}{2}$의 해 구하기 ⋯ 2점

채점 기준 3 a의 값 구하기 ⋯ 2점

●정답 및 풀이 11쪽

03

영주는 한 개에 500원인 초콜릿 여러 개를 선물 상자에 담아 친구 생일 선물을 만들려고 한다. 선물 상자가 1300원일 때, 영주가 10000원으로 살 수 있는 초콜릿은 최대 몇 개인지 구하시오. [6점]

채점 기준 1 일차부등식 세우기 ··· 3점

초콜릿을 x개 산다고 하면

_____ ≤ 10000

채점 기준 2 일차부등식 풀기 ··· 2점

_____ ≤ 10000에서

$500x \leq$ _____ $\therefore x \leq$ _____

채점 기준 3 답 구하기 ··· 1점

영주가 살 수 있는 초콜릿은 최대 _____개이다.

03-1

조건 바꾸기

한 개에 1200원인 과자와 한 개에 900원인 음료수를 합하여 20개를 사려고 한다. 전체 가격이 22500원 이하가 되게 하려면 음료수는 최소 몇 개 이상 사야 하는지 구하시오. [6점]

채점 기준 1 일차부등식 세우기 ··· 3점

채점 기준 2 일차부등식 풀기 ··· 2점

채점 기준 3 답 구하기 ··· 1점

04

A 편의점에서 한 개에 1200원인 과자가 B 대형 마트에서는 한 개에 900원이다. B 대형 마트에 갔다 오려면 왕복 6600원의 교통비가 든다고 할 때, 이 과자를 몇 개 이상 살 경우 B 대형 마트에서 사는 것이 유리한지 구하시오. [7점]

채점 기준 1 일차부등식 세우기 ··· 4점

과자를 x개 산다고 하면

A 편의점 : _____ (원)

B 대형 마트 : _____ (원)

이므로 _____ > _____

채점 기준 2 일차부등식 풀기 ··· 2점

_____ > _____ 에서

_____ $x >$ _____ $\therefore x >$ _____

채점 기준 3 답 구하기 ··· 1점

과자를 _____개 이상 살 경우 B 대형 마트에서 사는 것이 유리하다.

04-1

숫자 바꾸기

A 문방구에서 한 권에 1100원인 공책이 B 문방구에서는 한 권에 900원이다. B 문방구에 갔다 오려면 왕복 2100원의 교통비가 든다고 할 때, 이 공책을 몇 권 이상 살 경우 B 문방구에서 사는 것이 유리한지 구하시오.

[7점]

채점 기준 1 일차부등식 세우기 ··· 4점

채점 기준 2 일차부등식 풀기 ··· 2점

채점 기준 3 답 구하기 ··· 1점

05

$-3 \leq x \leq 5$이고 $A = -2x+4$일 때, 다음 물음에 답하시오. [6점]

(1) A의 값의 범위를 구하시오. [4점]

(2) A의 최댓값을 M, 최솟값을 m이라 할 때, $M+m$의 값을 구하시오. [2점]

06

$-7 < 2x-3 < 5$이고 $A = -\dfrac{x+2}{3}$일 때, 다음 물음에 답하시오. [6점]

(1) x의 값의 범위를 구하시오. [3점]

(2) A의 값의 범위를 구하시오. [3점]

07

x가 절댓값이 3 이하인 정수일 때, 일차부등식 $1.6 + \dfrac{6}{5}x \leq \dfrac{1}{5}(x+4)$를 참이 되게 하는 모든 x의 값의 합을 구하시오. [6점]

08

일차부등식 $\dfrac{-x+4}{2} + \dfrac{2}{3} > \dfrac{x}{6}$의 해가 $x < a$, 일차부등식 $0.3(x-5) < 0.5x-1.4$의 해가 $x > b$일 때, $a-2b$의 값을 구하시오. [7점]

09

x에 대한 일차부등식 $x-1 < \dfrac{a+x}{5}$를 만족시키는 정수 x의 최댓값이 0이 되도록 하는 정수 a의 값을 모두 구하시오. [7점]

10

x에 대한 일차부등식 $\dfrac{x-a}{3} \leq \dfrac{1}{4}$을 만족시키는 자연수 x가 3개가 되도록 하는 자연수 a의 개수를 구하시오. [7점]

●정답 및 풀이 12쪽

11

현재 민수의 통장에는 25000원, 영수의 통장에는 12000원이 예금되어 있다. 다음 달부터 매달 민수는 3000원씩, 영수는 5000원씩 예금한다면 영수의 예금액이 민수의 예금액보다 많아지는 것은 몇 개월 후부터인지 구하시오. [6점]

12

현재 형의 나이는 13살, 동생의 나이는 8살이고, 어머니의 나이는 40살이다. 몇 년 후부터 형과 동생의 나이의 합이 어머니의 나이보다 많아지는지 구하시오. [6점]

13

높이가 0.2 cm인 500원짜리 동전으로 '동전 높이 쌓기' 대회를 매년 개최하고 있다. 작년 우승자가 쌓은 동전의 높이가 24.4 cm이고 작년 우승자의 기록을 넘어야 올해 우승자가 될 수 있다고 할 때, 올해 도전자가 현재 쌓은 동전의 높이가 11 cm이면 적어도 몇 개의 동전을 더 쌓아야 올해 우승자가 될 수 있는지 구하시오. [7점]

14

원가가 9000원인 물건을 정가의 25 %를 할인하여 팔아서 원가의 10 % 이상의 이익을 얻으려고 한다. 이때 정가는 얼마 이상으로 정해야 하는지 구하시오. [7점]

15

서진이가 버스정류장에서 버스를 기다리는데 버스 도착 시각까지 36분의 여유가 있어서 이 시간을 이용하여 편의점에 가서 물을 사오려고 한다. 왕복 시속 3 km로 걷고, 물을 사는 데 4분이 걸린다고 할 때, 다음 물음에 답하시오. [6점]

(1) 버스정류장에서 편의점까지의 거리를 x km라 할 때, 일차부등식을 세우시오. [3점]

(2) 버스정류장에서 최대 몇 m 떨어져 있는 편의점을 이용할 수 있는지 구하시오. [3점]

16

6 %의 소금물 500 g에 소금을 더 넣어 농도가 20 % 이상인 소금물을 만들려고 한다. 이때 소금은 최소 몇 g을 더 넣어야 하는지 구하시오. [7점]

01

다음 보기에서 부등식인 것은 모두 몇 개인가? [3점]

보기
ㄱ. $x+4$ ㄴ. $3+6=9$
ㄷ. $x+3<6$ ㄹ. $5x+3y=8$
ㅁ. $3x+4>1+3x$ ㅂ. $5x+6\geq3x-4$

① 1개   ② 2개   ③ 3개
④ 4개   ⑤ 5개

02

다음 중 문장을 부등식으로 나타낸 것으로 옳은 것은?

[3점]

① x에서 6을 뺀 수는 4보다 작거나 같다. ➡ $x-6\geq4$
② 현재 x살인 민규의 7년 후 나이는 현재 나이의 2배보다 많다. ➡ $x+7>x+2$
③ x km의 거리를 시속 80 km로 달리면 5시간보다 적게 걸린다. ➡ $\dfrac{80}{x}<5$
④ 4명이 1인당 x원씩 돈을 낼 때 모이는 금액은 15000원을 넘지 않는다. ➡ $4x\leq15000$
⑤ 무게가 2 kg인 가방에 무게가 x kg인 책 5권을 넣으면 전체 무게가 10 kg 이상이 된다. ➡ $2+5x>10$

03

x의 값이 -2, -1, 0, 1, 2일 때, 부등식
$4(x-3)\leq-9$의 해가 아닌 것을 모두 고르면?

(정답 2개) [3점]

① -2 ② -1 ③ 0
④ 1   ⑤ 2

04

$\dfrac{3-5a}{4}\geq\dfrac{3-5b}{4}$일 때, 다음 중 옳지 않은 것은? [3점]

① $9a+1\leq9b+1$ ② $3a-1\leq3b-1$
③ $-a-7\leq-b-7$ ④ $\dfrac{4a-3}{3}\leq\dfrac{4b-3}{3}$
⑤ $-\dfrac{a}{2}\geq-\dfrac{b}{2}$

05

$-1<x<3$이고, $A=-x+4$일 때, A의 값의 범위는?

[3점]

① $1<A<3$ ② $1<A<5$
③ $3<A<5$ ④ $3<A<7$
⑤ $5<A<7$

06

다음 일차부등식 중 해가 $x<2$인 것은? [4점]

① $3x+4<7$ ② $-x-4>-2$
③ $7x+1<15$ ④ $-4x-7>-1$
⑤ $4x-12<6$

07

다음 보기의 일차부등식 중 해를 수직선 위에 나타내었을 때, 오른쪽 그림과 같은 것을 모두 고른 것은? [4점]

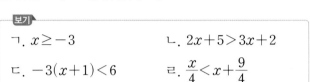

> **보기**
>
> ㄱ. $x \geq -3$ ㄴ. $2x+5>3x+2$
>
> ㄷ. $-3(x+1)<6$ ㄹ. $\dfrac{x}{4}<x+\dfrac{9}{4}$

① ㄱ, ㄴ   ② ㄱ, ㄷ   ③ ㄴ, ㄷ
④ ㄴ, ㄹ   ⑤ ㄷ, ㄹ

08

일차부등식 $\dfrac{3x-1}{2}+1.5>0.4(3x-2)$를 풀면? [4점]

① $x<-6$ ② $x>-6$ ③ $x>0$
④ $x<6$ ⑤ $x>6$

09

$a<0$일 때, x에 대한 일차부등식 $3ax-a \leq 3$을 풀면?

[4점]

① $x \geq \dfrac{3}{a}$ ② $x \leq \dfrac{1}{a}-\dfrac{1}{3}$

③ $x \geq \dfrac{1}{a}-\dfrac{1}{3}$ ④ $x \leq \dfrac{1}{a}+\dfrac{1}{3}$

⑤ $x \geq \dfrac{1}{a}+\dfrac{1}{3}$

10

두 일차부등식 $3(x+1) \leq x+3$, $x+a \leq 6$의 해가 서로 같을 때, 상수 a의 값은? [4점]

① 4   ② 5   ③ 6
④ 7   ⑤ 8

11

연속하는 세 홀수의 합이 45 이하일 때, 이와 같은 세 홀수 중 가장 큰 수의 최댓값은? [4점]

① 11   ② 13   ③ 15
④ 17   ⑤ 19

12

다음 표는 4회에 걸친 강인이의 시험 성적표이다. 5회 모의고사에서 몇 점 이상을 받아야 다섯 번의 모의고사의 평균 점수가 80점 이상이 되는가? [4점]

1회	2회	3회	4회	5회
76점	70점	92점	73점	

① 86점   ② 87점   ③ 88점
④ 89점   ⑤ 90점

13

한 개에 900원인 삼각김밥과 한 개에 1100원인 라면을 합하여 20개를 사고, 총 가격이 21000원을 넘지 않게 하려고 한다. 이때 라면은 최대 몇 개까지 살 수 있는가?

[4점]

① 11개   ② 12개   ③ 13개
④ 14개   ⑤ 15개

14

현재 형이 모은 용돈은 15000원이고, 동생이 모은 용돈은 24000원이다. 다음 달부터 형은 매달 6000원씩, 동생은 매달 4000원씩 모을 때, 형이 모은 용돈이 동생이 모은 용돈보다 많아지게 되는 것은 몇 개월 후부터인가?

[4점]

① 3개월   ② 4개월   ③ 5개월
④ 6개월   ⑤ 7개월

15

높이가 8 cm이고, 아랫변의 길이가 윗변의 길이보다 5 cm 긴 사다리꼴이 있다. 이 사다리꼴의 넓이가 60 cm² 이상이려면 아랫변의 길이는 몇 cm 이상이어야 하는가? [4점]

① 7 cm   ② 8 cm   ③ 9 cm
④ 10 cm   ⑤ 11 cm

16

주차장을 1시간 이용하는 데 드는 비용은 5000원이고, 1시간을 초과하면 1분당 120원씩 추가된다고 한다. 1분당 주차장 평균 이용료가 100원 이하가 되게 하려면 주차장에 최대 몇 분까지 주차할 수 있는가? [5점]

① 110분   ② 120분   ③ 130분
④ 140분   ⑤ 150분

17

원가가 20000원인 물건에 25 %의 이익을 붙여서 정가를 정하였는데 팔리지 않아서 할인하여 팔기로 했다. 원가의 12 % 이상의 이익을 얻으려면 정가에서 최대 몇 %까지 할인하여 팔 수 있는가? [5점]

① 10 %   ② 10.4 %   ③ 10.6 %
④ 10.8 %   ⑤ 11 %

18

12 %의 설탕물 150 g이 있다. 이 설탕물에 물을 더 넣어 9 % 이하의 설탕물을 만들려고 한다. 이때 최소 몇 g의 물을 더 넣어야 하는가? [5점]

① 40 g   ② 50 g   ③ 60 g
④ 70 g   ⑤ 80 g

19

부등식 $2(3-x) \le 2ax-4$가 x에 대한 일차부등식이 되도록 하는 상수 a의 조건을 구하시오. [4점]

20

일차부등식 $3x-2 \le x-a$를 만족시키는 자연수 x가 4개일 때, 상수 a의 값의 범위를 구하시오. [7점]

21

현재 어머니의 나이는 48살이고 딸의 나이는 12살이다. 몇 년 후부터 어머니의 나이가 딸의 나이의 3배 미만이 되는지 구하시오. [6점]

22

동네 문구점에서 한 자루에 1500원인 볼펜이 대형 할인 점에서는 한 자루에 800원이다. 대형 할인점에 다녀오려면 2600원의 왕복 교통비가 든다고 할 때, 볼펜을 몇 자루 이상 살 경우 대형 할인점에서 사는 것이 유리한지 구하시오. [6점]

23

소리가 집에서 $12\,\mathrm{km}$ 떨어진 할아버지 댁까지 가는데 처음에는 자전거를 타고 시속 $12\,\mathrm{km}$로 달리다가 도중에 자전거가 고장이 나서 그 지점에서부터 시속 $4\,\mathrm{km}$로 걸어갔더니 2시간 이내에 도착하였다. 자전거가 고장 난 지점은 집에서 몇 km 이상 떨어진 곳인지 구하시오.

[7점]

01

다음 중 부등식이 <u>아닌</u> 것을 모두 고르면? (정답 2개)

[3점]

① $3x-1$
② $x+4<-5x$
③ $1-7>-3$
④ $x^2+3x \leq x^2-x+3$
⑤ $3-4x=2x+5$

02

다음 문장을 부등식으로 나타내면? [3점]

> 어떤 수 x의 2배에서 3을 뺀 수는 어떤 수 x의 -3배에 5를 더한 수보다 크지 않다.

① $2x-3<-3x+5$
② $2x-3 \leq -3x+5$
③ $2x-3>-3x+5$
④ $2x-3 \geq -3x+5$
⑤ $2x-3=-3x+5$

03

다음 보기에서 $x=-1$일 때 참인 부등식을 모두 고른 것은? [3점]

> **보기**
> ㄱ. $x>0$
> ㄴ. $-x+5<4$
> ㄷ. $2+x \geq -2$
> ㄹ. $2x \leq 3x+5$

① ㄱ, ㄴ
② ㄱ, ㄹ
③ ㄴ, ㄷ
④ ㄴ, ㄹ
⑤ ㄷ, ㄹ

04

$a<b$일 때, 다음 중 옳은 것은? [3점]

① $a-3>b-3$
② $3a+5>3b+5$
③ $7-2a<7-2b$
④ $-\dfrac{2}{5}a>-\dfrac{2}{5}b$
⑤ $\dfrac{3-2a}{4}<\dfrac{3-2b}{4}$

05

$-1 \leq x \leq 4$일 때, $a \leq 3x-5 \leq b$이다. 이때 상수 a, b에 대하여 $a+b$의 값은? [4점]

① -3
② -1
③ $\dfrac{1}{2}$
④ 2
⑤ $\dfrac{5}{2}$

06

다음 보기에서 일차부등식인 것을 모두 고른 것은? [3점]

> **보기**
> ㄱ. $2x+3>-2x-7$
> ㄴ. $2-6x \geq -2(3x+5)$
> ㄷ. $\dfrac{2}{3}x-5=x+4$
> ㄹ. $\dfrac{1}{3}x-5<4x+1$

① ㄱ, ㄷ
② ㄱ, ㄹ
③ ㄴ, ㄷ
④ ㄴ, ㄹ
⑤ ㄷ, ㄹ

07

다음 중 일차부등식 $-2(x-3)+4 \geq 4(x-5)$의 해를 수직선 위에 바르게 나타낸 것은? [4점]

①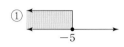
②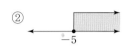
③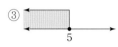
④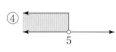
⑤

08

일차부등식 $\dfrac{2x-3}{4}+0.5(x-1) > \dfrac{3x+1}{5}$ 을 만족시키는 가장 작은 자연수 x의 값은? [4점]

① 3   ② 4   ③ 5
④ 6   ⑤ 7

09

일차부등식 $-2(x+a) < 3x-4$의 해가 $x>2$일 때, 상수 a의 값은? [4점]

① -3 ② -2 ③ -1
④ 1   ⑤ 2

10

일차부등식 $2(3x-a) > 7x-1$을 만족시키는 자연수 x가 5개일 때, 상수 a의 값의 범위는? [5점]

① $-5 < a \leq -3$ ② $-\dfrac{5}{2} \leq a < -2$
③ $-\dfrac{5}{2} \leq a < 0$ ④ $-\dfrac{3}{2} \leq a < 0$
⑤ $-\dfrac{3}{2} < a \leq 2$

11

어떤 홀수의 2배에 3을 더한 수는 어떤 홀수의 3배에서 10을 뺀 수보다 크다고 한다. 이를 만족시키는 어떤 홀수 중 가장 큰 수는? [4점]

① 7   ② 9   ③ 11
④ 13   ⑤ 15

12

어느 놀이기구의 1인당 탑승 요금은 어른이 5000원, 어린이가 2000원이다. 어른과 어린이를 합하여 12명이 놀이기구에 탑승하는 데 총 요금이 55000원 이하가 되게 하려면 어른은 최대 몇 명까지 탑승할 수 있는가? [4점]

① 6명   ② 7명   ③ 8명
④ 9명   ⑤ 10명

13

어느 미술관에서 30명의 입장료는 28000원이고, 한 명씩 추가할 때마다 800원씩 받는다고 한다. 한 사람의 평균 입장료가 900원 이하가 되게 하려면 몇 명 이상 미술관에 입장해야 하는가? [4점]

① 40명   ② 41명   ③ 42명
④ 43명   ⑤ 44명

14

현재 현진이가 모은 용돈은 17500원이고, 세희가 모은 용돈은 12000원이다. 다음 주부터 매주 현진이는 700원씩, 세희는 2500원씩 모을 때, 세희가 모은 용돈이 현진이가 모은 용돈의 2배보다 많아지는 것은 몇 주 후부터인가? [4점]

① 20주   ② 21주   ③ 22주
④ 23주   ⑤ 24주

15

세로의 길이가 가로의 길이보다 3 cm 더 긴 직사각형이 있다. 이 직사각형의 둘레의 길이가 58 cm 이하일 때, 세로의 길이는 몇 cm 이하이어야 하는가? [4점]

① 16 cm   ② 17 cm   ③ 18 cm
④ 19 cm   ⑤ 20 cm

16

현수와 준하가 같은 지점에서 동시에 출발하여 서로 반대 방향으로 직선 도로를 따라 자전거를 타고 가고 있다. 현수는 분속 720 m로, 준하는 분속 880 m로 갈 때, 현수와 준하 사이의 거리가 4.8 km 이상이 되려면 두 사람이 몇 분 이상 자전거를 타야 하는가? [4점]

① 2분   ② 3분   ③ 4분
④ 5분   ⑤ 6분

17

어느 서점에서 책의 원가에 25 %의 이익을 붙여 정가를 정하였다. 책을 손해 없이 판매하려면 정가의 최대 몇 %까지 할인하여 판매할 수 있는가? [5점]

① 17.5 %   ② 20 %   ③ 23 %
④ 25.5 %   ⑤ 27 %

18

농도가 6 %인 소금물 300 g과 농도가 12 %인 소금물을 섞어서 농도가 10 % 이하인 소금물을 만들려고 한다. 이때 농도가 12 %인 소금물을 몇 g 이하로 섞어야 하는가? [5점]

① 450 g   ② 500 g   ③ 550 g
④ 600 g   ⑤ 650 g

서술형

19

$a < -3$일 때, x에 대한 일차부등식
$ax - 4a \geq -3(x-4)$의 해 중 가장 큰 정수를 구하시오. [4점]

20

다음 두 일차부등식의 해가 서로 같고 두 일차부등식의 해를 수직선 위에 나타내면 오른쪽 그림과 같을 때, 상수 a, b에 대하여 $a+b$의 값을 구하시오. [6점]

$$-\frac{1}{4}x + a > \frac{1}{2}(x+a), \quad 3(x-2) + b < 5$$

21

일차부등식 $\dfrac{x}{5} - \dfrac{x-3}{3} \geq \dfrac{a}{2}$를 만족시키는 양수 x가 존재하지 않을 때, 상수 a의 값의 범위를 구하시오. [7점]

22

어떤 일을 마치는 데 어른 한 명이 혼자 하면 5일이 걸리고, 어린이 한 명이 혼자 하면 8일이 걸린다고 한다. 어른과 어린이를 합하여 7명이 이 일을 하루 안에 마치려고 할 때, 어른은 최소 몇 명이 필요한지 구하시오. [6점]

23

어느 패밀리 레스토랑에서는 다음과 같은 할인 혜택이 있고 1인당 식사 비용은 12000원이다. 이때 몇 명 이상부터 생일 이벤트로 할인 받는 것보다 통신사 제휴 카드로 할인 받는 것이 유리한지 구하시오. (단, 하나의 할인 혜택만 받을 수 있다.) [7점]

구분	통신사 제휴 카드 할인	생일 이벤트 할인
요금 혜택	전체 이용 요금의 20 % 할인	생일자 포함 동반 4인까지 40 % 할인

01

신사고 변형

다음은 세 수 x, y, z에 대하여 예빈, 주영, 정민이가 나눈 대화이다. 세 학생의 대화를 보고 x, y, z의 대소 관계를 말하시오.

예빈	$yz < 0$이고 $y > z$야.
주영	$xy > 0$이 성립해.
정민	$yz > xz$가 성립해.

02

천재 변형

두 일차부등식 $5(x-1) < a-(x+7)$,

$0.3x - \dfrac{1}{4} \geq \dfrac{x+b}{8}$ 의 해를 각각 수직선 위에 나타내면

다음과 같을 때, 상수 a, b에 대하여 $a+5b$의 값을 구하시오.

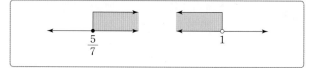

03

동아 변형

A, B 두 사람이 가위바위보 게임을 하고 있다. 이기면 3점 득점, 비기면 2점 득점, 지면 1점 득점을 한다고 할 때, A, B 두 사람이 20회 가위바위보를 한 결과 A의 득점의 합이 B의 득점의 합보다 8점 이상 많으려면 A가 B를 몇 회 이상 이겨야 하는지 구하시오. (단, A, B 두 사람이 비긴 횟수는 5회이다.)

04

교학사 변형

다음 표는 음식 100 g에 들어 있는 나트륨의 양을 조사한 것이다.

음식	나트륨(mg)
쌀밥	2
토마토	5
삼겹살	44
우유	55
감자튀김	230
배추김치	624

오늘 수현이는 점심에 나트륨의 양을 450 mg 이하로 먹기 위해 기존 점심 식단에 위의 표를 이용해서 한 가지 음식만을 더 추가하려고 한다. 기존 점심 식단이 아래 표와 같고 우유 또는 감자튀김을 추가한다고 할 때, 각각 몇 g 이하로 먹어야 하는지 구하시오.

쌀밥 250 g	삼겹살 200 g
토마토 100 g	배추김치 50 g

〈수현이의 점심 식단〉

① 일차부등식

② 연립일차방정식

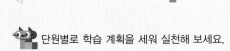

단원별로 학습 계획을 세워 실천해 보세요.

학습 날짜	월 일	월 일	월 일	월 일
학습 계획				
학습 실행도	0 〰 100	0 〰 100	0 〰 100	0 〰 100
자기 반성				

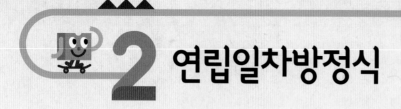

2 연립일차방정식

1 미지수가 2개인 일차방정식

(1) 미지수가 2개인 일차방정식 : 미지수가 2개이고 그 차수가 모두 ⌐(1)⌐인 방정식

미지수가 x, y의 2개인 일차방정식은

$$ax+by+c=0 \text{ (단, } a, b, c\text{는 상수, } a\neq0, b\neq0)$$

과 같이 나타낼 수 있다.

(2) 미지수가 2개인 일차방정식의 해

① 미지수가 2개인 일차방정식의 해 : 미지수가 x, y인 일차방정식을 참이 되게 하는 x, y의 값 또는 그 순서쌍 (x, y)

② 일차방정식을 푼다 : 일차방정식의 해를 모두 구하는 것

> **예** x, y가 자연수일 때, 일차방정식 $2x+y=6$을 풀어 보자.
>
> | x | 1 | 2 | 3 | 4 | 5 | … |
> |---|---|---|---|---|---|---|
> | y | 4 | 2 | 0 | -2 | -4 | … |
>
> 따라서 x, y가 자연수일 때, 일차방정식 $2x+y=6$의 해를 순서쌍 (x, y)로 나타내면 $(1, 4)$, $(2, 2)$이다.

2 미지수가 2개인 연립일차방정식

(1) 미지수가 2개인 연립일차방정식(또는 연립방정식)

미지수가 2개인 두 일차방정식을 한 쌍으로 묶어 놓은 것

(2) 미지수가 2개인 연립일차방정식의 해

① 연립방정식의 해 : 연립방정식에서 두 일차방정식을 ⌐(2)⌐ 참이 되게 하는 x, y의 값 또는 그 순서쌍 (x, y)

② 연립방정식을 푼다 : 연립방정식의 해를 구하는 것

3 연립방정식의 풀이

(1) ⌐(3)⌐ : 한 방정식을 하나의 미지수에 대하여 정리하고, 이를 다른 방정식에 대입하여 연립방정식의 해를 구하는 방법

❶ 한 방정식에서 한 미지수를 다른 미지수에 대한 식으로 나타낸다.

❷ ❶의 식을 다른 방정식에 대입하여 방정식을 푼다.

❸ ❷에서 구한 해를 ❶의 식에 대입하여 다른 미지수의 값을 구한다.

> **예** 연립방정식 $\begin{cases} 3x+2y=4 & \cdots\cdots ㉠ \\ x-4y=6 & \cdots\cdots ㉡ \end{cases}$ 을 대입법을 이용하여 풀어 보자.
>
> ❶ ㉡에서 x를 y에 대한 식으로 나타내면 $x=4y+6$ $\cdots\cdots ㉢$
>
> ❷ ㉢을 ㉠에 대입하면 $3(4y+6)+2y=4$, $14y=-14$ ∴ $y=-1$
>
> ❸ $y=-1$을 ㉢에 대입하면 $x=2$
>
> 따라서 연립방정식의 해는 $x=2$, $y=-1$이다.

(2) ⌐(4)⌐ : 두 방정식을 변끼리 더하거나 빼서 연립방정식의 해를 구하는 방법

❶ 각 방정식의 양변에 적당한 수를 곱하여 없애려는 미지수의 계수의 절댓값을 같게 만든다.

❷ ❶의 두 방정식을 변끼리 더하거나 빼서 한 미지수를 없앤 후 방정식을 푼다.

❸ ❷에서 구한 해를 두 방정식 중 간단한 식에 대입하여 다른 미지수의 값을 구한다.

---

1 다음 중 미지수가 2개인 일차방정식인 것에는 ○표, 아닌 것에는 ×표를 하시오.

(1) $2+y=7$ ( )

(2) $-3x+8y=10$ ( )

(3) $y^2=-x+4$ ( )

(4) $6x+y=-2x+5+y$ ( )

2 x, y가 자연수일 때, 다음 일차방정식의 해를 모두 순서쌍 (x, y)로 나타내시오.

(1) $x+y=3$

(2) $2x+y=7$

(3) $3x+y=8$

(4) $x+3y=5$

3 다음 보기의 연립방정식 중에서 $x=-1$, $y=3$을 해로 갖는 것을 모두 고르시오.

> **보기**
>
> ㄱ. $\begin{cases} x-y=-4 \\ x+y=2 \end{cases}$
>
> ㄴ. $\begin{cases} 2x+y=1 \\ x+3y=4 \end{cases}$
>
> ㄷ. $\begin{cases} x-2y=2 \\ 2x+3y=7 \end{cases}$
>
> ㄹ. $\begin{cases} 3x-y=-6 \\ x+2y=5 \end{cases}$

4 다음 연립방정식을 대입법을 이용하여 푸시오.

(1) $\begin{cases} x=5y \\ x+4y=18 \end{cases}$

(2) $\begin{cases} y=x+1 \\ 2x+3y=13 \end{cases}$

예 연립방정식 $\begin{cases} 2x+3y=1 & \cdots\cdots\ \text{㉠} \\ 3x+4y=1 & \cdots\cdots\ \text{㉡} \end{cases}$ 을 가감법을 이용하여 풀어 보자.

❶ ㉠×3, ㉡×2를 하면 $\begin{cases} 6x+9y=3 & \cdots\cdots\ \text{㉢} \\ 6x+8y=2 & \cdots\cdots\ \text{㉣} \end{cases}$

❷ ㉢−㉣을 하면 $y=1$

❸ $y=1$을 ㉠에 대입하면 $x=-1$

따라서 연립방정식의 해는 $x=-1$, $y=1$이다.

❹ 복잡한 연립방정식의 풀이

(1) **괄호가 있는 경우** : 분배법칙을 이용하여 괄호를 푼 후 동류항끼리 정리하여 푼다.

(2) **계수가 분수인 경우** : 양변에 분모의 ⬚(5)⬚ 를 곱하여 계수를 정수로 고쳐서 푼다.

(3) **계수가 소수인 경우** : 양변에 10의 거듭제곱을 곱하여 계수를 정수로 고쳐서 푼다.

❺ $A=B=C$ 꼴의 방정식의 풀이

$A=B=C$ 꼴의 방정식은 다음의 세 경우 중 하나로 고쳐서 푼다.

$\begin{cases} A=B \\ A=C \end{cases}$, $\begin{cases} A=B \\ B=C \end{cases}$, $\begin{cases} A=C \\ B=C \end{cases}$

예 방정식 $2x+y=x+3y=5$는 $\begin{cases} 2x+y=5 \\ x+3y=5 \end{cases}$와 같이 고쳐서 풀 수 있다.

❻ 해가 특수한 연립방정식의 풀이

연립방정식에서 한 일차방정식의 양변에 적당한 수를 곱하여 다른 일차방정식의 계수, 상수항과 각각 비교하였을 때

(1) 두 일차방정식이 일치하면 ➡ 연립방정식의 해가 ⬚(6)⬚ .

(2) x, y의 계수는 각각 같고 상수항이 다르면 ➡ 연립방정식의 해가 ⬚(7)⬚ .

❼ 연립방정식의 활용

❶ **미지수 정하기** : 문제의 뜻을 파악하고, 구하려는 값을 미지수 x, y로 놓는다.

❷ **연립방정식 세우기** : 주어진 조건에 맞게 x, y에 대한 연립방정식을 세운다.

❸ **연립방정식 풀기** : 연립방정식을 풀어 x, y의 값을 구한다.

❹ **확인하기** : 구한 해가 문제의 뜻에 맞는지 확인한다.

주의 개수, 횟수, 사람 수, 나이 등은 자연수이어야 한다.

참고 (1) 수에 대한 문제 : 십의 자리의 숫자가 x, 일의 자리의 숫자가 y인 두 자리의 자연수는 $10x+y$ 이고 이 수의 십의 자리의 숫자와 일의 자리의 숫자를 바꾼 수는 $10y+x$이다.

(2) 거리, 속력, 시간에 대한 문제 : (거리)$=$(속력)$\times$(시간), (속력)$=\dfrac{\text{(거리)}}{\text{(시간)}}$, (시간)$=\dfrac{\text{(거리)}}{\text{(속력)}}$

답 (5) 최소공배수 (6) 무수히 많다 (7) 없다

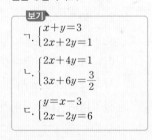
개념 check

5 다음 연립방정식을 가감법을 이용하여 푸시오.

(1) $\begin{cases} 2x+y=3 \\ 3x+2y=5 \end{cases}$

(2) $\begin{cases} 5x+3y=1 \\ x-y=-3 \end{cases}$

6 다음 연립방정식을 푸시오.

(1) $\begin{cases} 3(x-y)+2y=5 \\ 3x-(x+y)=3 \end{cases}$

(2) $\begin{cases} \dfrac{x}{2}-\dfrac{y}{4}=1 \\ \dfrac{x}{3}+\dfrac{y}{6}=\dfrac{2}{3} \end{cases}$

(3) $\begin{cases} 0.2x+0.3y=0.4 \\ 0.1x-0.5y=1.5 \end{cases}$

7 방정식 $x+2y=3x+4y=1$을 푸시오.

8 다음 보기의 연립방정식에 대하여 물음에 답하시오.

보기
ㄱ. $\begin{cases} x+y=3 \\ 2x+2y=1 \end{cases}$

ㄴ. $\begin{cases} 2x+4y=1 \\ 3x+6y=\dfrac{3}{2} \end{cases}$

ㄷ. $\begin{cases} y=x-3 \\ 2x-2y=6 \end{cases}$

(1) 해가 무수히 많은 연립방정식을 모두 찾으시오.

(2) 해가 없는 연립방정식을 찾으시오.

9 1개에 500원인 아이스크림과 1개에 200원인 사탕을 합하여 13개를 사고 4400원을 지불하였다. 구입한 아이스크림과 사탕은 각각 몇 개인지 구하시오.

유형 01 미지수가 2개인 일차방정식

01 ....

다음 보기에서 미지수가 2개인 일차방정식인 것을 모두 고른 것은?

> **보기**
>
> ㄱ. $xy+1=0$　　　　ㄴ. $-2x+y=y+7$
>
> ㄷ. $\dfrac{x}{4}+y=2x-3$　　ㄹ. $y=x(2+x)-1$
>
> ㅁ. $x+2y=3(x+2y)$　　ㅂ. $y(y-1)=x+y^2+8$

① ㄱ, ㄹ　　　② ㄷ, ㅂ　　　③ ㅁ, ㅂ

④ ㄴ, ㄷ, ㅁ　　⑤ ㄷ, ㅁ, ㅂ

New 02 ....

다음 보기에서 미지수가 2개인 일차방정식 $2x+y=10$으로 나타내어지는 상황으로 옳은 것을 모두 고르시오.

> **보기**
>
> ㄱ. x의 4배와 y의 2배의 합은 20이다.
>
> ㄴ. 강아지 x마리와 고양이 y마리의 다리 수의 합은 20이다.
>
> ㄷ. 800원짜리 우유 x개와 400원짜리 사탕 y개를 샀더니 4000원이었다.
>
> ㄹ. 시속 2 km로 x시간 걷다가 시속 1 km로 y시간 걸었더니 걸은 거리가 총 10 km이었다.

03 ....

등식 $2ax+3y-5=(a-3)x-y$가 미지수가 2개인 일차방정식일 때, 다음 중 상수 a의 값이 될 수 <u>없는</u> 것은?

① -3　　　② -1　　　③ 1

④ 2　　　　⑤ 3

유형 02 미지수가 2개인 일차방정식의 해

04 ....

다음 일차방정식 중 $x=-2$, $y=5$를 해로 갖는 것은?

① $x+y=-3$　　　② $y=-3x-2$

③ $5x=4y-10$　　　④ $-2x-y=1$

⑤ $2x-y=3x+y-8$

05 ....

다음 중 일차방정식 $2x+y=9$의 해가 <u>아닌</u> 것은?

① $(-2,\ 5)$　　② $(0,\ 9)$　　③ $(1,\ 7)$

④ $(3,\ 3)$　　　⑤ $(5,\ -1)$

06 ....

x, y가 자연수일 때, 일차방정식 $3x+2y=16$을 만족시키는 순서쌍 $(x,\ y)$는 모두 몇 개인가?

① 1개　　　② 2개　　　③ 3개

④ 4개　　　⑤ 5개

실수주의 07 ....

x, y가 자연수일 때, 다음 일차방정식 중 해의 개수가 가장 적은 것은?

① $x+y=6$　　② $2x+y=12$　　③ $x+2y=9$

④ $3x+2y=20$　⑤ $4x+3y=25$

유형 03 일차방정식의 해 또는 계수가 문자인 경우 (최다 빈출)

08

일차방정식 $x+ay=24$의 한 해가 $x=3$, $y=7$일 때, 상수 a의 값은?

① 3 　　　　② 4 　　　　③ 5

④ 6 　　　　⑤ 7

09

일차방정식 $2x-y=1$의 한 해가 $(a, -3)$일 때, a의 값은?

① -3 　　　② -1 　　　③ 1

④ 3 　　　　⑤ 5

10

두 순서쌍 $(a, 4)$, $(b, -2)$가 모두 일차방정식 $3x+2y=2$의 해일 때, $a+b$의 값은?

① -2 　　　② -1 　　　③ 0

④ 1 　　　　⑤ 2

11

다음 표는 x, y에 대한 일차방정식 $5x-3y=a$의 해를 나타낸 것이다. 이때 $a+b+c$의 값을 구하시오. (단, a는 상수)

x	-5	-2	b	4
y	-7	-2	3	c

유형 04 미지수가 2개인 연립방정식

12

가로의 길이가 x cm, 세로의 길이가 y cm인 직사각형에서 가로의 길이는 세로의 길이의 2배이고 둘레의 길이는 48 cm이다. 다음 중 x, y에 대한 연립방정식으로 옳은 것은?

① $\begin{cases} x=2y \\ x+y=48 \end{cases}$ 　　　② $\begin{cases} x=2y \\ 2x+2y=48 \end{cases}$

③ $\begin{cases} 2x=y \\ x+y=48 \end{cases}$ 　　　④ $\begin{cases} 2x=y \\ 2x+2y=48 \end{cases}$

⑤ $\begin{cases} 2x+y=0 \\ 2x+2y=48 \end{cases}$

13

지영이와 우진이가 가위바위보를 하여 계단 오르기 게임을 하는데 이긴 사람은 3계단을 올라가고 진 사람은 2계단을 내려가기로 하였다. 얼마 후 지영이는 처음 위치보다 7계단 올라가 있었고, 우진이는 처음 위치보다 3계단 내려가 있었다. 지영이가 이긴 횟수를 x, 우진이가 이긴 횟수를 y라 놓고 연립방정식을 세우면 $\begin{cases} 3x+ay=7 \\ bx+3y=c \end{cases}$ 일 때, 상수 a, b, c에 대하여 $a+b-c$의 값을 구하시오. (단, 비기는 경우는 없다.)

유형 05 미지수가 2개인 연립방정식의 해

14

다음 연립방정식 중 $x=3$, $y=-1$을 해로 갖는 것은?

① $\begin{cases} x+y=3 \\ 2x-y=4 \end{cases}$ 　　　② $\begin{cases} 2x+y=5 \\ x+2y=2 \end{cases}$

③ $\begin{cases} x-y=4 \\ 2x+3y=3 \end{cases}$ 　　　④ $\begin{cases} 4x+y=11 \\ -x+3y=6 \end{cases}$

⑤ $\begin{cases} 2x-2y=3 \\ 3x+5y=4 \end{cases}$

15 •••

x, y가 자연수일 때, 연립방정식 $\begin{cases} 3x+y=11 \\ x+3y=17 \end{cases}$의 해는?

① $x=1$, $y=2$ ② $x=2$, $y=5$

③ $x=3$, $y=8$ ④ $x=4$, $y=9$

⑤ $x=5$, $y=11$

유형 06 연립방정식의 해 또는 계수가 문자인 경우 [최다 빈출]

16 •••

연립방정식 $\begin{cases} 5x+ay=7 \\ bx-y=-1 \end{cases}$의 해가 $(2, -1)$일 때, 상수 a, b에 대하여 $a-b$의 값은?

① -2 ② -1 ③ 2

④ 4 ⑤ 5

17 •••

연립방정식 $\begin{cases} x+2y=-3 \\ ax-3y=5 \end{cases}$의 해가 $x=1$, $y=b$일 때, $a+b$의 값을 구하시오. (단, a는 상수)

18 •••

연립방정식 $\begin{cases} 2x-3y=4 \\ x+ay=3 \end{cases}$을 만족시키는 y의 값이 -2일 때, 상수 a의 값은?

① -2 ② -1 ③ 2

④ 3 ⑤ 5

유형 07 연립방정식의 풀이 - 대입법

19 •••

연립방정식 $\begin{cases} 3x=6y-5 & \cdots\cdots \text{㉠} \\ -3x+4y=-1 & \cdots\cdots \text{㉡} \end{cases}$을 풀기 위해 ㉠을 ㉡에 대입하여 x를 없앴더니 $-2y=k$가 되었다. 이때 상수 k의 값은?

① -6 ② -3 ③ 0

④ 3 ⑤ 6

20 •••

연립방정식 $\begin{cases} 3x+2y=8 \\ x=y+1 \end{cases}$을 풀면?

① $x=-5$, $y=2$ ② $x=-2$, $y=-1$

③ $x=-2$, $y=1$ ④ $x=2$, $y=-1$

⑤ $x=2$, $y=1$

21 •••

연립방정식 $\begin{cases} y=-2x+4 \\ y=3x-6 \end{cases}$의 해가 $x=a$, $y=b$일 때, $a+b$의 값은?

① -4 ② -2 ③ 0

④ 2 ⑤ 4

22 •••

연립방정식 $\begin{cases} 4x-3y=-4 \\ y=x-1 \end{cases}$의 해가 일차방정식 $3x-2y+a=0$을 만족시킬 때, 상수 a의 값을 구하시오.

•정답 및 풀이 21쪽

유형 08 연립방정식의 풀이 - 가감법

23 ••••

연립방정식 $\begin{cases} 2x+7y=-17 & \cdots\cdots \text{㉠} \\ 5x-3y=19 & \cdots\cdots \text{㉡} \end{cases}$ 을 가감법을 이용

하여 풀려고 한다. 이때 x를 없애기 위해 필요한 식은?

① ㉠×3+㉡×7 　　　② ㉠×3−㉡×7

③ ㉠×5+㉡×2 　　　④ ㉠×5−㉡×2

⑤ ㉠×7+㉡×3

24 ••••

연립방정식 $\begin{cases} 3x+y=15 \\ x-2y=12 \end{cases}$ 의 해가 $x=a,\ y=b$일 때, $a+b$

의 값은?

① -3 　　　② -1 　　　③ 1

④ 3 　　　⑤ 5

25 ••••

연립방정식 $\begin{cases} 5x-2y=6 \\ 4x-3y=2 \end{cases}$ 의 해가 일차방정식 $2x-ky=14$

를 만족시킬 때, 상수 k의 값을 구하시오.

26 ••••

연립방정식 $\begin{cases} -3x+2y=-5 \\ 5x-6y=3 \end{cases}$ 의 해가 $x=a,\ y=b$일 때,

연립방정식 $\begin{cases} ax+by=2 \\ bx+ay=8 \end{cases}$ 의 해는?

① $x=-4,\ y=-2$ 　　　② $x=-2,\ y=-4$

③ $x=-2,\ y=4$ 　　　④ $x=2,\ y=-4$

⑤ $x=2,\ y=4$

유형 09 복잡한 연립방정식의 풀이 　　　최다 빈출

27 ••

연립방정식 $\begin{cases} 3(2x-y)=3 \\ -2(x-2y)=5(x-1) \end{cases}$ 의 해가 $x=a,\ y=b$

일 때, $a-b$의 값은?

① -6 　　　② -4 　　　③ 2

④ 4 　　　⑤ 6

28 ••

연립방정식 $\begin{cases} \dfrac{1}{2}x+\dfrac{3}{4}y=1 \\ \dfrac{2}{3}x-\dfrac{1}{6}y=\dfrac{1}{6} \end{cases}$ 을 만족시키는 $x,\ y$에 대하여

$x-y$의 값은?

① $-\dfrac{3}{2}$ 　　　② $-\dfrac{1}{2}$ 　　　③ $\dfrac{1}{2}$

④ $\dfrac{3}{2}$ 　　　⑤ $\dfrac{5}{2}$

29 ••

연립방정식 $\begin{cases} 0.3x-y=0.5 \\ 0.1x-0.5y=1 \end{cases}$ 의 해가 $(a,\ 2-b)$일 때,

$a+b$의 값을 구하시오.

30 ••

연립방정식 $\begin{cases} \dfrac{x-y}{5}+\dfrac{5x-y}{2}=-\dfrac{1}{10} \\ 0.7(x+2y)+0.2x=6.5 \end{cases}$ 를 푸시오.

31 •••

연립방정식 $\begin{cases} 0.2x+0.3y=-0.8 \\ 0.3x-0.05y=-0.2 \end{cases}$ 의 해가 (a, b)일 때,

$2a+b$의 값은?

① -4 ② $-\dfrac{1}{2}$ ③ 0

④ $\dfrac{3}{2}$ ⑤ 3

32 •••

연립방정식 $\begin{cases} (2x+y):(3x-y)=7:3 \\ \dfrac{2(x+1)}{5}-\dfrac{y}{6}=1 \end{cases}$ 을 만족시키는 x,

y가 일차방정식 $3x+ay=-6$을 만족시킬 때, 상수 a의 값을 구하시오.

유형 **10** $A=B=C$ 꼴의 방정식의 풀이

33 •••

방정식 $-3x+y=7x-5y=-4$를 풀면?

① $x=-4$, $y=2$ ② $x=-3$, $y=-4$

③ $x=-2$, $y=1$ ④ $x=2$, $y=2$

⑤ $x=3$, $y=5$

34 •••

방정식 $\dfrac{2x-y}{3}=\dfrac{x-3y}{4}=\dfrac{x+3}{2}$ 을 만족시키는 x, y에

대하여 $x+y$의 값을 구하시오.

유형 **11**   연립방정식의 해가 주어질 때, 미지수의 값 구하기   최다 빈출

35 •••

연립방정식 $\begin{cases} ax-by=4 \\ bx-ay=1 \end{cases}$ 의 해가 $x=3$, $y=-2$일 때, 상수

a, b에 대하여 $2a-3b$의 값은?

① -3 ② 3 ③ 5

④ 7 ⑤ 8

36 •••

순서쌍 $(-2, 5)$가 연립방정식 $\begin{cases} (x+3):(y-3)=a:b \\ ax+by=-8 \end{cases}$

의 해일 때, 상수 a, b에 대하여 $a-b$의 값을 구하시오.

37 •••

방정식 $ax-2by+5=2ax+by-1=x+3y$의 해가

$x=-3$, $y=-2$일 때, 상수 a, b에 대하여 $a+b$의 값은?

① -4 ② -2 ③ 0

④ 2 ⑤ 4

유형 **12**   연립방정식의 해의 조건 또는 조건식이 주어진 경우

38 •••

연립방정식 $\begin{cases} ax+y=-7 \\ 5x-2y=1 \end{cases}$ 의 해가 일차방정식 $2x-y=1$

을 만족시킬 때, 상수 a의 값은?

① -8 ② -4 ③ -3

④ 4 ⑤ 6

39 ●●

연립방정식 $\begin{cases} 5x-2y=2 \\ -4x+3y=a-7 \end{cases}$ 을 만족시키는 y의 값이 x의 값의 3배일 때, 상수 a의 값은?

① -7　　　② -3　　　③ 1
④ 5　　　⑤ 9

40 ●●

연립방정식 $\begin{cases} 5x+ay=16 \\ 3x-4y=4 \end{cases}$ 를 만족시키는 x와 y의 값의 비가 $2:1$일 때, 상수 a의 값은?

① -2　　　② -1　　　③ 1
④ 2　　　⑤ 3

41 ●●●

방정식 $\dfrac{x-2y}{3} = \dfrac{2x-ay-2}{5} = -3$의 해를 $x=p$, $y=q$라 할 때, $6p-q=1$이 성립한다. 이때 $a+p-q$의 값을 구하시오. (단, a는 상수)

유형 13 두 연립방정식의 해가 서로 같을 때, 미지수의 값 구하기　최다 빈출

42 ●●●

두 연립방정식 $\begin{cases} -x+4y=11 \\ ax+2y=-5 \end{cases} \begin{cases} 2x+5y=4 \\ 3x+by=-13 \end{cases}$ 의 해가 서로 같을 때, 상수 a, b에 대하여 $a+b$의 값을 구하시오.

43 ●●

다음 두 연립방정식의 해가 서로 같을 때, 상수 a, b에 대하여 ab의 값은?

$$\begin{cases} ax+5y=-7 \\ 4x+7(y+2)=-3 \end{cases}, \begin{cases} 3(x+3y)=y-10 \\ x+by=-1 \end{cases}$$

① -20　　　② -10　　　③ 10
④ 20　　　⑤ 35

44 ●●●

두 연립방정식 $\begin{cases} ax+by=-11 \\ x-y=3 \end{cases}, \begin{cases} x-2y=8 \\ ax-by=-1 \end{cases}$ 의 해가 서로 같을 때, 상수 a, b에 대하여 $a-b$의 값을 구하시오.

유형 14 계수를 잘못 보고 구한 경우

45 ●●

연립방정식 $\begin{cases} ax-y=3 \\ 3x+by=8 \end{cases}$ 을 푸는데 지현이는 a를 잘못 보고 풀어서 $x=4$, $y=-2$를 얻었고, 선미는 b를 잘못 보고 풀어서 $x=1$, $y=-1$을 얻었다. 처음 연립방정식의 해를 구하시오. (단, a, b는 상수)

46 ●●●

연립방정식 $\begin{cases} ax+by=1 \\ bx-ay=3 \end{cases}$ 에서 a, b를 서로 바꾸어 놓고 풀었더니 해가 $x=1$, $y=2$이었다. 처음 연립방정식의 해는? (단, a, b는 상수)

① $x=-2$, $y=-1$　　　② $x=-1$, $y=-2$
③ $x=1$, $y=-2$　　　④ $x=1$, $y=2$
⑤ $x=2$, $y=1$

유형 15 해가 특수한 연립방정식의 풀이

47 •••

다음 연립방정식 중 해가 무수히 많은 것은?

① $\begin{cases} x+3y=6 \\ 2x+6y=9 \end{cases}$ ② $\begin{cases} -x+2y=-1 \\ 4x-8y=2 \end{cases}$

③ $\begin{cases} 3x-5y=8 \\ 3x+5y=-2 \end{cases}$ ④ $\begin{cases} 2x-4y=-6 \\ -x+2y=3 \end{cases}$

⑤ $\begin{cases} x-4y=5 \\ 3x-12y=-10 \end{cases}$

48 •••

연립방정식 $\begin{cases} ax+2y=-4 \\ 6x-4y=b \end{cases}$ 의 해가 무수히 많을 때, 상수 a, b에 대하여 $a-b$의 값을 구하시오.

49 •••

연립방정식 $\begin{cases} a(x-3)+y=b \\ 2x+y=10 \end{cases}$ 의 해가 없도록 하는 상수 a, b의 조건은?

① $a=-2,\ b=4$ ② $a=-2,\ b\neq4$

③ $a=2,\ b=4$ ④ $a=2,\ b\neq4$

⑤ $a=2,\ b\neq10$

New 50 •••

연립방정식 $\begin{cases} -2x+3y=a \\ 6x+by=3 \end{cases}$ 의 해가 무수히 많을 때, x에 대한 방정식 $(a+b+k)x-2k+5=0$이 해를 갖지 않기 위한 상수 k의 값을 구하시오. (단, a, b는 상수)

유형 16 수에 대한 연립방정식의 활용

51 •••

어떤 두 수의 차는 14이고, 작은 수의 3배에서 큰 수를 빼면 8이다. 이때 두 수의 합은?

① 28   ② 30   ③ 32

④ 34   ⑤ 36

실수 주의 52 •••

두 자연수 a, b가 있다. a를 b로 나누면 몫은 4, 나머지는 2이고 b에 40을 더한 수를 a로 나누면 몫은 3, 나머지는 1이다. 이때 $a-b$의 값을 구하시오.

53 •••

두 자리의 자연수가 있다. 각 자리의 숫자의 합은 7이고, 십의 자리의 숫자와 일의 자리의 숫자를 바꾼 수는 처음 수보다 9만큼 작을 때, 처음 수는?

① 16   ② 25   ③ 34

④ 43   ⑤ 52

유형 17 가격, 개수에 대한 연립방정식의 활용   최다 빈출

54 •••

어느 박물관의 입장료는 성인이 2200원, 청소년이 1500원이다. 성인과 청소년을 합하여 7명이 박물관에 입장하였을 때, 총 입장료가 14000원이었다. 입장한 7명 중 청소년은 몇 명인지 구하시오.

55 ●●

윤아는 참치 김밥 2줄과 샐러드 김밥 3줄을 구입하고 11900원을 지불하였다. 참치 김밥이 샐러드 김밥보다 200원 더 비싸다고 할 때, 참치 김밥 한 줄의 가격을 구하시오.

56 ●●

어느 제과점에서 빵 3개와 쿠키 4개의 가격은 3400원이고, 빵 6개와 쿠키 3개의 가격은 4800원이라고 한다. 빵 한 개와 쿠키 한 개의 가격의 합은?

① 800원　　　② 1000원　　　③ 1200원
④ 1400원　　　⑤ 1600원

57 ●●

어느 농장에서 타조와 사슴을 합하여 60마리를 기르고 있다. 타조와 사슴의 다리 수의 합이 200개일 때, 이 농장에서 기르는 타조는 몇 마리인가?

① 20마리　　　② 25마리　　　③ 30마리
④ 35마리　　　⑤ 40마리

58 ●●●

어느 회사에서 초콜릿과 사탕으로 구성된 선물 세트 A, B를 만들어 판매하였다. 각 선물 세트 1개당 초콜릿과 사탕 개수 및 판매 이익은 다음 표와 같고 선물 세트를 만드는 데 사용된 초콜릿은 4400개, 사탕은 4100개였다. 선물 세트 A, B를 모두 팔았을 때, 총 판매 이익을 구하시오.

선물 세트	A	B
초콜릿 개수	6	4
사탕 개수	4	6
판매 이익(원)	800	1000

유형 18 나이에 대한 연립방정식의 활용

59 ●●

현재 누나와 동생의 나이의 합은 34살이고, 5년 후에는 누나의 나이가 동생의 나이의 2배보다 7살이 적어진다고 한다. 현재 누나의 나이는?

① 18살　　　② 20살　　　③ 22살
④ 24살　　　⑤ 27살

60 ●●

현재 아버지의 나이는 아들의 나이의 3배이고 6년 전에는 아버지의 나이가 아들의 나이의 4배보다 2살이 많았다고 한다. 현재 아들의 나이를 구하시오.

유형 19 도형에 대한 연립방정식의 활용

61 ●●

가로의 길이가 세로의 길이보다 10 cm 더 긴 직사각형이 있다. 이 직사각형의 둘레의 길이가 28 cm일 때, 직사각형의 넓이는?

① 14 cm²　　　② 16 cm²　　　③ 20 cm²
④ 22 cm²　　　⑤ 24 cm²

62 ●●

아랫변의 길이가 윗변의 길이보다 2 cm 더 긴 사다리꼴이 있다. 이 사다리꼴의 높이가 6 cm이고, 넓이가 42 cm²일 때, 윗변의 길이와 아랫변의 길이를 각각 구하시오.

유형 20 비율에 대한 연립방정식의 활용 [최다 빈출]

63

전체 학생이 32명인 어느 반에서 남학생의 $\frac{1}{3}$과 여학생의 $\frac{1}{7}$이 SNS를 이용하고 있으며 그 학생 수는 8명이다. 이 반의 여학생 수를 구하시오.

64

어느 중학교의 작년 전체 학생 수는 1000명이었다. 올해는 작년보다 남학생은 10 % 감소하고, 여학생은 5 % 증가하여 전체 학생이 4 % 감소하였다고 한다. 올해 여학생 수는?

① 380명   ② 400명   ③ 420명
④ 540명   ⑤ 600명

65

어느 가게에서 원가가 600원인 A 제품과 원가가 800원인 B 제품을 합하여 220개를 사서 A 제품은 25 %, B 제품은 20 %의 이익을 붙여 정가를 정하였다. 두 제품을 모두 판매하면 34200원의 이익이 생길 때, 이 가게에서 구입한 B 제품은 몇 개인지 구하시오.

유형 21 일에 대한 연립방정식의 활용

66

주현이와 민수가 함께 하면 6일 만에 끝낼 수 있는 일을 주현이가 3일 동안 한 후 나머지를 민수가 7일 동안 하여 끝마쳤다. 이 일을 주현이가 혼자 하면 며칠이 걸리는가?

① 12일   ② 15일   ③ 18일
④ 20일   ⑤ 24일

67

빈 욕조에 물을 가득 채우려고 한다. A 호스로 4시간 채우고 나머지를 B 호스로 3시간 채우면 가득 채울 수 있고, A 호스로 2시간 채우고 나머지를 B 호스로 6시간 채우면 가득 채울 수 있다고 할 때, A 호스로만 이 욕조에 물을 가득 채우려면 몇 시간이 걸리는지 구하시오.

유형 22 거리, 속력, 시간에 대한 연립방정식의 활용 [최다 빈출]

68

준서는 가족과 함께 등산을 하였다. 올라갈 때는 시속 3 km로 걷고, 내려올 때는 올라갈 때보다 1 km 더 짧은 길을 시속 5 km로 걸어서 모두 1시간 24분이 걸렸다. 올라갈 때와 내려올 때 걸은 거리를 각각 구하시오.

69

수진이네 집에서 시장까지의 거리는 2100 m이다. 수진이가 어머니의 심부름으로 저녁 6시에 집에서 출발하여 시장까지 가는데 분속 30 m로 걷다가 늦을 것 같아서 분속 60 m로 뛰었더니 저녁 6시 45분에 도착하였다. 수진이가 뛰어간 거리는?

① 500 m   ② 600 m   ③ 800 m
④ 1300 m   ⑤ 1500 m

70

12 km 떨어진 두 지점에서 경하와 태연이가 마주 보고 동시에 출발하여 도중에 만났다. 경하는 시속 7 km로, 태연이는 시속 5 km로 걸었다고 할 때, 경하와 태연이가 만날 때까지 걸린 시간을 구하시오.

• 정답 및 풀이 27쪽

71 ●●●

동생이 집을 출발하여 학교를 향해 분속 60 m로 걸어간 지 20분 후에 준비물을 두고 간 것을 발견한 형이 자전거를 타고 분속 300 m로 동생을 따라 갔다. 두 사람이 만나는 것은 형이 출발한 지 몇 분 후인지 구하시오.

72 ●●●

둘레의 길이가 1.2 km인 트랙을 따라 동균이와 윤미 두 사람이 각자 일정한 속력으로 자전거를 타고 있다. 두 사람이 같은 지점에서 동시에 출발하여 같은 방향으로 달리면 1분 40초 만에 처음으로 만나고, 반대 방향으로 달리면 50초 만에 처음으로 만난다고 한다. 동균이가 윤미보다 빠르다고 할 때, 동균이의 속력은?

① 초속 6 m   ② 초속 10 m   ③ 초속 14 m
④ 초속 18 m   ⑤ 초속 20 m

73 ●●●

배를 타고 길이가 24 km인 강을 거슬러 올라가는 데 4시간, 강을 따라 내려오는 데 3시간이 걸렸다. 정지한 물에서의 배의 속력을 구하시오. (단, 배와 강물의 속력은 일정하다.)

74 ●●●

일정한 속력으로 달리는 기차가 600 m 길이의 다리를 완전히 건너는 데 18초가 걸리고, 800 m 길이의 다리를 완전히 건너는 데 23초가 걸린다. 이 기차가 1.4 km 길이의 다리를 완전히 건너는 데 걸리는 시간은 몇 초인지 구하시오.

유형 23 농도에 대한 연립방정식의 활용

75 ●●●

3 %의 소금물과 6 %의 소금물을 섞어서 5 %의 소금물 240 g을 만들려고 한다. 이때 3 %의 소금물은 몇 g을 섞어야 하는가?

① 40 g   ② 80 g   ③ 120 g
④ 160 g   ⑤ 200 g

76 ●●●

농도가 다른 A, B 두 종류의 소금물이 있다. A 소금물 200 g과 B 소금물 400 g을 섞었더니 10 %의 소금물이 되었고, A 소금물 400 g과 B 소금물 200 g을 섞었더니 6 %의 소금물이 되었다. 이때 A 소금물의 농도를 구하시오.

유형 24 식품, 합금에 대한 연립방정식의 활용

77 ●●●

다음 표는 우유와 달걀 100 g 속에 들어 있는 단백질의 양과 열량을 각각 나타낸 것이다. 우유와 달걀을 합하여 단백질 30 g, 열량 440 kcal를 섭취하려면 달걀은 몇 g을 섭취해야 하는지 구하시오.

	우유	달걀
단백질 (g)	3	12
열량 (kcal)	70	150

78 ●●●

A는 금을 25 %, 은을 30 % 포함한 합금이고, B는 금을 40 %, 은을 20 % 포함한 합금이다. 이 두 종류의 합금을 녹여서 금을 210 g, 은을 140 g 얻으려면 합금 B는 몇 g 녹여야 하는지 구하시오.

01

순서쌍 $(1, -2)$가 일차방정식 $x+ay=3$의 해일 때, 다음 물음에 답하시오. (단, a는 상수) [4점]

(1) a의 값을 구하시오. [2점]

(2) 일차방정식 $3ax+1=7$의 해를 구하시오. [2점]

(1) **채점 기준 1** a의 값 구하기 … 2점

$x=$_____, $y=$_____를 $x+ay=3$에 대입하면

_____ $-$ _____ $a=3$, $-2a=$_____

$\therefore a=$_____

(2) **채점 기준 2** 일차방정식 $3ax+1=7$의 해 구하기 … 2점

$a=$_____을 $3ax+1=7$에 대입하면

_____$x+1=7$, _____$x=6$ $\quad \therefore x=$_____

01-1 숫자 바꾸기

순서쌍 $(3, 3)$이 일차방정식 $ax-y=9$의 해일 때, 다음 물음에 답하시오. (단, a는 상수) [4점]

(1) a의 값을 구하시오. [2점]

(2) 일차방정식 $4x+7a=16$의 해를 구하시오. [2점]

(1) **채점 기준 1** a의 값 구하기 … 2점

(2) **채점 기준 2** 일차방정식 $4x+7a=16$의 해 구하기 … 2점

02

연립방정식 $\begin{cases} 7x-3y=-4 \\ 3x-2y=a-13 \end{cases}$을 만족시키는 y의 값이 x의 값의 3배일 때, 상수 a의 값을 구하시오. [6점]

채점 기준 1 x, y의 값을 각각 구하기 … 4점

y의 값이 x의 값의 3배이므로 $y=$_____x

$\begin{cases} 7x-3y=-4 & \cdots\cdots \text{㉠} \\ y= \underline{\quad\quad} & \cdots\cdots \text{㉡} \end{cases}$

㉡을 ㉠에 대입하면

$7x-3\times$_____$=-4$, _____$x=-4$ $\quad \therefore x=$_____

$x=$_____를 ㉡에 대입하면 $y=$_____

채점 기준 2 a의 값 구하기 … 2점

$x=$_____, $y=$_____을 $3x-2y=a-13$에 대입하면

_____ $-$ _____ $=a-13$, _____$=a-13$

$\therefore a=$_____

02-1 조건 바꾸기

연립방정식 $\begin{cases} -x+2y=a \\ 8x-5y=9 \end{cases}$를 만족시키는 x의 값과 y의 값이 서로 같을 때, 상수 a의 값을 구하시오. [6점]

채점 기준 1 x, y의 값을 각각 구하기 … 4점

채점 기준 2 a의 값 구하기 … 2점

02-2 응용 서술형

연립방정식 $\begin{cases} 3x+4y=18 \\ ax-y=7 \end{cases}$을 만족시키는 x와 y의 값의 비가 $2:3$일 때, 상수 a의 값을 구하시오. [7점]

03

어느 공장에서 지난달에 A, B 제품을 합하여 600개를 생산하였다. 이달의 생산량은 지난달에 비해 A 제품은 3 % 감소하고, B 제품은 5 % 증가하여 전체로는 14개가 증가하였다. 다음 물음에 답하시오. [7점]

(1) 지난달에 생산한 A 제품을 x개, B 제품을 y개라 할 때, x, y에 대한 연립방정식을 세우시오. [3점]

(2) 이달에 생산한 B 제품은 몇 개인지 구하시오. [4점]

(1) **채점 기준 1** 연립방정식 세우기 … 3점

$$\begin{cases} x+y=\underline{\hspace{1.5cm}} \\ \underline{\hspace{1cm}}x+\underline{\hspace{1cm}}y=14 \end{cases}$$

(2) **채점 기준 2** 이달에 생산한 B 제품은 몇 개인지 구하기 … 4점

위의 식을 정리하면 $\begin{cases} x+y=\underline{\hspace{1.5cm}} \\ \underline{\hspace{1cm}}x+\underline{\hspace{1cm}}y=1400 \end{cases}$

$\therefore x=\underline{\hspace{1.5cm}}, y=\underline{\hspace{1.5cm}}$

따라서 이달에 생산한 B 제품은

$\underline{\hspace{1.5cm}}+\underline{\hspace{1cm}}\times\dfrac{5}{100}=\underline{\hspace{1.5cm}}$(개)

03-1
숫자 바꾸기

어느 중학교의 작년 2학년 학생 수는 450명이었다. 올해는 작년보다 남학생은 5 % 증가하고, 여학생은 2 % 감소하여 전체로는 5명이 증가하였다. 다음 물음에 답하시오. [7점]

(1) 작년 2학년 남학생 수를 x명, 여학생 수를 y명이라 할 때, x, y에 대한 연립방정식을 세우시오. [3점]

(2) 올해 2학년 여학생 수를 구하시오. [4점]

(1) **채점 기준 1** 연립방정식 세우기 … 3점

(2) **채점 기준 2** 올해 2학년 여학생 수 구하기 … 4점

04

둘레의 길이가 400 m인 트랙을 근수와 희정이가 각자 일정한 속력으로 뛰고 있다. 두 사람이 같은 지점에서 동시에 출발하여 반대 방향으로 뛰면 1분 후에 처음으로 만나고, 같은 방향으로 뛰면 4분 후에 근수가 희정이를 1바퀴 앞질러 처음으로 만난다고 한다. 근수의 속력을 구하시오. [7점]

채점 기준 1 연립방정식 세우기 … 3점

근수의 속력을 분속 x m, 희정이의 속력을 분속 y m라 하면

$$\begin{cases} x+y=\underline{\hspace{1.5cm}} \\ \underline{\hspace{1cm}}x-\underline{\hspace{1cm}}y=400 \end{cases}$$

채점 기준 2 근수의 속력 구하기 … 4점

위의 식을 정리하면 $\begin{cases} x+y=\underline{\hspace{1.5cm}} \\ x-y=\underline{\hspace{1.5cm}} \end{cases}$

$\therefore x=\underline{\hspace{1.5cm}}, y=\underline{\hspace{1.5cm}}$

따라서 근수의 속력은 분속 $\underline{\hspace{1.5cm}}$m이다.

04-1
조건 바꾸기

둘레의 길이가 6 km인 공원을 A, B 두 사람이 각자 일정한 속력으로 걷고 있다. 두 사람이 같은 지점에서 동시에 출발하여 같은 방향으로 걸으면 1시간 40분 후에 처음으로 만나고, 반대 방향으로 걸으면 30분 후에 처음으로 만난다고 한다. A가 B보다 빠르다고 할 때, B의 속력을 구하시오. [7점]

채점 기준 1 연립방정식 세우기 … 3점

채점 기준 2 B의 속력 구하기 … 4점

05

연립방정식 $\begin{cases} 3(x-2y)=2(2x+y) \\ x+y=14 \end{cases}$ 의 해가 일차방정식

$ax+4y=24$를 만족시킬 때, 상수 a의 값을 구하시오. [6점]

06

연립방정식 $\begin{cases} (x+2):(y-3)=2:3 \\ -2x+y=7 \end{cases}$ 의 해가 연립방정식

$\begin{cases} px+qy=6 \\ px-qy=18 \end{cases}$ 을 만족시킬 때, 상수 p, q에 대하여 $p+q$의

값을 구하시오. [7점]

07

방정식 $\dfrac{3x+y}{2}=3x=\dfrac{2y+5}{3}$ 의 해가 $x=a$, $y=b$일 때,

$3ab$의 값을 구하시오. [6점]

08

다음 두 연립방정식의 해가 서로 같을 때, 상수 a, b에 대하여 $a+b$의 값을 구하시오. [6점]

$$\begin{cases} 3x+ay=2 \\ 4x+y=4 \end{cases}, \quad \begin{cases} 2x-y=8 \\ bx+3y=-10 \end{cases}$$

09

연립방정식 $\begin{cases} 3x-2y=10 \\ x+4y=-6 \end{cases}$ 을 푸는데 일차방정식

$x+4y=-6$의 -6을 a로 잘못 보고 풀어서 $y=10$이 되었다. 이때 a의 값을 구하시오. [6점]

10

연립방정식 $\begin{cases} x+3y=2 \\ ax+by=6 \end{cases}$ 의 해가 무수히 많을 때, 연립방정

식 $\begin{cases} -2x+y=3 \\ bx+ay=-6 \end{cases}$ 의 해를 구하시오. (단, a, b는 상수) [6점]

11

두 자리의 자연수가 있다. 각 자리의 숫자의 합은 8이고, 십의 자리의 숫자와 일의 자리의 숫자를 바꾼 수는 처음 수의 2배보다 10만큼 크다고 할 때, 처음 수를 구하시오. [6점]

12

어느 학급에서 박물관으로 견학을 갔다. 입장료를 내려고 한 학생당 1000원씩 걷었더니 16000원이 부족하고, 2000원씩 걷었더니 24000원이 남았다. 다음 물음에 답하시오. [7점]

(1) 학급의 전체 학생 수를 구하시오. [5점]

(2) 한 학생의 입장료를 구하시오. [2점]

13

예림이와 수영이가 가위바위보를 하여 이긴 사람은 2계단 올라가고 진 사람은 1계단 내려가기로 하였다. 얼마 후 예림이는 처음 위치보다 12계단 올라가 있었고, 수영이는 처음 위치보다 15계단 올라가 있었다. 수영이가 이긴 횟수를 구하시오. (단, 비기는 경우는 없다.) [6점]

14

도영이와 재현이가 함께 하면 3일 만에 완성할 수 있는 일을 도영이가 2일 동안 한 후 나머지를 재현이가 6일 동안 하여 완성하였다. 이 일을 도영이가 혼자 하면 며칠이 걸리는지 구하시오. [6점]

15

주현이가 집에서 출발하여 3 km 떨어진 마트를 향해 시속 3 km로 걷다가 도중에 시속 6 km로 달렸더니 40분 만에 마트에 도착하였다. 주현이가 시속 3 km로 걸은 거리를 구하시오. [6점]

16

다음 표는 A, B 두 식품의 100 g 속에 들어 있는 열량과 단백질의 양을 각각 나타낸 것이다. 두 식품을 합하여 열량 1860 kcal, 단백질 210 g을 섭취하려면 두 식품 A, B를 각각 몇 g씩 섭취해야 하는지 구하시오. [7점]

식품	열량 (kcal)	단백질 (g)
A	120	20
B	300	30

01

다음 중 미지수가 2개인 일차방정식인 것은? [3점]

① $2x+7y$
② $\dfrac{1}{x}-\dfrac{1}{y}=0$
③ $x+y=xy$
④ $2x(1+y)=2xy-1$
⑤ $3(x^2+y)=x(3x+2)$

02

다음 중 일차방정식 $3x+y=10$의 해가 아닌 것은? [3점]

① $(-3,\ 19)$ ② $(0,\ 10)$ ③ $(2,\ 4)$
④ $(4,\ 2)$ ⑤ $(5,\ -5)$

03

두 순서쌍 $(1,\ -1)$, $(a,\ 5)$가 모두 일차방정식 $6x+by=7$의 해일 때, $a-b$의 값은? (단, b는 상수) [4점]

① -3 ② -1 ③ 1
④ 3 ⑤ 5

04

다음 연립방정식 중 $x=3$, $y=1$을 해로 갖는 것은? [3점]

① $\begin{cases} x+y=4 \\ x-y=3 \end{cases}$
② $\begin{cases} x-2y=1 \\ 3x-y=8 \end{cases}$
③ $\begin{cases} 2x+3y=-4 \\ x+y=3 \end{cases}$
④ $\begin{cases} 3x+y=1 \\ x+2y=5 \end{cases}$
⑤ $\begin{cases} 4x-y=2 \\ 3x-2y=7 \end{cases}$

05

연립방정식 $\begin{cases} x+y=a \\ 3x+by=4 \end{cases}$의 해가 $(2,\ 1)$일 때, 상수 a, b에 대하여 $a+b$의 값은? [4점]

① 1 ② 2 ③ 3
④ 4 ⑤ 5

06

연립방정식 $\begin{cases} y=4-2x & \cdots\cdots ㉠ \\ 3x-2y=6 & \cdots\cdots ㉡ \end{cases}$을 풀기 위해 ㉠을 ㉡에 대입하여 y를 없앴더니 $ax=14$가 되었다. 이때 상수 a의 값은? [3점]

① 2 ② 3 ③ 5
④ 7 ⑤ 9

07

연립방정식 $\begin{cases} 4x-y=7 \\ x+2y=4 \end{cases}$ 를 풀면? [3점]

① $x=1$, $y=-3$ 　　② $x=2$, $y=1$

③ $x=2$, $y=2$ 　　④ $x=3$, $y=1$

⑤ $x=3$, $y=3$

08

연립방정식 $\begin{cases} \dfrac{x}{2}+\dfrac{y}{3}=\dfrac{1}{6} \\ 0.5x-0.2y=0.7 \end{cases}$ 의 해가 $x=m$, $y=n$일 때, mn의 값은? [4점]

① -3 　　② -1 　　③ 1

④ 2 　　⑤ 3

09

방정식 $2x-3y=3x-y=7$을 만족시키는 x, y에 대하여 $x+2y$의 값은? [4점]

① -4 　　② -2 　　③ 0

④ 2 　　⑤ 4

10

연립방정식 $\begin{cases} ax+by=7 \\ bx+ay=5 \end{cases}$ 의 해가 $x=2$, $y=1$일 때, 상수 a, b의 값은? [4점]

① $a=-1$, $b=-3$ 　　② $a=-1$, $b=3$

③ $a=1$, $b=3$ 　　④ $a=3$, $b=-1$

⑤ $a=3$, $b=1$

11

연립방정식 $\begin{cases} x+2y=5 \\ 2(x-y)+3y=a+5 \end{cases}$ 를 만족시키는 x의 값이 y의 값의 3배일 때, 상수 a의 값은? [4점]

① -2 　　② -1 　　③ 0

④ 1 　　⑤ 2

12

방정식 $ax+y=x+by=10$을 푸는데 연우는 a를 잘못 보고 풀어서 $x=1$, $y=3$을 얻었고 세아는 b를 잘못 보고 풀어서 $x=3$, $y=4$를 얻었다. 상수 a, b에 대하여 $a+b$의 값은? [4점]

① 1 　　② 2 　　③ 3

④ 4 　　⑤ 5

13

연립방정식 $\begin{cases} x - 2y = 3 \\ 2x + ay = 5 \end{cases}$ 의 해가 없을 때, 상수 a의 값은? [4점]

① -6　　　　② -4　　　　③ -2

④ 6　　　　⑤ 8

14

선호네 반 28명이 모둠 활동을 위해 조를 이루는데 한 조에 2명 또는 4명씩 짝을 지어 총 10조로 나누려고 한다. 모둠원이 2명인 조는 몇 개인가? [4점]

① 3개　　　　② 4개　　　　③ 5개

④ 6개　　　　⑤ 7개

15

현재 어머니의 나이는 아들의 나이보다 25살 많고 10년 후에 어머니의 나이는 현재 아들의 나이의 3배보다 9살이 많아진다고 한다. 현재 어머니의 나이는? [4점]

① 35살　　　　② 38살　　　　③ 40살

④ 42살　　　　⑤ 45살

16

어느 공장에서 제품을 생산하는데 합격품은 80원의 이익이 생기고, 불량품은 120원의 손해가 생긴다고 한다. 이 제품을 600개 생산하여 36000원의 이익이 생겼을 때, 합격품은 몇 개인가? [5점]

① 420개　　　　② 450개　　　　③ 480개

④ 510개　　　　⑤ 540개

17

1반 전체 학생 40명 중에서 남학생의 $\dfrac{1}{5}$과 여학생의 $\dfrac{1}{3}$이 합창반에 가입하였다. 1반에서 합창반에 가입한 학생이 1반 전체 학생의 $\dfrac{1}{4}$일 때, 1반의 여학생 수는? [5점]

① 15명　　　　② 18명　　　　③ 20명

④ 22명　　　　⑤ 25명

18

빈 욕조에 물을 가득 채우려고 한다. A 호스로 4시간 채우고 나머지를 B 호스로 2시간 채우면 가득 채울 수 있고, A 호스로 2시간 채우고 나머지를 B 호스로 3시간 채우면 가득 채울 수 있다고 할 때, A 호스로만 이 욕조에 물을 가득 채우려면 몇 시간이 걸리는가? [5점]

① 4시간　　　　② 5시간　　　　③ 6시간

④ 7시간　　　　⑤ 8시간

19

x, y가 자연수일 때, 일차방정식 $x+6y=27$의 해의 개수를 a, 일차방정식 $3x+4y=18$의 해의 개수를 b라 하자. 이때 $a+b$의 값을 구하시오. [4점]

20

연립방정식 $\begin{cases} 0.\dot{2}x-1.\dot{3}y=1.\dot{1} \\ 0.3x+\dfrac{1}{5}y=0.5 \end{cases}$ 의 해가 일차방정식

$ax-2y=3$을 만족시킬 때, 상수 a의 값을 구하시오.

[6점]

21

다음은 해솔이네 자동차 번호인 네 자리의 수의 각 숫자를 알 수 있는 단서이다. 해솔이네 자동차 번호를 구하시오. [6점]

> (개) 앞의 두 자리는 17이다.
> (내) 각 자리의 숫자의 합은 18이다.
> (대) 세 번째 숫자는 네 번째 숫자의 4배이다.

22

다음 그림과 같이 모양과 크기가 같은 직사각형 모양의 종이 9장을 붙여서 둘레의 길이가 58 cm인 직사각형 ABCD를 만들었다. 이때 직사각형 ABCD의 넓이를 구하시오. [7점]

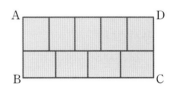

23

나현이네 집에서 학교까지의 거리는 12 km이다. 나현이가 집에서 자전거를 타고 시속 20 km로 학교에 가다가 중간에 자전거가 고장나서 자전거를 끌고 시속 3 km로 걸어갔더니 1시간 10분이 걸렸다. 이때 자전거로 간 거리와 걸어간 거리를 차례대로 구하시오. [7점]

01

다음 문장 중 미지수가 2개인 일차방정식으로 나타내어 지지 <u>않는</u> 것은? [3점]

① 소 x마리와 닭 y마리의 다리 수의 합은 18개이다.

② 농구 시합에서 2점 슛 x개와 3점 슛 y개를 합하여 9개의 슛을 성공시켰다.

③ 남학생이 x명, 여학생이 y명인 반의 전체 학생 수는 32명이다.

④ 수학 시험에서 5점짜리 문제 x개와 8점짜리 문제 y개를 맞혀서 75점을 받았다.

⑤ 가로의 길이가 x cm, 세로의 길이가 y cm인 직사각형의 넓이는 48 cm^{2}이다.

02

x, y가 자연수일 때, 일차방정식 $x+4y=15$를 만족시키는 순서쌍 (x, y)는 모두 몇 개인가? [3점]

① 1개   ② 2개   ③ 3개
④ 4개   ⑤ 5개

03

두 순서쌍 $(a, 3)$과 $(6, b)$가 모두 일차방정식 $5x+2y=16$의 해일 때, $a+2b$의 값은? [4점]

① -15 ② -12 ③ -10
④ -7 ⑤ -4

04

연립방정식 $\begin{cases} x+3y=5 \\ ax-y=7 \end{cases}$의 해가 $x=b$, $y=1$일 때, $a-b$의 값은? (단, a는 상수) [4점]

① -2 ② 0 ③ 2
④ 4 ⑤ 6

05

연립방정식 $\begin{cases} y=x-2 \\ y=-2x+10 \end{cases}$의 해가 $x=a$, $y=b$일 때, $a+b$의 값은? [3점]

① -6 ② -3 ③ 0
④ 3 ⑤ 6

06

연립방정식 $\begin{cases} 6x-5y=8 & \cdots\cdots\ ㉠ \\ 2x+3y=12 & \cdots\cdots\ ㉡ \end{cases}$을 가감법을 이용하여 풀려고 한다. 이때 y를 없애기 위해 필요한 식은? [3점]

① ㉠$-$㉡$\times 3$ ② ㉠$+$㉡$\times 3$
③ ㉠$\times 3-$㉡$\times 5$ ④ ㉠$\times 3+$㉡$\times 5$
⑤ ㉠$\times 5+$㉡$\times 3$

07

연립방정식 $\begin{cases} 3(x-y)+5y=19 \\ 2(x-3y)+y=-19 \end{cases}$ 를 풀면? [4점]

① $x=-3,\ y=-5$ ② $x=-3,\ y=5$

③ $x=3,\ y=-5$ ④ $x=3,\ y=5$

⑤ $x=5,\ y=3$

08

다음 중 연립방정식 $\begin{cases} (x+1):(y-1)=3:5 \\ 3x-2y=-6 \end{cases}$ 과 해가

같은 연립방정식은? [4점]

① $\begin{cases} x+3y=4 \\ 2x-y=1 \end{cases}$ ② $\begin{cases} 2x+3y=2 \\ x+3y=4 \end{cases}$

③ $\begin{cases} -2x+3y=14 \\ x-y=-4 \end{cases}$ ④ $\begin{cases} -x+y=4 \\ x+2y=5 \end{cases}$

⑤ $\begin{cases} x-3y=-11 \\ -2x+3y=10 \end{cases}$

09

방정식 $\dfrac{x-y}{3}=\dfrac{2x-1}{5}=\dfrac{y-5}{4}$ 의 해가 $x=a,\ y=b$일

때, $a+b$의 값은? [4점]

① -2 ② -1 ③ 0

④ 1 ⑤ 2

10

연립방정식 $\begin{cases} x-3y=5 \\ -3x-ky=-2 \end{cases}$ 의 해가 일차방정식

$5x+2y=8$을 만족시킬 때, 상수 k의 값은? [4점]

① 4 ② 5 ③ 6

④ 7 ⑤ 8

11

두 연립방정식 $\begin{cases} ax+y=-3 \\ x+3y=-1 \end{cases},\begin{cases} 3x-y=7 \\ 3x+by=8 \end{cases}$ 의 해가 서

로 같을 때, 상수 a, b에 대하여 $a-b$의 값은? [4점]

① -3 ② -1 ③ 0

④ 1 ⑤ 3

12

연립방정식 $\begin{cases} bx+ay=6 \\ ax-by=-2 \end{cases}$ 를 푸는데 a, b를 서로 바꾸

어 놓고 풀었더니 해가 $x=2,\ y=-1$이었다. 처음 연립

방정식의 해는? (단, a, b는 상수) [4점]

① $x=-2,\ y=-1$ ② $x=-2,\ y=1$

③ $x=-1,\ y=-2$ ④ $x=-1,\ y=2$

⑤ $x=1,\ y=2$

13

연립방정식 $\begin{cases} 3x-y=-5 \\ ax+y=b \end{cases}$ 의 해가 무수히 많을 때, 상수 a, b에 대하여 $a-b$의 값은? [3점]

① -8 ② -4 ③ 2

④ 4 ⑤ 8

14

300원짜리 우표와 500원짜리 우표를 합하여 10장을 사고 3600원을 지불하였다. 이때 300원짜리 우표는 몇 장을 샀는가? [4점]

① 3장   ② 4장   ③ 5장

④ 6장   ⑤ 7장

15

둘레의 길이가 같은 정삼각형과 정사각형이 있다. 정삼각형의 한 변의 길이가 정사각형의 한 변의 길이보다 2 cm 더 길 때, 정사각형의 한 변의 길이는? [4점]

① 6 cm   ② 7 cm   ③ 8 cm

④ 9 cm   ⑤ 10 cm

16

지은이네 학교의 작년 학생 수는 780명이었다. 올해는 작년보다 남학생은 6 % 감소하고, 여학생은 5 % 증가하여 전체로는 5명이 감소하였다. 올해 남학생 수는? [5점]

① 342명   ② 350명   ③ 376명

④ 380명   ⑤ 400명

17

둘레의 길이가 1800 m인 트랙을 따라 형과 동생이 각자 일정한 속력으로 뛰고 있다. 두 사람이 같은 지점에서 동시에 출발하여 같은 방향으로 뛰면 12분 후에 처음으로 만난다고 한다. 동생이 100 m를 가는 동안 형은 300 m를 갈 때, 형의 속력은? [5점]

① 분속 25 m   ② 분속 75 m   ③ 분속 125 m

④ 분속 175 m   ⑤ 분속 225 m

18

9 %의 설탕물과 6 %의 설탕물을 섞어서 8 %의 설탕물 360 g을 만들었다. 이때 6 %의 설탕물의 양은? [5점]

① 80 g   ② 120 g   ③ 160 g

④ 200 g   ⑤ 240 g

19

등식 $(2a-5)x^2+bx-3=-bx^2+x-y$가 미지수가 2개인 일차방정식일 때, 자연수 a, b에 대하여 ab의 값을 구하시오. [6점]

20

연립방정식 $\begin{cases} 3x-4y=-8 \\ x+2y=a \end{cases}$의 해가 $x=2a$, $y=b$일 때, $a+b$의 값을 구하시오. (단, a는 상수) [4점]

21

백의 자리의 숫자가 1인 세 자리의 자연수가 있다. 이 자연수의 각 자리의 숫자의 합은 8이고, 십의 자리의 숫자와 일의 자리의 숫자를 바꾼 수는 처음 수보다 9만큼 크다고 할 때, 처음 수를 구하시오. [7점]

22

윤오네 가족과 해찬이네 가족은 토요일에 놀이공원에 놀러가기로 하였다. 놀이공원 입장료를 인터넷으로 미리 예매하였는데 어른 4명과 아이 5명의 입장료로 11400원을 계산하였다. 어른 2명의 입장료는 아이 3명의 입장료에 200원을 더한 값과 같다고 할 때, 아이 한 명의 입장료를 구하시오. [6점]

23

어느 과일 가게의 귤 한 박스와 토마토 한 박스의 원가의 합은 10000원이다. 귤 한 박스에는 25 %의 이익을 붙이고 토마토 한 박스에는 35 %의 이익을 붙여서 정가를 정했더니 하나도 팔리지 않아 두 박스 모두 정가의 40 %를 할인하여 팔았다. 귤 한 박스와 토마토 한 박스를 팔아 2200원의 손해가 생겼을 때, 귤 한 박스의 원가는 얼마인지 구하시오. [7점]

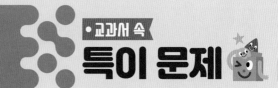

II. 부등식과 연립방정식

01

비상 변형

다음 그림과 같이 두 수를 더하거나 곱하는 연산 장치가 있다. 차례대로 주어진 연산을 통하여 7과 11을 얻었을 때, 두 수 x, y의 값을 각각 구하시오.

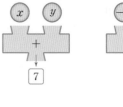
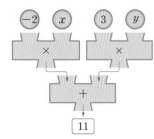

02

동아 변형

다음 그림과 같이 일차방정식이 적혀 있는 5장의 카드가 있다. 이 중 두 장의 카드를 뽑아 연립방정식을 만들 때, 연립방정식의 해가 무수히 많게 되는 두 장의 카드와 연립방정식의 해가 없는 두 장의 카드를 각각 짝 지으시오.

Ⓐ $x+2y=8$ Ⓑ $2x+2y=8$ Ⓒ $\frac{1}{3}x+\frac{1}{2}y=2$

Ⓓ $\frac{1}{2}x+\frac{1}{2}y=1$ Ⓔ $\frac{1}{4}x+\frac{1}{2}y=2$

03

신사고 변형

대한 중학교 2학년 1반 학생 25명의 수학 수행 평가 점수를 살펴보았더니 20점 만점인 수행 평가에서 전체 평균은 14점, 남학생의 평균은 12점, 여학생의 평균은 17점이었다. 1반의 남학생 수를 구하시오.

04

미래엔 변형

다음 그림과 같이 크기와 모양이 같은 직사각형 모양의 블록 8개를 쌓아서 길이를 측정하였다. 블록의 긴 변과 짧은 변의 길이의 합을 구하시오.

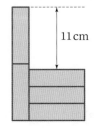
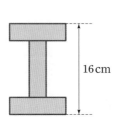

11 cm

16 cm

● 정답 및 풀이 37쪽

05 비상 변형

다음은 동규와 민호가 각각 옮겨야 하는 상자의 개수에 대해 나눈 대화이다. 대화를 읽고 동규와 민호가 처음에 옮기려던 상자는 각각 몇 개인지 구하시오.

> 동규 : 만약 내가 옮겨야 할 상자 한 개를 네가 가져가면 내가 옮겨야 하는 상자 수가 네가 옮겨야 하는 상자 수의 2배가 돼.
>
> 민호 : 만약 내가 옮겨야 할 상자 한 개를 네가 가져가면 네가 옮겨야 하는 상자 수는 내가 옮겨야 하는 상자 수의 5배가 되는구나.
>
> 동규 : 그냥 지금 이대로 옮기자.

06 동아 변형

어느 국립 공원의 입구에서 정상까지 연결해 주는 케이블카 탑승권의 요금은 다음과 같다.

입구 → 정상 (편도)	7000원
정상 → 입구 (편도)	5000원
입구 ↔ 정상 (왕복)	10000원

어느 날 케이블카가 입구에서 출발할 때 탑승한 승객은 40명이었고, 정상에 다녀온 뒤 다시 입구에 도착했을 때 하차한 승객은 35명이었다. 이 케이블카는 하루에 한 번만 왕복하고 이날 하루 동안 판매한 탑승권 요금이 총 399000원이었을 때, 편도 탑승권을 구매한 승객은 몇 명인지 구하시오. (단, 케이블카는 한 대만 다닌다.)

07 교학사 변형

방송 시간이 60분인 어느 라디오 방송에서 방송 시간의 15 %를 사용하여 광고를 내보내려고 한다. 광고 시간이 20초인 상품과 30초인 상품을 합하여 20개를 광고하려고 할 때, 광고 시간이 20초인 상품은 몇 개 광고할 수 있는지 구하시오. (단, 광고는 시간 간격없이 바뀐다.)

08 금성 변형

다음 그림은 윤경이가 친구들을 위해 마트에서 아이스크림을 구입하고 받은 영수증인데 일부가 물에 번져서 보이지 않는다. 윤경이가 가장 많이 구입한 맛의 아이스크림과 가장 적게 구입한 맛의 아이스크림의 개수의 합을 구하시오.

< 영수증 >

품목	단가(원)	수량(개)	금액(원)
초코 맛	500	8	
딸기 맛	700		
커피 맛		6	4800
녹차 맛	1000		
합계		25	17700

① 일차함수와 그래프

② 일차함수와 일차방정식의 관계

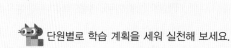
단원별로 학습 계획을 세워 실천해 보세요.

학습 날짜	월 일	월 일	월 일	월 일
학습 계획				
학습 실행도	0 100	0 100	0 100	0 100
자기 반성				

일차함수와 그래프

① 함수

(1) 함수 : 두 변수 x, y에 대하여 x의 값이 변함에 따라 y의 값이 하나씩 정해지는 대응 관계가 있을 때, y를 x의 [(1)] 라 한다.　　기호 $y=f(x)$

(2) 함숫값 : 함수 $y=f(x)$에서 x의 값에 따라 하나씩 정해지는 y의 값　　기호 $f(x)$

② 일차함수의 뜻과 그래프

(1) 일차함수

함수 $y=f(x)$에서 $y=ax+b$ (a, b는 상수, $a \neq 0$)와 같이 y가 x에 대한 일차식으로 나타내어질 때, 이 함수를 x에 대한 [(2)] 라 한다.

(2) 일차함수 $y=ax+b$ ($a \neq 0$)의 그래프

① 평행이동 : 한 도형을 일정한 방향으로 일정한 거리만큼 이동하는 것

② 일차함수 $y=ax+b$ ($a \neq 0$)의 그래프는 일차함수 $y=ax$의 그래프를 y축의 방향으로 [(3)] 만큼 평행이동한 직선이다.

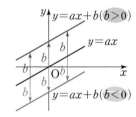

③ 일차함수의 그래프의 x절편과 y절편

(1) x절편 : 함수의 그래프가 x축과 만나는 점의 [(4)] 좌표
→ $y=0$일 때, x의 값

(2) y절편 : 함수의 그래프가 y축과 만나는 점의 [(5)] 좌표
→ $x=0$일 때, y의 값

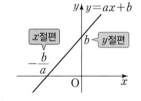

④ 일차함수의 그래프의 기울기

일차함수 $y=ax+b$에서 x의 값의 증가량에 대한 y의 값의 증가량의 비율은 항상 일정하며, 그 비율은 x의 계수 a와 같다. 이 증가량의 비율 a를 일차함수 $y=ax+b$의 그래프의 기울기라 한다.

$$(\text{기울기}) = \frac{(y\text{의 값의 증가량})}{(x\text{의 값의 증가량})} = \boxed{(6)}$$

⑤ 일차함수의 그래프 그리기

(1) 두 점을 이용하여 그래프 그리기

❶ 일차함수의 식을 만족시키는 두 점의 좌표를 찾는다.

❷ ❶에서 찾은 두 점을 좌표평면 위에 나타낸 후, 두 점을 직선으로 연결한다.

(2) x절편과 y절편을 이용하여 그래프 그리기

❶ x절편과 y절편을 각각 구한다.

❷ 두 점 (x절편, 0), (0, y절편)을 좌표평면 위에 나타낸 후, 두 점을 직선으로 연결한다.

(3) 기울기와 y절편을 이용하여 그래프 그리기

❶ 점 (0, y절편)을 좌표평면 위에 나타낸다.

❷ 기울기를 이용하여 그래프가 지나는 다른 한 점을 찾아 좌표평면 위에 나타낸 후, 두 점을 직선으로 연결한다.

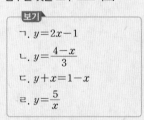

개념 check

1 한 변의 길이가 x cm인 정사각형의 둘레의 길이를 y cm라 할 때, 다음 물음에 답하시오.

(1) 표를 완성하시오.

x	1	2	3	4	⋯
y					⋯

(2) y가 x의 함수인지 말하시오.

2 함수 $y=f(x)$가 다음과 같을 때, $f(2)$의 값을 구하시오.

(1) $f(x)=3x$

(2) $f(x)=-\dfrac{12}{x}$

3 다음 보기에서 y가 x에 대한 일차함수인 것을 모두 고르시오.

보기
ㄱ. $y=2x-1$
ㄴ. $y=\dfrac{4-x}{3}$
ㄷ. $y+x=1-x$
ㄹ. $y=\dfrac{5}{x}$

4 다음 일차함수의 그래프를 y축의 방향으로 [ ] 안의 수만큼 평행이동한 그래프가 나타내는 일차함수의 식을 구하시오.

(1) $y=5x$ [3]

(2) $y=-\dfrac{2}{3}x$ [−1]

5 다음 일차함수의 그래프의 x절편과 y절편을 각각 구하시오.

(1) $y=x-2$

(2) $y=-\dfrac{5}{3}x+10$

6 다음 조건을 만족시키는 일차함수의 그래프의 기울기를 구하시오.

(1) x의 값이 2만큼 증가할 때, y의 값은 5만큼 증가하는 그래프

(2) 두 점 (2, 3), (6, 8)을 지나는 그래프

답 (1) 함수　(2) 일차함수　(3) b　(4) x　(5) y　(6) a

⑥ 일차함수 $y=ax+b\,(a\neq0)$의 그래프의 성질

(1) **기울기 a의 부호** : 그래프의 방향 결정

① $a>0$일 때, x의 값이 증가하면 y의 값도 증가 ➡ 오른쪽 〔(7)〕로 향하는 직선

② $a<0$일 때, x의 값이 증가하면 y의 값은 감소 ➡ 오른쪽 〔(8)〕로 향하는 직선

참고 a의 절댓값이 클수록 그래프는 y축에 가깝다.

(2) **y절편 b의 부호** : 그래프가 y축과 만나는 부분 결정

① $b>0$일 때, y절편이 양수 ➡ y축과 양의 부분에서 만난다.

② $b<0$일 때, y절편이 음수 ➡ y축과 음의 부분에서 만난다.

⑦ 일차함수의 그래프의 평행과 일치

(1) 기울기가 같은 두 일차함수의 그래프는 서로 평행하거나 일치한다.

두 일차함수 $y=ax+b$와 $y=cx+d$에 대하여

① 기울기가 같고 y절편이 다르면 두 그래프는

서로 〔(9)〕하다. ➡ $a=c$, $b\neq d$

② 기울기가 같고 y절편도 같으면 두 그래프는

〔(10)〕한다. ➡ $a=c$, $b=d$

(2) 서로 평행한 두 일차함수의 그래프의 기울기는 서로 같다.

⑧ 일차함수의 식 구하기

(1) 기울기가 a이고 y절편이 b인 직선을 그래프로 하는 일차함수의 식은 $y=ax+b$이다.

(2) 기울기가 a이고 한 점 $(x_1,\,y_1)$을 지나는 직선을 그래프로 하는 일차함수의 식은

❶ 일차함수의 식을 $y=ax+b$로 놓는다.

❷ $y=ax+b$에 $x=x_1$, $y=y_1$을 대입하여 b의 값을 구한다.

(3) 서로 다른 두 점 $(x_1,\,y_1)$, $(x_2,\,y_2)$를 지나는 직선을 그래프로 하는 일차함수의 식은

❶ 두 점을 지나는 직선의 기울기 a를 구한다. ➡ $a=\dfrac{y_2-y_1}{x_2-x_1}=\dfrac{y_1-y_2}{x_1-x_2}$ (단, $x_1\neq x_2$)

❷ 일차함수의 식을 $y=ax+b$로 놓고 한 점의 좌표를 대입하여 b의 값을 구한다.

(4) x절편이 m, y절편이 n인 직선을 그래프로 하는 일차함수의 식은

❶ 두 점 $(m,\,0)$, $(0,\,n)$을 지나는 직선의 기울기 a를 구한다. ➡ $a=\dfrac{n-0}{0-m}=-\dfrac{n}{m}$

❷ y절편이 n이므로 일차함수의 식은 $y=-\dfrac{n}{m}x+n$이다.

⑨ 일차함수의 활용

❶ 변수 정하기 : 두 변수 x, y를 정한다.

❷ 일차함수의 식 구하기 : x와 y 사이의 관계를 일차함수 $y=ax+b\,(a\neq0)$로 나타낸다.

❸ 답 구하기 : 함수의 식이나 그래프를 이용하여 문제를 푸는 데 필요한 값을 구한다.

❹ 확인하기 : 구한 답이 문제의 뜻에 맞는지 확인한다.

---

7 일차함수 $y=ax+b$의 그래프가 다음 그림과 같을 때, 상수 a, b의 부호를 각각 말하시오.

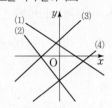

8 다음 보기의 일차함수의 그래프에 대하여 물음에 답하시오.

보기

ㄱ. $y=4x+2$

ㄴ. $y=\dfrac{1}{2}x-1$

ㄷ. $y=4x-1$

ㄹ. $y=\dfrac{1}{4}(2x-4)$

(1) 서로 평행한 것끼리 짝 지으시오.

(2) 일치하는 것끼리 짝 지으시오.

9 다음 직선을 그래프로 하는 일차함수의 식을 구하시오.

(1) 기울기가 5이고, y절편이 4인 직선

(2) 기울기가 -4이고, 점 $(2,\,1)$을 지나는 직선

(3) 두 점 $(-1,\,2)$, $(4,\,-3)$을 지나는 직선

(4) x절편이 -2, y절편이 -1인 직선

10 길이가 15 cm인 용수철 저울에 무게가 1 kg인 물체를 매달 때마다 용수철의 길이는 4 cm씩 늘어난다고 한다. 무게가 x kg인 물체를 매달았을 때 용수철의 길이를 y cm라 하자. 다음 물음에 답하시오.

(1) x와 y 사이의 관계를 식으로 나타내시오.

(2) 무게가 2 kg인 물체를 매달았을 때 용수철의 길이는 몇 cm인지 구하시오.

유형 01 함수

01 ●●●

다음 중 y가 x의 함수인 것을 모두 고르면? (정답 2개)

① x보다 작은 자연수 y

② 절댓값이 x인 수 y

③ 자연수 x를 5로 나눈 나머지 y

④ 발 크기가 x mm인 학생의 체육 점수 y점

⑤ 전체 쪽수가 300쪽인 책을 x쪽 읽고 남은 쪽수 y쪽

02 ●●●

다음 보기에서 y가 x의 함수가 아닌 것을 모두 고르시오.

> 보기
> ㄱ. 자연수 x의 약수의 개수 y
> ㄴ. 어떤 수 x에 가장 가까운 정수 y
> ㄷ. 한 자루에 x원인 연필 7자루의 가격 y원
> ㄹ. 밑변의 길이가 x cm인 직각삼각형의 넓이 y cm^2
> ㅁ. 시속 5 km로 x시간 동안 이동한 거리 y km

유형 02 함숫값

03 ●●●

다음 함수 중 $f(-3)=1$인 것은?

① $f(x)=-3x$　　　　② $f(x)=-\dfrac{1}{3}x$

③ $f(x)=\dfrac{1}{3}x$　　　　④ $f(x)=\dfrac{3}{x}$

⑤ $f(x)=3x$

04 ●●●

함수 $f(x)=\dfrac{6}{x}$에 대하여 $\dfrac{1}{2}f(-1)+4f(3)$의 값은?

① 2　　　　② 3　　　　③ 4

④ 5　　　　⑤ 6

05 ●●●

함수 $f(x)=-\dfrac{10}{x}$에 대하여 $f(2)=a$, $f(b)=5$일 때, $a+b$의 값은?

① -7　　　　② -5　　　　③ -3

④ 1　　　　⑤ 2

06 ●●●

두 함수 $f(x)=3x-2$, $g(x)=\dfrac{5}{x}$에 대하여 $f(1)=a$일 때, $g(a)$의 값은?

① -5　　　　② $-\dfrac{5}{2}$　　　　③ 1

④ $\dfrac{5}{2}$　　　　⑤ 5

07 ●●●

함수 $f(x)=$(자연수 x를 4로 나눈 나머지)에 대하여 $f(1)+f(2)+f(3)+\cdots+f(10)$의 값을 구하시오.

유형 03 일차함수

08.

다음 중 y가 x에 대한 일차함수가 <u>아닌</u> 것은?

① $x+y=0$ 　　　② $y=5-x$

③ $\dfrac{1}{2}(x-3)-y=0$ 　　　④ $x(1+x)+2y=0$

⑤ $-x^2+y=x(1-x)$

09.

다음 보기에서 y가 x에 대한 일차함수인 것을 모두 고르시오.

> **보기**
> ㄱ. x각형의 대각선의 개수 y
> ㄴ. 한 변의 길이가 x cm인 정사각형의 넓이 y cm^2
> ㄷ. 반지름의 길이가 x cm인 원의 둘레의 길이 y cm
> ㄹ. 한 자루에 900원인 펜을 x자루 사고 5000원을 냈을 때의 거스름돈 y원
> ㅁ. 10 %의 소금물 x g에 들어 있는 소금의 양 y g

10.

$y=(a-1)x^2+bx+1$이 x에 대한 일차함수가 되도록 하는 상수 a, b의 조건은?

① $a=0$, $b=1$ 　　　② $a=0$, $b\neq1$

③ $a\neq0$, $b\neq1$ 　　　④ $a=1$, $b=0$

⑤ $a=1$, $b\neq0$

유형 04 일차함수의 함숫값　　　최다 빈출

11.

일차함수 $f(x)=\dfrac{2}{3}x+1$에 대하여 $f(-3)-f(3)$의 값은?

① -4 　　　② -1 　　　③ 1

④ 4 　　　⑤ 5

12.

일차함수 $f(x)=3x-4$에 대하여 $f(a)=2a$일 때, a의 값은?

① 4 　　　② 8 　　　③ 12

④ 16 　　　⑤ 20

13.

일차함수 $f(x)=5x+k$에 대하여 $f(2)=-1$일 때, $f(3)$의 값은? (단, k는 상수)

① 3 　　　② 4 　　　③ 5

④ 6 　　　⑤ 7

14.

두 일차함수 $f(x)=-ax+3$, $g(x)=\dfrac{5}{2}x+b$에 대하여 $f(-1)=6$, $g(1)=2$일 때, $f(2)+g(3)$의 값을 구하시오. (단, a, b는 상수)

유형 05 일차함수의 그래프 위의 점 · 최다 빈출

15 •••

다음 중 일차함수 $y=2x+4$의 그래프 위의 점이 <u>아닌</u> 것은?

① $(-3, -2)$ ② $\left(-\dfrac{1}{2}, 3\right)$ ③ $\left(-\dfrac{1}{4}, \dfrac{7}{2}\right)$

④ $\left(\dfrac{3}{2}, 6\right)$ ⑤ $(2, 8)$

16 •••

점 $(a, -2a)$가 일차함수 $y=3x-5$의 그래프 위의 점일 때, a의 값은?

① -2 ② -1 ③ 0
④ 1 ⑤ 2

17 •••

일차함수 $y=-\dfrac{1}{2}x+k$의 그래프가 두 점 $(-4, 3)$, $\left(-\dfrac{a}{2}+4, a+2\right)$를 지날 때, $a+k$의 값은? (단, k는 상수)

① -3 ② -2 ③ 1
④ 3 ⑤ 4

18 •••

두 일차함수 $y=ax-2$, $y=-4x+b$의 그래프가 모두 점 $(1, 2)$를 지날 때, 상수 a, b에 대하여 $a-b$의 값은?

① -2 ② 0 ③ 2
④ 4 ⑤ 6

유형 06 일차함수의 그래프의 평행이동

19 •••

다음 일차함수의 그래프 중 일차함수 $y=5x$의 그래프를 평행이동한 그래프와 겹쳐지는 것을 모두 고르면? (정답 2개)

① $y=-5x+1$ ② $y=-\dfrac{1}{5}x-4$

③ $y=\dfrac{1}{5}x+5$ ④ $y=5x-1$

⑤ $y=5x+2$

20 •••

일차함수 $y=ax+1$의 그래프를 y축의 방향으로 -4만큼 평행이동하면 일차함수 $y=-3x+b$의 그래프가 된다고 한다. 이때 상수 a, b에 대하여 $a+b$의 값은?

① -6 ② -3 ③ 0
④ 3 ⑤ 6

21 •••

일차함수 $y=-\dfrac{1}{2}x-6$의 그래프를 y축의 방향으로 k만큼 평행이동하였더니 일차함수 $y=2ax$의 그래프를 y축의 방향으로 2만큼 평행이동한 그래프와 겹쳐졌다. 이때 ak의 값을 구하시오. (단, a는 상수)

유형 07 평행이동한 그래프 위의 점 · 최다 빈출

22 •••

다음 중 일차함수 $y=\dfrac{3}{4}x$의 그래프를 y축의 방향으로 1만큼 평행이동한 그래프 위의 점은?

① $(-4, 2)$ ② $\left(-2, -\dfrac{1}{2}\right)$ ③ $(0, -1)$

④ $\left(1, \dfrac{9}{4}\right)$ ⑤ $\left(6, \dfrac{9}{2}\right)$

• 정답 및 풀이 40쪽

23

일차함수 $y=-3x$의 그래프를 y축의 방향으로 5만큼 평행이동한 그래프가 점 $(k, -1)$을 지날 때, k의 값은?

① -2 ② -1 ③ 0
④ 1 ⑤ 2

24

일차함수 $y=-2x-8$의 그래프를 y축의 방향으로 k만큼 평행이동한 그래프가 두 점 $(2, 3)$, $(a, 1)$을 지날 때, a의 값을 구하시오.

25

일차함수 $y=ax+5$의 그래프를 y축의 방향으로 b만큼 평행이동한 그래프가 두 점 $(-2, 8)$, $(3, -2)$를 지날 때, $a+b$의 값은? (단, a는 상수)

① -5 ② -3 ③ -1
④ 1 ⑤ 3

유형 **08** 일차함수의 그래프의 x절편과 y절편 최다 빈출

26

다음 일차함수의 그래프 중 x절편이 나머지 넷과 다른 하나는?

① $y=-2x+6$ ② $y=\dfrac{1}{3}x-\dfrac{1}{9}$
③ $y=x-3$ ④ $y=-\dfrac{1}{3}x+1$
⑤ $y=5x-15$

27

다음 일차함수의 그래프 중 x절편과 y절편이 서로 같은 것은?

① $y=x-1$ ② $y=2x+4$
③ $y=-\dfrac{1}{2}x+2$ ④ $y=-x+3$
⑤ $y=\dfrac{2}{3}x-\dfrac{2}{3}$

28

일차함수 $y=4x-1$의 그래프를 y축의 방향으로 -5만큼 평행이동한 그래프의 x절편을 a, y절편을 b라 할 때, $2a+b$의 값은?

① -3 ② -2 ③ -1
④ 2 ⑤ 3

29

일차함수 $y=2x-m$의 그래프는 x절편이 4이고, 점 $(a, 3)$을 지난다. 이때 a의 값을 구하시오. (단, m은 상수)

30

일차함수 $y=2x+12$의 그래프의 y절편과 일차함수 $y=x-2a$의 그래프의 x절편이 서로 같을 때, 상수 a의 값을 구하시오.

31 ●●●

두 일차함수 $y=5x+10$, $y=ax-4$의 그래프가 x축 위에서 만날 때, 상수 a의 값은?

① -5 　　② -2 　　③ $\dfrac{1}{3}$

④ 1 　　⑤ $\dfrac{3}{2}$

유형 09 일차함수의 그래프의 기울기

32 ●●●

다음 일차함수의 그래프 중 x의 값이 5만큼 증가할 때, y의 값이 2만큼 감소하는 것은?

① $y=-\dfrac{5}{2}x+4$ 　　② $y=-\dfrac{2}{5}x+2$

③ $y=-\dfrac{1}{2}x-3$ 　　④ $y=\dfrac{2}{5}x+1$

⑤ $y=\dfrac{5}{2}x-2$

33 ●●●

일차함수 $y=-4x+1$의 그래프에서 x의 값이 3만큼 감소할 때, y의 값은 -3에서 k까지 증가한다. 이때 k의 값은?

① 9 　　② 12 　　③ 15

④ 18 　　⑤ 21

34 ●●●

두 점 $(-2, a)$, $(3, 5)$를 지나는 일차함수의 그래프의 기울기가 2일 때, a의 값은?

① -5 　　② -1 　　③ 1

④ 5 　　⑤ 10

35 ●●●

일차함수 $y=ax+b$의 그래프에서 x의 값이 -3에서 1까지 증가할 때, y의 값은 2에서 -1까지 감소한다. 이 그래프가 점 $(4, 1)$을 지날 때, 상수 a, b에 대하여 $2ab$의 값을 구하시오.

36 ●●●

오른쪽 그림과 같은 두 일차함수 $y=f(x)$, $y=g(x)$의 그래프의 기울기를 각각 m, n이라 할 때, $m-2n$의 값은?

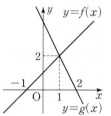

① -4 　　② -2

③ -1 　　④ 2

⑤ 5

37 ●●●

두 점 $(1, 2)$, $(6, k)$를 지나는 직선 위에 점 $(3, 4)$가 있을 때, k의 값을 구하시오.

유형 10 일차함수의 그래프 그리기

38 ●●●

다음 중 일차함수 $y=-\dfrac{1}{2}x+5$의 그래프는?

① 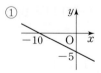　② 　③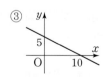

④ 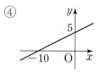　⑤

39 ••

다음 일차함수 중 그 그래프가 제3사분면을 지나지 <u>않는</u> 것은?

① $y=-2x-1$ ② $y=x+3$ ③ $y=\dfrac{3}{2}x-5$

④ $y=\dfrac{3}{4}x+6$ ⑤ $y=-4x+2$

40 ••

일차함수 $y=-2x+8$의 그래프와 x축, y축으로 둘러싸인 도형의 넓이를 구하시오.

41 •••

오른쪽 그림과 같이 두 일차함수 $y=-x+6$, $y=ax+6$의 그래프와 x축으로 둘러싸인 도형의 넓이가 42일 때, 양수 a의 값을 구하시오.

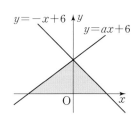

유형 11 일차함수 $y=ax+b$의 그래프의 성질

42 ••

다음 일차함수 중 그 그래프가 x축에 가장 가까운 것은?

① $y=-3x-2$ ② $y=-\dfrac{3}{4}x-5$

③ $y=\dfrac{2}{3}x+1$ ④ $y=x-3$

⑤ $y=2x+7$

43 ••

다음 중 일차함수 $y=-\dfrac{1}{3}x-1$의 그래프에 대한 설명으로 옳지 <u>않은</u> 것은?

① 오른쪽 아래로 향하는 직선이다.
② x의 값이 증가하면 y의 값은 감소한다.
③ 점 $(3, -2)$를 지난다.
④ x절편은 -3, y절편은 -1이다.
⑤ 일차함수 $y=-\dfrac{1}{3}x$의 그래프를 y축의 방향으로 1만큼 평행이동한 것이다.

44 ••

다음 중 일차함수 $y=ax+b$의 그래프에 대한 설명으로 옳지 <u>않은</u> 것은? (단, a, b는 상수)

① $a>0$일 때, 오른쪽 위로 향하는 직선이다.
② $b<0$일 때, y축과 음의 부분에서 만난다.
③ a의 절댓값이 클수록 y축에 가깝다.
④ x축과 점 $(a, 0)$에서 만나고, y축과 점 $(0, b)$에서 만난다.
⑤ 일차함수 $y=ax$의 그래프를 y축의 방향으로 b만큼 평행이동한 것이다.

유형 12 일차함수 $y=ax+b$의 그래프에서 a, b의 부호 **최다 빈출**

45 ••

$a<0$, $b>0$일 때, 그래프가 제4사분면을 지나지 않는 일차함수를 다음 보기에서 고르시오.

보기
ㄱ. $y=ax+b$ ㄴ. $y=ax-b$
ㄷ. $y=-ax+b$ ㄹ. $y=-ax-b$

46 •••

일차함수 $y=ax-b$의 그래프가 오른쪽 그림과 같을 때, 상수 a, b의 부호는?

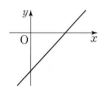

① $a>0$, $b>0$　　② $a>0$, $b<0$

③ $a<0$, $b=0$　　④ $a<0$, $b>0$

⑤ $a<0$, $b<0$

47 •••

일차함수 $y=ax+b$의 그래프가 오른쪽 그림과 같을 때, 일차함수 $y=bx+a$의 그래프가 지나지 않는 사분면을 구하시오. (단, a, b는 상수)

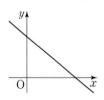

48 •••

일차함수 $y=abx+a+b$의 그래프가 오른쪽 그림과 같을 때, 다음 중 일차함수 $y=ax-ab$의 그래프로 알맞은 것은? (단, a, b는 상수)

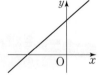

① 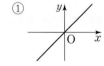　② 　③

④ 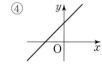　⑤

유형 13 일차함수의 그래프의 평행과 일치

49 •••

다음 일차함수 중 그 그래프가 오른쪽 그림의 그래프와 평행한 것은?

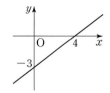

① $y=-\dfrac{4}{3}x-1$　② $y=-\dfrac{4}{3}x+2$

③ $y=\dfrac{3}{4}x-3$　④ $y=\dfrac{3}{4}x-1$

⑤ $y=3x+8$

50 •••

일차함수 $y=ax+3$의 그래프가 일차함수 $y=5x+2$의 그래프와 평행하고 점 $(k,\ -2)$를 지날 때, k의 값을 구하시오. (단, a는 상수)

51 •••

두 점 $(-3,\ a-5)$, $(4,\ 2a-1)$을 지나는 직선이 일차함수 $y=2x-5$의 그래프와 평행할 때, a의 값을 구하시오.

52 •••

오른쪽 그림과 같은 일차함수의 그래프와 평행하지 않은 직선을 보기에서 모두 고르시오.

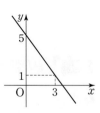

보기

ㄱ. 기울기가 $\dfrac{4}{3}$이고 점 $(0,\ 2)$를 지나는 직선

ㄴ. 두 점 $(0,\ 3)$, $(3,\ -1)$을 지나는 직선

ㄷ. 점 $(3,\ 4)$를 지나고, y절편이 8인 직선

ㄹ. x절편이 3, y절편이 -4인 직선

●정답 및 풀이 43쪽

53 ••

일차함수 $y=ax+3$의 그래프를 y축의 방향으로 -5만큼 평행이동한 그래프가 일차함수 $y=-3x+b$의 그래프와 일치할 때, 상수 a, b에 대하여 $a+b$의 값을 구하시오.

유형14 기울기와 y절편이 주어질 때, 일차함수의 식 구하기

54 ••

x의 값이 1에서 -2까지 감소할 때 y의 값은 2만큼 증가하고, y절편이 5인 직선을 그래프로 하는 일차함수의 식을 구하시오.

55 ••

두 점 $(-2, -3)$, $(4, 3)$을 지나는 직선과 평행하고, y절편이 7인 일차함수의 그래프의 x절편을 구하시오.

56 ••

오른쪽 그림과 같은 직선과 평행하고, 일차함수 $y=2x-\dfrac{7}{4}$의 그래프와 y축 위에서 만나는 직선을 그래프로 하는 일차함수의 식이 $y=ax+b$일 때, 상수 a, b에 대하여 $a+b$의 값은?

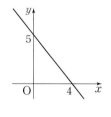

① -4 ② -3 ③ 0
④ 1 ⑤ 3

유형15 기울기와 한 점이 주어질 때, 일차함수의 식 구하기

57 ••

기울기가 $-\dfrac{2}{5}$이고, 점 $(5, 3)$을 지나는 직선을 그래프로 하는 일차함수의 식을 구하시오.

58 ••

다음 중 일차함수 $y=2x-4$의 그래프와 평행하고, 점 $(-1, 4)$를 지나는 일차함수의 그래프 위의 점은?

① $(-3, -1)$ ② $(-2, 2)$ ③ $(0, 4)$
④ $(1, 2)$ ⑤ $(2, -4)$

59 ••

오른쪽 그림과 같은 직선과 평행하고, x절편이 $\dfrac{1}{2}$인 일차함수의 그래프의 y절편은?

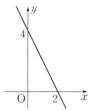

① -2 ② -1
③ $\dfrac{1}{2}$ ④ 1
⑤ 2

60 ••

x의 값이 6만큼 증가할 때 y의 값은 -2만큼 감소하고, 점 $(2, -2)$를 지나는 일차함수의 그래프가 점 $(2a+1, a-3)$을 지날 때, a의 값을 구하시오.

유형16 서로 다른 두 점이 주어질 때, 일차함수의 식 구하기

61

두 점 $(-1, 3)$, $(2, 12)$를 지나는 직선을 그래프로 하는 일차함수의 식이 $y=ax+b$일 때, 상수 a, b에 대하여 $a+b$의 값은?

① 1　　　　② 3　　　　③ 5
④ 7　　　　⑤ 9

62

오른쪽 그림과 같은 직선을 그래프로 하는 일차함수 $y=f(x)$에서 $f(8)$의 값은?

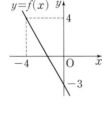

① -20　　　② -18
③ -17　　　④ -15
⑤ -14

63

두 점 $(2, 5)$, $(-2, -3)$을 지나는 직선을 y축의 방향으로 -4만큼 평행이동한 그래프가 점 $(m, 1)$을 지날 때, m의 값을 구하시오.

64

일차함수 $y=ax+b$의 그래프를 지혜는 기울기를 잘못 보고 그려서 두 점 $(2, 4)$, $(3, 9)$를 지나게 그렸고, 혜린이는 y절편을 잘못 보고 그려서 두 점 $(-2, -3)$, $(0, 1)$을 지나게 그렸다. 일차함수 $y=ax+b$의 그래프가 점 $(k, 6)$을 지날 때, k의 값을 구하시오. (단, a, b는 상수)

유형17 x절편과 y절편이 주어질 때, 일차함수의 식 구하기

65

오른쪽 그림과 같은 직선을 그래프로 하는 일차함수의 식은?

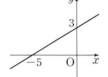

① $y=-\dfrac{3}{5}x-5$　　② $y=-\dfrac{3}{5}x+3$
③ $y=\dfrac{3}{5}x-5$　　④ $y=\dfrac{3}{5}x+3$
⑤ $y=\dfrac{5}{3}x+3$

66

x절편이 -3, y절편이 -1인 일차함수의 그래프를 y축의 방향으로 3만큼 평행이동한 그래프의 x절편은?

① -3　　　② -1　　　③ 3
④ 6　　　　⑤ 9

67

일차함수 $y=-x+2$의 그래프와 x축 위에서 만나고, 일차함수 $y=\dfrac{3}{4}x+6$의 그래프와 y축 위에서 만나는 직선을 그래프로 하는 일차함수의 식을 구하시오.

68

오른쪽 그림과 같은 일차함수의 그래프가 점 $(a, -2a)$를 지날 때, a의 값을 구하시오.

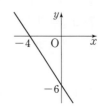

• 정답 및 풀이 44쪽

유형 18 일차함수의 활용

69 ••

기온이 0 °C일 때 소리의 속력은 초속 331 m이고, 기온이 1 °C 올라갈 때마다 소리의 속력은 초속 0.5 m씩 증가한다고 한다. 소리의 속력이 초속 346 m일 때의 기온을 구하시오.

70 ••

지면으로부터 10 km까지는 100 m 높아질 때마다 기온이 0.6 °C씩 내려간다고 한다. 지면의 기온이 4 °C일 때, 기온이 −8 °C인 지점의 지면으로부터의 높이는?

① 2000 m ② 2500 m ③ 3000 m
④ 3500 m ⑤ 4000 m

71 ••

길이가 30 cm인 양초에 불을 붙이면 3분에 4 cm씩 길이가 짧아진다고 한다. 이 양초에 불을 붙인 지 12분 후에 남은 양초의 길이는?

① 12 cm ② 14 cm ③ 16 cm
④ 18 cm ⑤ 21 cm

72 ••

경유 1 L로 15 km를 달리는 자동차가 있다. 이 자동차에 경유 60 L를 넣고 x km를 달린 후에 남아 있는 경유의 양을 y L라 할 때, 다음 물음에 답하시오.

(1) x와 y 사이의 관계를 식으로 나타내시오.

(2) 300 km를 달린 후에 남아 있는 경유의 양을 구하시오.

73 ••

윤수는 집에서 1500 m 떨어진 은지네 집까지 자전거를 타고 분속 180 m로 달리고 있다. 윤수가 은지네 집에서 600 m 떨어진 지점을 통과하는 것은 출발한 지 몇 분 후인지 구하시오.

74 ••

길이와 모양이 같은 성냥개비를 다음 그림과 같이 한 방향으로 이어 붙여서 새로운 도형을 만들려고 한다. x개의 정삼각형을 만드는 데 필요한 성냥개비의 수를 y라 할 때, 다음 물음에 답하시오.

(1) x와 y 사이의 관계를 식으로 나타내시오.

(2) 성냥개비 65개로 만들 수 있는 정삼각형은 몇 개인지 구하시오.

75 •••

오른쪽 그림과 같은 직사각형 ABCD에서 점 P가 점 A를 출발하여 변 AB를 따라 점 B까지 초속 0.3 cm로 움직인다. 사다리꼴 PBCD의 넓이가 66 cm²가 되는 것은 점 P가 점 A를 출발한 지 몇 초 후인지 구하시오.

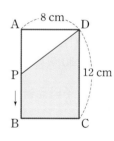

76 •••

오른쪽 그래프는 온도가 100 °C인 물을 냉동실에 넣고 x분이 지난 후의 물의 온도를 y °C라 할 때, x와 y 사이의 관계를 나타낸 것이다. 물을 냉동실에 넣은 지 51분 후의 물의 온도를 구하시오.

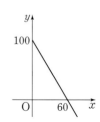

01

일차함수 $f(x)=ax+3$에 대하여 $f(1)=-1$, $f(b)=7$일 때, 다음 물음에 답하시오. (단, a는 상수) [6점]

(1) a, b의 값을 각각 구하시오. [4점]

(2) 일차함수 $g(x)=x+b$에 대하여 $g(a)$의 값을 구하시오. [2점]

(1) **채점 기준 1** a, b의 값을 각각 구하기 ⋯ 4점

$f(1)=-1$이므로

$f(1)=a\times$____$+3=-1$에서 $a=$____

$\therefore f(x)=ax+3=$____$x+3$

이때 $f(b)=7$이므로

$f(b)=$____$\times b+3=7$에서 $b=$____

(2) **채점 기준 2** $g(a)$의 값 구하기 ⋯ 2점

$b=$____이므로 $g(x)=x+b=x-$____

이때 $a=$____이므로

$g(a)=g($____$)=$____$-$____$=$____

01-1

숫자 바꾸기

일차함수 $f(x)=ax+5$에 대하여 $f(2)=-7$, $f(b)=-1$일 때, 다음 물음에 답하시오. (단, a는 상수) [6점]

(1) a, b의 값을 각각 구하시오. [4점]

(2) 일차함수 $g(x)=-bx+3$에 대하여 $g(a)$의 값을 구하시오. [2점]

(1) **채점 기준 1** a, b의 값을 각각 구하기 ⋯ 4점

(2) **채점 기준 2** $g(a)$의 값 구하기 ⋯ 2점

02

일차함수 $y=ax+3$의 그래프를 y축의 방향으로 b만큼 평행이동한 그래프가 두 점 $(-1, 4)$, $(2, -5)$를 지날 때, $\dfrac{a}{b}$의 값을 구하시오. (단, a는 상수) [6점]

채점 기준 1 평행이동한 그래프를 나타내는 식 구하기 ⋯ 2점

$y=ax+3$의 그래프를 y축의 방향으로 b만큼 평행이동하면

$y=$_____

채점 기준 2 a, b의 값을 각각 구하기 ⋯ 3점

$y=$_____에 $x=-1$, $y=4$를 대입하면

____$=a\times($____$)+3+b$, $-a+b=$____ ⋯⋯㉠

$y=$_____에 $x=2$, $y=-5$를 대입하면

____$=a\times$____$+3+b$, ____$a+b=$____ ⋯⋯㉡

㉠, ㉡을 연립하여 풀면 $a=$____, $b=$____

채점 기준 3 $\dfrac{a}{b}$의 값 구하기 ⋯ 1점

$\dfrac{a}{b}=($____$)\div($____$)=$_____

02-1

숫자 바꾸기

일차함수 $y=ax-2$의 그래프를 y축의 방향으로 b만큼 평행이동한 그래프가 두 점 $(3, 1)$, $(4, -3)$을 지날 때, $a+b$의 값을 구하시오. (단, a는 상수) [6점]

채점 기준 1 평행이동한 그래프를 나타내는 식 구하기 ⋯ 2점

채점 기준 2 a, b의 값을 각각 구하기 ⋯ 3점

채점 기준 3 $a+b$의 값 구하기 ⋯ 1점

03

두 점 $(1, -5)$, $(4, 1)$을 지나는 직선과 평행하고, 점 $(2, -1)$을 지나는 직선을 그래프로 하는 일차함수의 식을 구하시오. [6점]

채점 기준 1 기울기 구하기 … 3점

$$(기울기) = \frac{1 - (\boxed{})}{\boxed{} - 1} = \underline{}$$

채점 기준 2 일차함수의 식 구하기 … 3점

일차함수의 식을 $y = \underline{}x + b$라 하고

$x = 2$, $y = \underline{}$을 대입하면

$\underline{} = \underline{} + b$ $\therefore b = \underline{}$

따라서 일차함수의 식은 $\underline{}$

03-1

숫자 바꾸기

두 점 $(2, -4)$, $(3, -7)$을 지나는 직선과 평행하고, 점 $(-1, 5)$를 지나는 직선을 그래프로 하는 일차함수의 식을 구하시오. [6점]

채점 기준 1 기울기 구하기 … 3점

채점 기준 2 일차함수의 식 구하기 … 3점

03-2

응용 서술형

두 점 $(2, -1)$, $(4, 9)$를 지나는 직선과 평행하고, 점 $(1, -4)$를 지나는 직선이 있다. 이 직선과 x축, y축으로 둘러싸인 도형의 넓이를 구하시오. [7점]

04

360 L의 물이 들어 있는 물통에서 매분 20 L의 물이 흘러 나간다. x분 후 물통에 남아 있는 물의 양을 y L라 할 때, 다음 물음에 답하시오. [6점]

(1) x와 y 사이의 관계를 식으로 나타내시오. [4점]

(2) 물통의 물이 모두 흘러 나가는 데 걸리는 시간을 구하시오. [2점]

(1) **채점 기준 1** x와 y 사이의 관계를 식으로 나타내기 … 4점

매분 20 L의 물이 흘러 나가므로 x분 동안 흘러 나가는 물의 양은 $\underline{}$ L이다.

$\therefore y = \underline{}$

(2) **채점 기준 2** 물이 모두 흘러 나가는 데 걸리는 시간 구하기 … 2점

$y = \underline{}$에 $y = 0$을 대입하면

$0 = \underline{}$ $\therefore x = \underline{}$

따라서 물통의 물이 모두 흘러 나가는 데 $\underline{}$분이 걸린다.

04-1

조건 바꾸기

450 L의 물이 들어 있는 물통에서 매분 30 L의 물이 흘러 나간다. x분 후 물통에 남아 있는 물의 양을 y L라 할 때, 다음 물음에 답하시오. [6점]

(1) x와 y 사이의 관계를 식으로 나타내시오. [4점]

(2) 물통의 물이 60 L 남는 데 걸리는 시간을 구하시오. [2점]

(1) **채점 기준 1** x와 y 사이의 관계를 식으로 나타내기 … 4점

(2) **채점 기준 2** 물이 60L 남는 데 걸리는 시간 구하기 … 2점

05

$y=x(ax-2)+bx+3$이 x에 대한 일차함수가 되기 위한 상수 a, b의 조건을 구하시오. [4점]

06

x절편이 4인 일차함수 $y=ax-8$의 그래프가 점 $(5, b)$를 지날 때, $a+b$의 값을 구하시오. (단, a는 상수) [6점]

07

일차함수 $y=2x+b$의 그래프를 y축의 방향으로 -2만큼 평행이동한 그래프의 x절편과 y절편의 합이 1일 때, 상수 b의 값을 구하시오. [6점]

08

세 점 $(-2, -1)$, $(2, 1)$, $(5k, k+3)$이 한 직선 위에 있을 때, k의 값을 구하시오. [6점]

09

오른쪽 그림과 같이 두 일차함수 $y=ax+2$, $y=-x+2$의 그래프와 x축으로 둘러싸인 $\triangle ABC$의 넓이가 8일 때, 양수 a의 값을 구하시오. [7점]

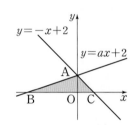

10

일차함수 $y=ax+b$의 그래프가 오른쪽 그림과 같을 때, 일차함수 $y=-ax+b$의 그래프가 지나지 않는 사분면을 구하시오.

(단, a, b는 상수) [6점]

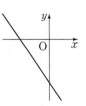

●정답 및 풀이 47쪽

11

오른쪽 그림과 같은 직선과 평행하고, 일차함수 $y=-2x+5$의 그래프와 x축 위에서 만나는 직선을 그래프로 하는 일차함수의 식이 $y=ax+b$일 때, 상수 a, b에 대하여 $a+b$의 값을 구하시오. [6점]

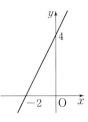

12

두 점 $(-2, 3a-5)$, $(2, a+1)$을 지나는 직선이 일차함수 $y=x-1$의 그래프와 평행할 때, 이 직선을 그래프로 하는 일차함수의 식을 구하시오. [6점]

13

일차함수 $y=ax+2$의 그래프가 오른쪽 그림과 같이 두 점 $(1, 5)$, $(6, 3)$을 이은 선분과 만나도록 하는 상수 a의 값의 범위를 구하시오. [7점]

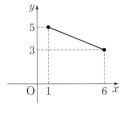

14

온도가 20 ℃인 물을 가열하기 시작하여 2분마다 온도를 측정하였더니 아래 표와 같이 일정하게 온도가 올라갔다. x분 후의 물의 온도를 y ℃라 할 때, 다음 물음에 답하시오. [6점]

시간(분)	0	2	4	6	8	10
온도(℃)	20	24	28	32	36	40

⑴ x와 y 사이의 관계를 식으로 나타내시오. [4점]

⑵ 15분 후의 물의 온도를 구하시오. [2점]

15

열차가 A 역을 출발하여 거리가 450 km 떨어진 B 역까지 분속 5 km로 달리고 있다. 열차가 A 역을 출발한 지 x분 후에 열차와 B 역 사이의 거리를 y km라 할 때, 열차가 B 역까지 150 km 남은 지점을 통과하는 것은 A 역을 출발한 지 몇 분 후인지 구하시오.

(단, 열차의 길이는 생각하지 않는다.) [6점]

16

오른쪽 그림과 같이 ∠C=90°인 직각삼각형 ABC에서 점 P가 점 B를 출발하여 변 BC를 따라 점 C까지 초속 2 cm로 움직인다. △APC의 넓이가 24 cm²가 되는 것은 점 P가 점 B를 출발한 지 몇 초 후인지 구하시오. [7점]

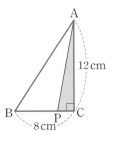

01

다음 보기에서 y가 x의 함수인 것은 모두 몇 개인가?

[3점]

보기

ㄱ. 자연수 x의 배수 y

ㄴ. 자연수 x의 역수 y

ㄷ. 한 개에 x원인 물건 6개의 가격 y원

ㄹ. 몸무게가 x kg인 학생의 키 y cm

① 1개   ② 2개   ③ 3개

④ 4개   ⑤ 없다.

02

다음 중 y가 x에 대한 일차함수인 것은? [3점]

① $y=-\dfrac{1}{4}x(x+1)$ ② $y=2x-(x-4)$

③ $y=x(x-3)$ ④ $y=x^2+2$

⑤ $y=\dfrac{2}{x}-4$

03

$y=ax+7(2-x)$가 x에 대한 일차함수가 되도록 하는 상수 a의 조건은? [3점]

① $a\neq1$ ② $a\neq3$ ③ $a\neq5$

④ $a\neq7$ ⑤ $a\neq9$

04

일차함수 $f(x)=-\dfrac{5}{3}x+a$에 대하여 $f(6)=-4$일 때, $f(3)$의 값은? (단, a는 상수) [4점]

① -3 ② -1 ③ 1

④ 3 ⑤ 5

05

일차함수 $y=5x+k$의 그래프를 y축의 방향으로 -3만큼 평행이동한 그래프가 점 $(1,\ 5)$를 지날 때, 상수 k의 값은? [4점]

① -2 ② -1 ③ 1

④ 2 ⑤ 3

06

다음 일차함수의 그래프 중 일차함수 $y=-\dfrac{2}{3}x+2$의 그래프와 x축 위에서 만나는 것은? [4점]

① $y=\dfrac{5}{6}x+\dfrac{5}{2}$ ② $y=-\dfrac{1}{4}x+3$

③ $y=\dfrac{1}{7}x-1$ ④ $y=-3x+9$

⑤ $y=\dfrac{1}{2}x+2$

07

일차함수 $y=5x+a$의 그래프의 x절편이 -2일 때, y절편은? (단, a는 상수) [4점]

① -10 ② -5 ③ -2
④ 5 ⑤ 10

08

다음 일차함수의 그래프 중 x의 값이 1에서 -1까지 감소할 때, y의 값은 4만큼 증가하는 것은? [3점]

① $y=-2x+2$ ② $y=-x-2$
③ $y=x-2$ ④ $y=x+2$
⑤ $y=2x+2$

09

일차함수 $y=3x-1$의 그래프를 y축의 방향으로 4만큼 평행이동한 그래프의 기울기를 p, x절편을 q, y절편을 r라 할 때, $p+q+r$의 값은? [4점]

① -3 ② $-\dfrac{1}{3}$ ③ 2
④ 5 ⑤ $\dfrac{16}{3}$

10

y절편이 같은 두 일차함수 $y=-3x-9$, $y=ax+b$의 그래프가 x축과 만나는 점을 각각 A, B라 하고 y축과 만나는 점을 C라 하자. $\triangle$ABC의 넓이가 36일 때, 상수 a, b에 대하여 $5a+b$의 값은? (단, $a>0$) [5점]

① $-\dfrac{18}{5}$ ② $-\dfrac{6}{5}$ ③ 0
④ $\dfrac{6}{5}$ ⑤ $\dfrac{18}{5}$

11

다음 중 일차함수 $y=-\dfrac{1}{2}x+3$의 그래프에 대한 설명으로 옳지 <u>않은</u> 것은? [4점]

① 오른쪽 아래로 향하는 직선이다.
② 점 $(2, 2)$를 지난다.
③ x절편은 6, y절편은 3이다.
④ x의 값이 4만큼 증가할 때, y의 값은 2만큼 감소한다.
⑤ 제3사분면을 지난다.

12

일차함수 $y=-ax+b$의 그래프가 오른쪽 그림과 같을 때, 상수 a, b의 부호는? [4점]

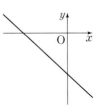

① $a<0, b<0$ ② $a<0, b=0$
③ $a<0, b>0$ ④ $a>0, b<0$
⑤ $a>0, b>0$

13

다음 일차함수의 그래프 중 일차함수 $y=3x-1$의 그래프와 평행한 것은? [3점]

① $y=-3x+4$ ② $y=-\dfrac{1}{3}x+3$

③ $y=\dfrac{2}{3}x-1$ ④ $y=2x-3$

⑤ $y=3x-6$

14

기울기가 -2이고, 점 $(1, 5)$를 지나는 일차함수의 그래프가 점 $(2a, -2-a)$를 지날 때, a의 값은? [4점]

① -2 ② -1 ③ 1

④ 2 ⑤ 3

15

오른쪽 그림과 같은 일차함수의 그래프에서 x절편은? [4점]

① $-\dfrac{7}{4}$ ② $-\dfrac{5}{3}$

③ $-\dfrac{3}{2}$ ④ $-\dfrac{4}{3}$

⑤ $-\dfrac{5}{4}$

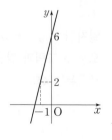

16

일차함수 $y=ax+3$의 그래프가 두 점 A$(1, 5)$, B$(6, 4)$를 이은 선분 AB와 만나도록 하는 상수 a의 값의 범위가 $p\le a\le q$일 때, $p+q$의 값은? [5점]

① 1 ② $\dfrac{5}{3}$ ③ $\dfrac{11}{6}$

④ 2 ⑤ $\dfrac{13}{6}$

17

초속 1.2 m로 내려오는 엘리베이터가 지상으로부터 84 m의 높이에서 출발하여 쉬지 않고 내려오고 있다. 엘리베이터가 출발한 지 x초 후의 지상으로부터의 높이를 y m라 할 때, 출발한 지 1분 후의 엘리베이터의 지상으로부터의 높이는? [4점]

① 10 m ② 12 m ③ 14 m

④ 16 m ⑤ 18 m

18

다음 그림에서 점 P가 점 B를 출발하여 변 BC를 따라 점 C까지 매초 1 cm씩 움직인다. $\triangle$ABP와 $\triangle$DPC의 넓이의 합이 6 cm^{2}가 되는 것은 점 P가 점 B를 출발한 지 몇 초 후인가? [5점]

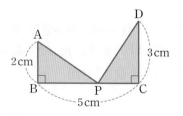

① 1초 ② 2초 ③ 3초

④ 4초 ⑤ 5초

19

일차함수 $y=3(x-2)$의 그래프를 y축의 방향으로 4만큼 평행이동한 그래프가 점 $(k, 7)$을 지날 때, k의 값을 구하시오. [4점]

20

일차함수 $y=ax-2$의 그래프를 y축의 방향으로 b만큼 평행이동하였더니 일차함수 $y=\dfrac{1}{4}x+3$의 그래프와 일치하였다. 이때 $40a+b$의 값을 구하시오.

(단, a는 상수) [6점]

21

서로 평행한 두 일차함수 $y=-4x-8$, $y=mx+n$의 그래프가 x축과 만나는 점을 각각 A, B라 하면 $\overline{AB}=5$이다. 이때 상수 m, n에 대하여 $m+n$의 값을 구하시오.

(단, $n>0$) [7점]

22

일차함수 $y=ax+b$의 그래프를 다미는 기울기를 잘못 보고 그려서 두 점 $(1, -6)$, $(2, -4)$를 지나게 그렸고, 나라는 y절편을 잘못 보고 그려서 두 점 $(-3, 4)$, $(0, 8)$을 지나게 그렸다. 일차함수 $y=ax+b$의 그래프가 점 $(18, k)$를 지날 때, k의 값을 구하시오.

(단, a, b는 상수) [7점]

23

오른쪽 그림은 어느 택배회사에서 무게가 $x\,\text{kg}$인 물건의 배송 가격을 y원이라 할 때, x와 y 사이의 관계를 그래프로 나타낸 것이다. 다음 물음에 답하시오. (단, 배송 가격은 물건의 무게에 의해서만 결정된다.) [6점]

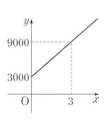

(1) x와 y 사이의 관계를 식으로 나타내시오. [4점]

(2) 무게가 $6\,\text{kg}$인 물건의 배송 가격을 구하시오. [2점]

01

다음 중 y가 x에 대한 일차함수가 <u>아닌</u> 것을 모두 고르면? (정답 2개) [4점]

① 현재 x살인 현우의 10년 후의 나이 y살
② 한 변의 길이가 x cm인 정오각형의 둘레의 길이 y cm
③ 반지름의 길이가 $2x$ cm인 원의 넓이 y cm^2
④ 넓이가 20 cm^{2}인 직사각형의 가로의 길이가 x cm일 때, 세로의 길이 y cm
⑤ 시속 x km인 자동차가 2시간 동안 달린 거리 y km

02

두 일차함수 $f(x)=5x-2$, $g(x)=-\dfrac{1}{3}x$에 대하여 $f(2)+2g(3)$의 값은? [3점]

① -2 ② 0 ③ 2
④ 4 ⑤ 6

03

다음 중 일차함수 $y=-3x+7$의 그래프 위의 점은? [3점]

① $(-3, 10)$ ② $(-1, 9)$ ③ $(0, -2)$
④ $(2, 1)$ ⑤ $(4, -2)$

04

일차함수 $y=ax+b$의 그래프가 두 점 $(1, -1)$, $(-1, 3)$을 지날 때, 상수 a, b에 대하여 ab의 값은? [3점]

① -3 ② -2 ③ -1
④ 1 ⑤ 2

05

일차함수 $y=-2x+4$의 그래프를 y축의 방향으로 k만큼 평행이동한 그래프가 점 $(-2, 3)$을 지날 때, k의 값은? [4점]

① -8 ② -7 ③ -6
④ -5 ⑤ -4

06

다음 일차함수의 그래프 중 일차함수 $y=-4x+4$의 그래프와 y축 위에서 만나는 것은? [3점]

① $y=x+\dfrac{3}{2}$ ② $y=-2x+2$

③ $y=\dfrac{1}{6}x-1$ ④ $y=-3x+4$

⑤ $y=5x+3$

07

일차함수 $y=3x+k$의 그래프를 y축의 방향으로 -3만큼 평행이동하였더니 x절편이 $3k$가 되었다. 이때 상수 k의 값은? [4점]

① $-\dfrac{1}{10}$ ② $-\dfrac{1}{5}$ ③ $\dfrac{3}{10}$

④ $\dfrac{2}{5}$ ⑤ $\dfrac{1}{2}$

08

출발 시각이 각각 다른 4대의 열차 A, B, C, D가 있다. 아래 그림은 열차 A가 출발한 후 x시간이 지났을 때 4대의 열차의 출발점으로부터의 거리 y km를 그래프로 나타낸 것이다. 다음 설명 중 옳은 것은? [5점]

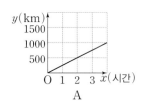
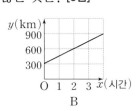
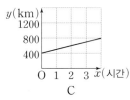
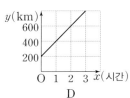

① 열차 B가 가장 느리다.
② 열차 D가 가장 빠르다.
③ 열차 B는 열차 D보다 느리다.
④ 열차 C는 열차 A보다 빠르다.
⑤ 열차 A와 열차 B의 속력은 서로 같다.

09

일차함수 $y=-3ax+\dfrac{14}{a}$의 그래프의 기울기가 6일 때, 다음 중 그래프 위의 점이 <u>아닌</u> 것은? (단, a는 상수) [4점]

① $(-1, -13)$ ② $(0, -7)$ ③ $(1, -1)$
④ $(3, 10)$ ⑤ $(4, 17)$

10

세 점 $(-5, 1)$, $\left(\dfrac{5}{3}, a\right)$, $(5, -5)$가 한 직선 위에 있을 때, a의 값은? [4점]

① -3 ② -2 ③ -1
④ 0 ⑤ 1

11

다음 중 일차함수 $y=-2x+6$의 그래프는? [3점]

①   ②   ③

④   ⑤

12

다음 중 일차함수 $y=ax+b$의 그래프에 대한 설명으로 옳지 <u>않은</u> 것은? (단, a, b는 상수) [4점]

① 기울기는 a이고, y절편은 b이다.
② y축과 점 $(a, 0)$에서 만난다.
③ a의 절댓값이 작을수록 x축에 가깝다.
④ $a<0$일 때, x의 값이 증가하면 y의 값은 감소한다.
⑤ $a<0$, $b<0$일 때, 제2, 3, 4사분면을 지난다.

13

$ab<0$, $a-b<0$일 때, 다음 중 일차함수 $y=ax-b$의 그래프로 알맞은 것은? [5점]

①   ②

③   ④

⑤

14

오른쪽 그림의 그래프와 기울기가 같고, y절편이 2인 직선을 그래프로 하는 일차함수의 식은? [4점]

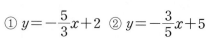

① $y=-\dfrac{5}{3}x+2$ ② $y=-\dfrac{3}{5}x+5$

③ $y=\dfrac{3}{5}x+2$ ④ $y=\dfrac{5}{3}x+2$

⑤ $y=\dfrac{5}{3}x+5$

15

x의 값이 2에서 4까지 증가할 때 y의 값은 3만큼 증가하고, 점 $(1, 3)$을 지나는 직선을 그래프로 하는 일차함수의 식이 $y=ax+b$일 때, 상수 a, b에 대하여 $a-b$의 값은? [4점]

① -5 ② -1 ③ 0

④ 2 ⑤ 3

16

x절편이 3이고 y절편이 -2인 일차함수의 그래프가 점 $(3k, k)$를 지날 때, k의 값은? [4점]

① -2 ② -1 ③ 1

④ 2 ⑤ 3

17

지면으로부터 10 km까지는 1 km 높아질 때마다 기온이 6 ℃씩 내려간다고 한다. 지면의 기온이 15 ℃일 때, 기온이 -6 ℃인 지점의 지면으로부터의 높이는? [4점]

① 3 km   ② 3.5 km   ③ 4 km

④ 4.5 km   ⑤ 5 km

18

오른쪽 그림과 같은 직사각형 ABCD에서 점 P가 점 B를 출발하여 변을 따라 점 A까지 매초 2 cm씩 움직인다. 점 P가 점 B를 출발한 지 x 초 후의 △ABP의 넓이를 y cm²라 하자. 다음 중 옳지 않은 것은? [5점]

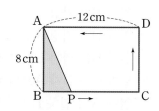

① $x=4$일 때, $y=32$이다.
② $x=9$일 때, $y=48$이다.
③ $x=12$일 때, $y=32$이다.
④ $y=16$일 때, $x=2$ 또는 $x=14$이다.
⑤ $y=40$일 때, $x=5$ 또는 $x=18$이다.

19

일차함수 $y=-2x+5$의 그래프의 기울기, x절편, y절편을 각각 구하시오. [4점]

20

오른쪽 그림과 같이 두 일차함수 $y=\frac{1}{2}x+3$, $y=ax+b$의 그래프가 x축 위에서 만난다. $\triangle ABC$의 넓이가 15일 때, 상수 a, b에 대하여 $3a+b$의 값을 구하시오.

(단, $b>3$) [7점]

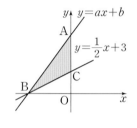

21

일차함수 $y=-\frac{2}{3}x+2$의 그래프와 평행하고 점 $(-3, 5)$를 지나는 직선을 그래프로 하는 일차함수의 식을 구하시오. [6점]

22

휘발유 1 L로 12 km를 달리는 자동차가 있다. 이 자동차에 50 L의 휘발유를 넣고 60 km 달린 후에 남아 있는 휘발유의 양을 구하시오. [6점]

23

물이 들어 있는 물통에 일정한 속력으로 물을 채우기 시작하여 5분 후, 10분 후에 물의 양을 재었더니 각각 30 L, 50 L가 되었다. 처음 물통에 들어 있던 물의 양을 구하시오. [7점]

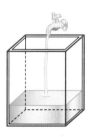

01
동아 변형

도로 표지판의 도로 경사도는 수평 거리에 대한 수직 거리의 비율을 백분율로 나타낸 것이다. 즉,

$(경사도)=\dfrac{(수직\ 거리)}{(수평\ 거리)}\times100\,(\%)$이다. [그림 1]과 같이

경사도가 10 %인 도로 위에 두 자동차 A, B가 있다. A의 수직 거리는 3 m이고, 두 자동차 사이의 수평 거리는 30 m이다. 두 자동차 A, B가 수직 거리는 유지한 채, [그림 2]와 같이 경사도가 20 %인 도로 위에 있다고 할 때, k의 값을 구하시오.

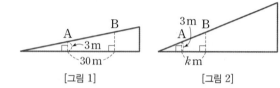

[그림 1]   [그림 2]

02
미래엔 변형

다음 그림과 같이 좌표평면 위의 네 점 $O(0, 0)$, $A(4, 0)$, $B(4, 3)$, $C(0, 3)$을 꼭짓점으로 하는 사각형 OABC가 있다. 일차함수 $y=ax+b$의 그래프가 점 $(-2, -3)$을 지날 때, 이 그래프가 사각형 OABC와 만나도록 하는 상수 a의 값의 범위를 구하시오. (단, b는 상수)

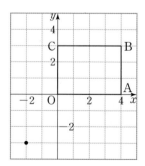

03
비상 변형

다음 그림과 같이 한 변의 길이가 3 cm인 정사각형을 이용하여 새로운 도형을 계속 만들어갈 때, [10단계] 도형의 둘레의 길이를 구하시오.

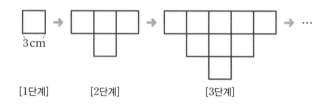

[1단계]   [2단계]   [3단계]

04
천재 변형

다음 그림과 같은 정사각형 OABC에서 변 OC 위의 점 D와 변 OA 위의 점 E를 지나는 직선을 그을 때, 색칠한 부분의 넓이가 오각형 ABCDE의 넓이의 $\dfrac{1}{3}$이 되도록 하는 직선 DE의 기울기를 구하시오. (단, O는 원점)

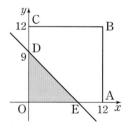

① 일차함수와 그래프

2 일차함수와 일차방정식의 관계

단원별로 학습 계획을 세워 실천해 보세요.

학습 날짜	월 일	월 일	월 일	월 일
학습 계획				
학습 실행도	0 ⎵⎵⎵⎵⎵ 100	0 ⎵⎵⎵⎵⎵ 100	0 ⎵⎵⎵⎵⎵ 100	0 ⎵⎵⎵⎵⎵ 100
자기 반성				

2 일차함수와 일차방정식의 관계

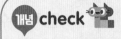

① 일차함수와 일차방정식

(1) **미지수가 2개인 일차방정식의 그래프** : 미지수가 2개인 일차방정식의 해의 순서쌍 (x, y)를 좌표로 하는 점을 좌표평면 위에 모두 나타낸 것

(2) **직선의 방정식** : x, y의 값의 범위가 수 전체일 때, 일차방정식

$$ax+by+c=0\ (a, b, c는\ 상수, a\neq0\ 또는\ b\neq0)$$

(3) **일차방정식과 일차함수의 그래프**

일차방정식 $ax+by+c=0\ (a, b, c는\ 상수, a\neq0, b\neq0)$의 그래프는 일차함수

$y=-\dfrac{a}{b}x-\dfrac{c}{b}$의 그래프와 같다.

② 일차방정식 $x=p, y=q$의 그래프

(1) **방정식 $x=p\ (p는\ 상수, p\neq0)$의 그래프** : 점 $(p, 0)$을 지나고
  ⑴축에 평행한(x축에 수직인) 직선

(2) **방정식 $y=q\ (q는\ 상수, q\neq0)$의 그래프** : 점 $(0, q)$를 지나고
  ⑵축에 평행한(y축에 수직인) 직선

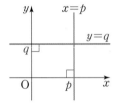

③ 연립방정식의 해와 일차함수의 그래프

(1) **연립방정식의 해와 일차함수의 그래프**

연립방정식 $\begin{cases} ax+by+c=0 \\ a'x+b'y+c'=0 \end{cases}$의 해는 두 일차방정식

$ax+by+c=0,\ a'x+b'y+c'=0$의 그래프, 즉 두 일차함수의 그래프의 교점의 좌표와 같다.

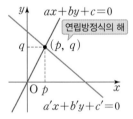

(2) **연립방정식의 해의 개수와 두 그래프의 위치 관계**

연립방정식 $\begin{cases} ax+by+c=0 \\ a'x+b'y+c'=0 \end{cases}$의 해의 개수는 두 일차방정식 $ax+by+c=0,$

$a'x+b'y+c'=0$의 그래프의 교점의 개수와 같다.

두 일차방정식의 그래프의 위치 관계	한 점에서 만난다.	평행하다.	일치한다.
두 그래프의 교점	1개	없다.	무수히 많다.
연립방정식의 해	한 쌍	없다.	무수히 많다.
기울기와 y절편	기울기가 ⑶.	기울기는 ⑷, y절편은 ⑸.	기울기와 y절편이 각각 ⑹.

참고 연립방정식 $\begin{cases} ax+by+c=0 \\ a'x+b'y+c'=0 \end{cases}$에서

① $\dfrac{a}{a'}\neq\dfrac{b}{b'}$ ➡ 한 쌍의 해를 갖는다. ② $\dfrac{a}{a'}=\dfrac{b}{b'}\neq\dfrac{c}{c'}$ ➡ 해가 없다.

③ $\dfrac{a}{a'}=\dfrac{b}{b'}=\dfrac{c}{c'}$ ➡ 해가 무수히 많다.

---

1 아래 일차방정식을 $y=ax+b$ 꼴로 나타내고 다음 좌표평면 위에 일차방정식의 그래프를 각각 그리시오. (단, a, b는 상수)

(1) $x+2y-4=0$

(2) $4x-3y-3=0$

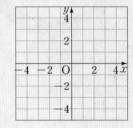

2 다음 직선의 방정식을 구하시오.

(1) 점 $(1, 3)$을 지나고 x축에 평행한 직선

(2) 점 $(-2, 4)$를 지나고 y축에 평행한 직선

3 연립방정식 $\begin{cases} x-3y=-2 \\ x+4y=5 \end{cases}$에서 두 일차방정식 $x-3y=-2,$ $x+4y=5$의 그래프가 다음 그림과 같을 때, 연립방정식의 해를 구하시오.

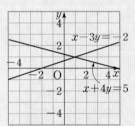

4 그래프를 이용하여 다음 연립방정식을 푸시오.

(1) $\begin{cases} -x+2y=2 \\ x-y=-2 \end{cases}$

(2) $\begin{cases} x+y=3 \\ 2x+2y=6 \end{cases}$

(3) $\begin{cases} 3x-y=-1 \\ 6x-2y=-12 \end{cases}$

답 (1) y (2) x (3) 다르다 (4) 같고 (5) 다르다 (6) 같다

시험에 꽉 나오는
기출 유형
전국 1000여 개 학교 시험 문제를 분석하여 출제율 높은 문제만 선별했어요!

●정답 및 풀이 54쪽

유형 01 일차함수와 일차방정식 『최다 빈출』

01 ···

다음 중 일차방정식 $3x+2y=6$의 그래프는?

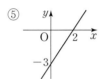

02 ··

다음 중 일차방정식 $4x-3y-9=0$의 그래프에 대한 설명으로 옳은 것을 모두 고르면? (정답 2개)

① y절편은 3이다.

② x절편은 $\dfrac{9}{4}$이다.

③ 점 $(3, -1)$을 지난다.

④ 제2사분면을 지나지 않는다.

⑤ 일차함수 $y=-\dfrac{4}{3}x$의 그래프와 평행하다.

03 ··

일차방정식 $5x-2y+10=0$의 그래프의 기울기를 a, x절편을 b라 할 때, ab의 값은?

① -5 ② -3 ③ $-\dfrac{1}{2}$

④ $\dfrac{3}{2}$ ⑤ 2

유형 02 일차방정식의 그래프 위의 점

04 ···

다음 중 일차방정식 $4x-y-3=0$의 그래프 위의 점이 아닌 것은?

① $(-2, -11)$ ② $\left(-\dfrac{3}{2}, -9\right)$ ③ $(0, -3)$

④ $\left(\dfrac{5}{4}, -2\right)$ ⑤ $(1, 1)$

05 ··

일차방정식 $3x+2y+12=0$의 그래프가 오른쪽 그림과 같을 때, a의 값은?

① -5 ② -4

③ -3 ④ -2

⑤ -1

06 ··

두 점 $(-1, a)$, $(b, 2)$가 일차방정식 $x-3y=8$의 그래프 위의 점일 때, $a-b$의 값을 구하시오.

유형 03 일차방정식의 미지수 구하기

07 ··

일차방정식 $ax+3y-5=0$의 그래프가 점 $(-1, 3)$을 지날 때, 이 그래프의 기울기는? (단, a는 상수)

① $-\dfrac{4}{3}$ ② $-\dfrac{3}{4}$ ③ $-\dfrac{2}{3}$

④ $\dfrac{4}{3}$ ⑤ $\dfrac{3}{2}$

08 •••

일차방정식 $ax+by+12=0$의 그래프가 오른쪽 그림과 같을 때, 상수 a, b에 대하여 ab의 값을 구하시오.

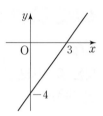

09 •••

일차방정식 $2x+ay-1=0$의 그래프가 두 점 $(-2, 5)$, $(b, 2)$를 지날 때, $a+b$의 값은? (단, a는 상수)

① $-\dfrac{3}{2}$ ② $-\dfrac{1}{2}$ ③ 0

④ $\dfrac{1}{2}$ ⑤ $\dfrac{2}{3}$

유형 **04** 일차방정식 $ax+by+c=0$의 그래프와 a, b, c의 부호

10 •••

일차방정식 $ax+y-b=0$의 그래프가 오른쪽 그림과 같을 때, 상수 a, b의 부호는?

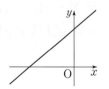

① $a<0$, $b<0$ ② $a<0$, $b>0$
③ $a>0$, $b<0$ ④ $a>0$, $b=0$
⑤ $a>0$, $b>0$

11 •••

$a>0$, $b<0$, $c>0$일 때, 일차방정식 $ax+by-c=0$의 그래프가 지나지 않는 사분면을 구하시오.

12 •••

일차방정식 $ax+by+c=0$의 그래프가 오른쪽 그림과 같을 때, 다음 중 상수 a, b, c에 대하여 일차함수 $y=\dfrac{c}{a}x+b$의 그래프로 알맞은 것을 모두 고르면?

(정답 2개)

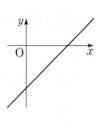

①   ②   ③

④   ⑤

유형 **05** 직선의 방정식

13 •••

오른쪽 그림과 같은 직선의 방정식은?

① $x+y-3=0$
② $3x-5y-15=0$
③ $3x-5y-5=0$
④ $4x-5y+15=0$
⑤ $4x+5y-15=0$

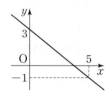

14 •••

x의 값이 2만큼 증가할 때 y의 값은 -3만큼 증가하고 점 $(4, -5)$를 지나는 직선의 방정식이 $ax+by=2$일 때, 상수 a, b에 대하여 $a+b$의 값을 구하시오.

15 ••

두 점 $(-2, -8)$, $(4, 1)$을 지나는 직선과 평행하고, 점 $(0, 5)$를 지나는 직선의 방정식은?

① $3x-y-10=0$ ② $3x+y+10=0$

③ $3x-2y-10=0$ ④ $3x-2y+10=0$

⑤ $3x+2y+10=0$

유형 **06** 좌표축에 평행한 직선의 방정식

16 •

x축에 수직이고 점 $(-4, 5)$를 지나는 직선의 방정식은?

① $x=-4$ ② $x=5$ ③ $y=-4$

④ $y=5$ ⑤ $x-4y=5$

17 •

두 점 $(8+2a, -7)$, $(a-2, 3)$을 지나는 직선이 y축에 평행할 때, a의 값은?

① -12 ② -10 ③ -8

④ -6 ⑤ -4

18 ••

일차방정식 $ax+by+1=0$의 그래프가 오른쪽 그림과 같을 때, 상수 a, b에 대하여 $a-b$의 값을 구하시오.

19 ••

다음 네 직선으로 둘러싸인 도형의 넓이를 구하시오.

$$x+3=0, \quad 2x-3=0, \quad y+2=0, \quad 3y-6=0$$

유형 **07** 연립방정식의 해와 그래프의 교점 [최다 빈출]

20 •

두 일차방정식 $x+2y=1$, $3x-y=-11$의 그래프의 교점의 좌표가 (a, b)일 때, $a+b$의 값은?

① -5 ② -3 ③ -1

④ 1 ⑤ 3

21 ••

기울기가 -2, y절편이 4인 직선과 일차방정식 $x-y+1=0$의 그래프의 교점의 좌표를 구하시오.

22 ••

연립방정식 $\begin{cases} ax+y=1 \\ 3x+by=5 \end{cases}$ 의 해를 구하

기 위해 두 일차방정식의 그래프를 그렸더니 오른쪽 그림과 같았다. 상수 a, b에 대하여 $a+b$의 값은?

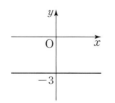

① -2 ② -1

③ 0 ④ 1

⑤ 2

23 •••
두 일차방정식 $2x-y+6=0$, $ax+y-3=0$의 그래프의 교점이 x축 위에 있을 때, 상수 a의 값은?

① -5 ② -4 ③ -3
④ -2 ⑤ -1

24 •••
두 직선 $y=ax+b$, $y=-x+4$가 오른쪽 그림과 같을 때, 상수 a, b에 대하여 $a-b$의 값을 구하시오.

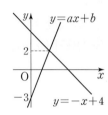

유형 08 두 직선의 교점을 지나는 직선의 방정식

25 •••
두 일차방정식 $2x-y-5=0$, $3x+y+5=0$의 그래프의 교점을 지나고, 직선 $x-2y+7=0$과 평행한 직선의 방정식은?

① $x-2y-10=0$ ② $x+2y-10=0$
③ $x-2y+10=0$ ④ $2x-y-10=0$
⑤ $2x+y+10=0$

26 •••
두 일차방정식 $3x+y-8=0$, $x-3y+4=0$의 그래프의 교점을 지나고, y절편이 -1인 직선의 x절편을 구하시오.

27 •••
두 직선 $x-3y=6$, $2x+3y=3$의 교점을 지나고, x축에 평행한 직선이 점 $(-7, a)$를 지날 때, a의 값을 구하시오.

28 •••
세 직선 $x+y=1$, $2x-3y=1$, $(a+2)x-y=5$가 한 점에서 만날 때, 상수 a의 값을 구하시오.

🧨 실수 주의
29 •••
세 직선 $x+y-1=0$, $x-2y-4=0$, $x-y-a=0$에 의해 삼각형이 만들어지지 않을 때, 상수 a의 값은?

① 2 ② 3 ③ 4
④ 5 ⑤ 6

유형 09 연립방정식의 해의 개수와 두 직선의 위치 관계

30 •••
연립방정식 $\begin{cases} x-ay=1 \\ 2x+6y=b \end{cases}$ 의 해가 무수히 많을 때, 상수 a, b에 대하여 ab의 값은?

① -6 ② -3 ③ -1
④ 3 ⑤ 6

31 ••••

두 직선 $ax+y-5=0$, $x-y+2=0$의 교점이 오직 한 개이기 위한 상수 a의 조건을 구하시오.

32 ••••

두 직선 $ax+y=6$, $3x-3y=b$의 교점이 존재하지 않을 때, 다음 중 상수 a, b의 값이 될 수 있는 것은?

① $a=-1$, $b=-18$ ② $a=-1$, $b=-15$

③ $a=1$, $b=-18$ ④ $a=1$, $b=-15$

⑤ $a=1$, $b=-12$

유형 10 직선으로 둘러싸인 도형의 넓이   **최다 빈출**

33 ••••

오른쪽 그림과 같이 두 직선 $3x-y-4=0$, $x+y-4=0$과 y축으로 둘러싸인 도형의 넓이는?

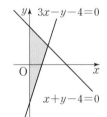

① 2   ② $\dfrac{7}{2}$

③ 4   ④ $\dfrac{11}{2}$

⑤ 8

34 ••••

다음 세 직선으로 둘러싸인 도형의 넓이를 구하시오.

$$x-3=0, \quad 2x-y=0, \quad y+4=0$$

---

35 ••••

오른쪽 그림과 같이 두 직선 $y=ax+3$, $y=-x+3$과 x축으로 둘러싸인 도형의 넓이가 12일 때, 양수 a의 값을 구하시오.

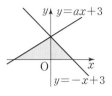

36 ••••

오른쪽 그림과 같이 일차방정식 $2x-3y+12=0$의 그래프와 x축, y축으로 둘러싸인 $\triangle AOB$의 넓이를 직선 $y=ax$가 이등분할 때, 상수 a의 값을 구하시오. (단, O는 원점)

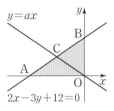

유형 11 두 그래프를 이용한 직선의 방정식의 활용

37 ••••

30 L, 20 L의 물이 각각 들어 있는 두 물통 A, B에서 동시에 일정한 속력으로 물을 빼낸다. 오른쪽 그림은 x분 후에 남아 있는 물의 양을 y L라 할 때, x와 y 사이의 관계를 그래프로 나타낸 것이다. 물을 빼내기 시작한 지 몇 분 후에 두 물통에 남아 있는 물의 양이 같아지는지 구하시오.

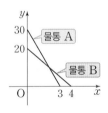

38 ••••

집에서 3 km 떨어진 학교까지 가는데 동생이 먼저 출발하고 10분 후에 형이 출발하였다. 오른쪽 그림은 동생이 출발한 지 x분 후에 동생과 형이 집으로부터 떨어진 거리를 y km라 할 때, x와 y 사이의 관계를 그래프로 나타낸 것이다. 동생과 형이 만나는 것은 동생이 출발한 지 몇 분 후인지 구하시오.

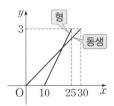

01

두 일차방정식 $ax+3y=3$, $x+by=1$의 그래프가 오른쪽 그림과 같을 때, 상수 a, b에 대하여 $a-2b$의 값을 구하시오. [6점]

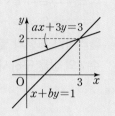

채점 기준 1 a의 값 구하기 … 3점

두 일차방정식의 교점의 좌표가 (____, ____)이므로

$ax+3y=3$에 $x=$____, $y=$____를 대입하면

____$a+$____$=3$ ∴ $a=$____

채점 기준 2 b의 값 구하기 … 2점

$x+by=1$에 $x=$____, $y=$____를 대입하면

____$+$____$b=1$ ∴ $b=$____

채점 기준 3 $a-2b$의 값 구하기 … 1점

$a-2b=$____$-2\times($____$)=$____

01-1

숫자 바꾸기

두 일차방정식 $2x-ay=-1$, $x+y=b$의 그래프가 오른쪽 그림과 같을 때, 상수 a, b에 대하여 $a+b$의 값을 구하시오. [6점]

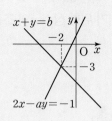

채점 기준 1 a의 값 구하기 … 3점

채점 기준 2 b의 값 구하기 … 2점

채점 기준 3 $a+b$의 값 구하기 … 1점

02

오른쪽 그림과 같이 두 직선 $3x-2y+12=0$, $x+y-1=0$과 x축으로 둘러싸인 도형의 넓이를 구하시오. [7점]

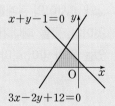

채점 기준 1 두 직선의 교점의 좌표 구하기 … 2점

연립방정식 $\begin{cases} 3x-2y+12=0 \\ x+y-1=0 \end{cases}$ 을 풀면 $x=$____, $y=$____

따라서 두 직선의 교점의 좌표는 (____, ____)이다.

채점 기준 2 두 직선의 x절편 구하기 … 3점

직선 $3x-2y+12=0$의 x절편은 ____,

직선 $x+y-1=0$의 x절편은 ____이다.

채점 기준 3 두 직선과 x축으로 둘러싸인 도형의 넓이 구하기 … 2점

두 직선과 x축으로 둘러싸인 도형의 넓이는

$\dfrac{1}{2}\times(1+$____$)\times$____$=$____

02-1

숫자 바꾸기

오른쪽 그림과 같이 두 직선 $2x-5y+9=0$, $4x+y-4=0$과 x축으로 둘러싸인 도형의 넓이를 구하시오. [7점]

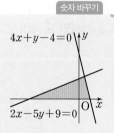

채점 기준 1 두 직선의 교점의 좌표 구하기 … 2점

채점 기준 2 두 직선의 x절편 구하기 … 3점

채점 기준 3 두 직선과 x축으로 둘러싸인 도형의 넓이 구하기 … 2점

●정답 및 풀이 58쪽

03

일차방정식 $(2a-1)x+y+3b=0$의 그래프의 기울기가 -1이고 y절편이 3일 때, 상수 a, b에 대하여 $2a-b$의 값을 구하시오. [6점]

04

일차방정식 $ax+by+4=0$의 그래프는 점 $(1, 2)$를 지나고 y축에 평행하다. 이때 상수 a, b의 값을 각각 구하시오.

[4점]

05

두 점 $(1, a-5)$, $(-3, -3a+11)$을 지나는 직선이 일차방정식 $x=3$의 그래프에 수직일 때, a의 값을 구하시오. [6점]

06

세 직선 $x-y+2=0$, $2x+y-5=0$, $ax-y+4=0$으로 삼각형이 만들어지지 않도록 하는 모든 상수 a의 값을 구하시오. [7점]

07

연립방정식 $\begin{cases} x-2y=3 \\ ax+4y=b \end{cases}$의 해가 무수히 많을 때, 다음 물음에 답하시오. (단, a, b는 상수) [6점]

⑴ a, b의 값을 각각 구하시오. [3점]

⑵ 일차함수 $y=ax+b$의 그래프가 지나는 사분면을 모두 구하시오. [3점]

08

오른쪽 그림과 같이 세 직선 $x-y+4=0$, $ax-y+1=0$, $y=-1$로 둘러싸인 도형의 넓이를 구하시오. (단, a는 상수) [7점]

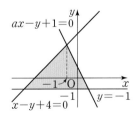

01

다음 일차함수 중 그 그래프가 일차방정식 $4x+2y-7=0$의 그래프와 일치하는 것은? [3점]

① $y=-2x-\dfrac{7}{2}$ ② $y=-2x+\dfrac{7}{2}$

③ $y=\dfrac{1}{2}x-\dfrac{7}{2}$ ④ $y=\dfrac{1}{2}x+\dfrac{7}{2}$

⑤ $y=2x+\dfrac{7}{2}$

02

다음 중 일차방정식 $6x+y-5=0$의 그래프에 대한 설명으로 옳은 것은? [4점]

① x절편은 $-\dfrac{5}{6}$, y절편은 5이다.

② 오른쪽 위로 향하는 직선이다.

③ 일차함수 $y=6x-4$의 그래프와 평행하다.

④ 제3사분면을 지나지 않는다.

⑤ x의 값이 2만큼 증가할 때 y의 값은 12만큼 증가한다.

03

다음 일차방정식 중 그 그래프가 점 $(2, -2)$를 지나는 것은? [3점]

① $x+y-1=0$ ② $2x+3y=0$

③ $3x-y-7=0$ ④ $3x+2y-9=0$

⑤ $4x+5y+2=0$

04

일차방정식 $2x-y+3=0$의 그래프가 점 $(-k, 2k-5)$를 지날 때, k의 값은? [3점]

① -2 ② -1 ③ 1
④ 2 ⑤ 3

05

일차방정식 $x-2ay-b=0$의 그래프가 오른쪽 그림과 같을 때, 상수 a, b에 대하여 ab의 값은?

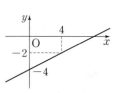

[4점]

① $\dfrac{1}{8}$ ② $\dfrac{1}{4}$ ③ 2
④ 4 ⑤ 8

06

일차방정식 $ax+by+9=0$의 그래프가 일차함수 $y=-\dfrac{2}{3}x+1$의 그래프와 평행하고 y절편이 -3일 때, 상수 a, b에 대하여 $a+b$의 값은? [4점]

① 1 ② 3 ③ 5
④ 7 ⑤ 9

서술형

19

일차방정식 $ax-3y+7=0$의 그래프가 오른쪽 그림의 직선과 평행할 때, 상수 a의 값을 구하시오. [6점]

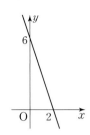

20

다음 네 직선으로 둘러싸인 도형의 넓이가 42일 때, 양수 p의 값을 구하시오. [6점]

$$x=p, \quad x-3p=0, \quad y=-2, \quad y-5=0$$

21

두 일차방정식 $x-y+3=0$, $2x+y-a=0$의 그래프의 교점이 제2사분면 위에 있을 때, 상수 a의 값의 범위를 구하시오. [7점]

22

연립방정식 $\begin{cases} 2x+y-2=0 \\ ax-3y-6=0 \end{cases}$의 해가 없을 때, 상수 a의 값을 구하시오. [4점]

23

다음 그림과 같이 일차방정식 $x+y=a$의 그래프와 직선 $x=-1$, y축이 만나는 점을 각각 A, C라 하고, 직선 $x=-1$과 x축이 만나는 점을 B라 할 때, 사각형 ABOC의 넓이는 4이다. 상수 a의 값을 구하시오.

(단, O는 원점) [7점]

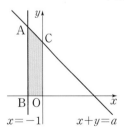

01

일차방정식 $4x-3y+5=0$의 그래프의 기울기를 a, y절편을 b라 할 때, $a+b$의 값은? [3점]

① -2 ② $-\dfrac{3}{2}$ ③ $\dfrac{5}{3}$

④ 3 ⑤ 5

02

다음 중 일차방정식 $3x+y-7=0$의 그래프 위의 점은? [3점]

① $(-3,\ 10)$ ② $(-1,\ 9)$

③ $(0,\ -2)$ ④ $(2,\ 1)$

⑤ $(4,\ -2)$

03

일차방정식 $2x+y-4=0$의 그래프를 y축의 방향으로 k만큼 평행이동하면 점 $(-2,\ 3)$을 지날 때, k의 값은? [3점]

① -8 ② -7 ③ -6

④ -5 ⑤ -4

04

일차방정식 $ax-2y-8=0$의 그래프가 점 $(4,\ 8)$을 지날 때, 이 그래프의 기울기는? (단, a는 상수) [3점]

① -3 ② $-\dfrac{3}{2}$ ③ -1

④ $\dfrac{3}{2}$ ⑤ 3

05

일차방정식 $2x-ky-1=0$의 그래프가 오른쪽 그림과 같을 때, a의 값은? (단, k는 상수) [4점]

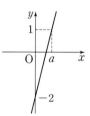

① $\dfrac{1}{2}$ ② $\dfrac{2}{3}$

③ $\dfrac{3}{4}$ ④ 1

⑤ 2

06

두 점 $(2,\ -4)$, $(4,\ -10)$을 지나는 직선과 일차방정식 $3x-ay+9=0$의 그래프가 서로 평행할 때, 상수 a의 값은? [4점]

① -2 ② -1 ③ 2

④ 4 ⑤ 5

07

일차방정식 $ax+by-1=0$의 그래프가 오른쪽 그림과 같을 때, 상수 a, b의 부호는? [4점]

① $a<0$, $b<0$ ② $a<0$, $b>0$
③ $a=0$, $b>0$ ④ $a>0$, $b<0$
⑤ $a>0$, $b>0$

08

다음 중 일차방정식 $5x-2y+4=0$의 그래프와 평행하고, 점 $(4, -1)$을 지나는 직선 위의 점은? [4점]

① $(-4, -21)$ ② $(-2, -15)$
③ $(0, -10)$ ④ $(2, -4)$
⑤ $(6, 3)$

09

x의 값이 -4에서 -2까지 증가할 때 y의 값은 8만큼 증가하고 점 $(7, 20)$을 지나는 직선의 방정식이 $ax-y+b=0$일 때, 상수 a, b에 대하여 $a+b$의 값은? [4점]

① -5 ② -4 ③ -3
④ -2 ⑤ -1

10

다음 중 일차방정식 $y+5=0$의 그래프에 대한 설명으로 옳은 것은? [4점]

① y축에 평행한 직선이다.
② 직선 $y=-3$과 수직으로 만난다.
③ 직선 $x=1$과 만나지 않는다.
④ 점 $(5, -5)$를 지난다.
⑤ 제1사분면과 제2사분면을 지난다.

11

네 직선 $x=-1$, $x=6$, $y=-2$, $y=4$로 둘러싸인 도형의 넓이는? [3점]

① 12   ② 24   ③ 36
④ 42   ⑤ 49

12

다음 중 네 직선 $x-1=0$, $x-5=0$, $y-2=0$, $y-4=0$으로 둘러싸인 도형의 넓이를 이등분하는 직선의 방정식을 모두 고르면? (정답 2개) [5점]

① $y=-2x$ ② $y=x$ ③ $y=x+1$
④ $y=\dfrac{1}{3}x+2$ ⑤ $y=3x+1$

13

오른쪽 그림에서 두 직선 l, m이 점 P에서 만날 때, 점 P의 좌표는? [5점]

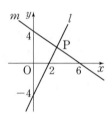

① (3, 2) ② (3, 3)
③ (4, 2) ④ (4, 3)
⑤ (5, 2)

14

두 직선 $7x+8y+2=0$, $3x-4y-14=0$의 교점을 지나고, 직선 $x-5y-1=0$과 평행한 직선의 방정식은? [4점]

① $x-5y-12=0$ ② $x-5y+12=0$
③ $x+5y-12=0$ ④ $x+5y+12=0$
⑤ $x-5y=0$

15

세 일차방정식 $x+y-3=0$, $4x-y-2=0$, $x+my-4=0$의 그래프가 한 점에서 만날 때, 상수 m의 값은? [4점]

① 1   ② $\dfrac{3}{2}$ ③ 2

④ $\dfrac{5}{2}$ ⑤ 3

16

두 직선 $ax+y=2$, $2y-3x=5$의 교점이 존재하지 않을 때, 상수 a의 값은? [4점]

① $-\dfrac{3}{2}$ ② -1 ③ $-\dfrac{2}{3}$

④ $\dfrac{2}{3}$ ⑤ $\dfrac{3}{2}$

17

연립방정식 $\begin{cases} 3x+2ay=5 \\ 3x-2y=-b \end{cases}$의 해가 무수히 많을 때, 두 직선 $3ax+y-2b=0$, $x+ky-2=0$은 서로 평행하다고 한다. 이때 상수 k의 값은? (단, a, b는 상수) [5점]

① -6 ② -5 ③ -3

④ $-\dfrac{2}{5}$ ⑤ $-\dfrac{1}{3}$

18

오른쪽 그림과 같이 두 직선 $x-3y+6=0$, $2x+y+5=0$의 교점을 P, 두 직선이 y축과 만나는 점을 각각 A, B라 할 때, △PBA의 넓이는? [4점]

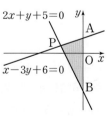

① $\dfrac{21}{2}$ ② 14   ③ $\dfrac{33}{2}$

④ 17   ⑤ $\dfrac{35}{2}$

19

일차방정식 $3x-y+k=0$의 그래프를 y축의 방향으로 -4만큼 평행이동하면 x절편은 m이고 y절편은 n이다. $m+n=2$일 때, 상수 k의 값을 구하시오. [6점]

20

백현이와 태용이가 일차방정식 $ax-y+b=0$의 그래프를 그리는데 다음 대화와 같이 각각 잘못 그렸다. 일차방정식 $ax-y+b=0$의 그래프가 점 $(k, 1)$을 지날 때, k의 값을 구하시오. (단, a, b는 상수) [6점]

> 백현 : 기울기 a를 잘못 보고 그렸더니 두 점 $(1, -2)$, $(-3, 2)$를 지나는 그래프가 되었어.
>
> 태용 : y절편 b를 잘못 보고 그렸더니 두 점 $(-1, 2)$, $(0, 4)$를 지나는 그래프가 되었어.

21

점 $(-4, 1)$을 지나는 일차방정식 $x+ay+b=0$의 그래프가 제1사분면을 지나지 않도록 하는 상수 a의 값의 범위를 구하시오. (단, b는 상수) [7점]

22

두 직선 $2x+3y=6$, $ax+5y=-9$의 교점이 x축 위에 있을 때, 상수 a의 값을 구하시오. [4점]

23

어느 가게에서 상품 A만 판매하다가 중간에 상품 B를 같이 판매하기 시작하였다. 다음 그림은 두 상품을 같이 판매하기 시작한 지 x개월 후의 두 상품 A, B의 총 판매량을 y개라 할 때, x와 y 사이의 관계를 그래프로 나타낸 것이다. 두 상품 A, B의 총 판매량이 같아지는 것은 몇 개월 후인지 구하시오. [7점]

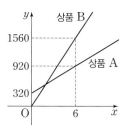

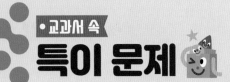

01
천재 변형

다음 두 조건을 동시에 만족시키는 상수 a, b의 값을 각각 구하시오.

> ㈎ 직선 $ax-y+2=0$이 직선 $(1-2b)x-3y+6=0$과 두 점 이상에서 만난다.
>
> ㈏ 직선 $ax-y+2=0$이 직선 $(b-2)x+2y-5=0$과 만나지 않는다.

02
비상 변형

일차함수 $y=\dfrac{b}{a}x+a+b$의 그래프가 오른쪽 그림과 같을 때, 다음 보기에서 제1사분면을 지나지 않는 직선을 고르시오.

(단, a, b는 상수)

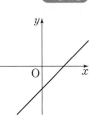

> 보기
>
> ㄱ. $y=ax+b$ ㄴ. $y=ax-b$
>
> ㄷ. $y=-ax+b$ ㄹ. $y=-ax-b$

03
교학사 변형

다음 그림에서 두 직선 l, m의 교점의 좌표를 구하시오.

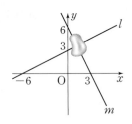

04
신사고 변형

형과 동생이 달리기를 하는데 형은 집에서 학교로, 동생은 학교에서 집으로 달리고, 집과 학교 사이의 거리는 1 km이다. 다음 그림은 두 사람이 동시에 출발한 지 x초 후에 집으로부터의 거리를 y m라 할 때, x와 y 사이의 관계를 그래프로 나타낸 것이다. 두 사람이 만나는 것은 출발한 지 몇 초 후인지 구하시오. (단, 두 사람은 같은 길을 이용한다.)

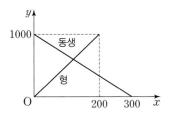

기출에서 pick한

부록

- 기출에서 pick한 고난도 50

- 기말고사 대비 실전 모의고사 5회

- 특별한 부록
  동아출판 홈페이지 (www.bookdonga.com)에서
  〈실전 모의고사 5회〉를 다운 받아 사용하세요.

II-1 일차부등식

01

$\dfrac{5x-2}{3}$의 값을 소수점 아래 첫째 자리에서 반올림하면 6이 될 때, x의 값의 범위를 구하시오.

02

$x-4y=3$이고, $-5\le x<1$일 때, 모든 정수 y의 값의 합을 구하시오.

03

일차부등식 $0.5a+0.2<0.2a-1$을 만족시키는 a에 대하여 x에 대한 일차부등식 $a(x-2)<8-4x$의 해를 구하시오.

04

일차부등식 $(a-2b)x+3a+b>0$의 해가 $x>2$일 때, 일차부등식 $(5a+b)x+10a-2b<0$의 해를 구하시오.

(단, a, b는 상수)

05

일차부등식 $(5a-1)x-3<2x+b$의 해가 $x>\dfrac{1}{4}$일 때, 상수 a, b에 대하여 $a+b$의 최댓값을 구하시오. (단, $a\le 0$)

06

일차부등식 $0.7(x-2)-\dfrac{4}{5}x\le 0.3(7-a-2x)-\dfrac{1}{4}(a+3)$을 만족시키는 양수 x가 존재하지 않을 때, 상수 a의 최솟값을 구하시오.

07

x에 대한 일차부등식 $\frac{x+1}{4} \le a - x$를 만족시키는 x의 값 중 32와 서로소인 자연수가 5개일 때, 상수 a의 값의 범위를 구하시오.

08

3 kg의 소포와 6 kg의 소포를 합하여 10개의 소포를 다음 요금표를 적용하여 보내려고 한다. 요금의 합계가 74000원 이하가 되도록 하려고 할 때, 3 kg의 소포를 적어도 몇 개 이상 보내야 하는지 구하시오.

무게	요금
2 kg 미만	5000원
2 kg^{이상} ~ 5 kg^{미만}	6000원
5 kg^{이상} ~ 10 kg^{미만}	8000원
10 kg^{이상} ~ 20 kg^{미만}	11000원
20 kg^{이상} ~ 30 kg^{미만}	14000원

09

수정이네 반 학생들이 단체복을 온라인으로 구매하려고 한다. 1장에 6000원인 티셔츠를 사는 데 다음과 같은 할인 방법 중 한 가지를 선택할 수 있다고 할 때, 할인 쿠폰을 적용하는 것보다 장당 할인을 받는 것이 유리하려면 티셔츠를 몇 장 이상 구매해야 하는지 구하시오.

선택	할인 방법
1	5000원 할인 쿠폰
2	장당 5 % 할인

10

어느 지역의 버스 요금은 거리에 관계없이 1인당 1200원이다. 또, 택시 요금은 출발 후 2 km까지는 기본 요금이 3000원이고, 이후부터는 100 m당 65원씩 부과된다. 다음 그림의 출발 지점에서 네 사람이 함께 이동할 때, 택시를 타는 것이 버스를 타는 것보다 유리한 장소 중 출발 지점에서 최대한 멀리 갈 수 있는 장소를 말하시오.

11

도윤이네 가족은 한 달 동안 먹는 물의 양이 많아서 정수기를 사용하기로 하였다. 다음과 같이 어느 정수기의 구매 비용은 94만 원이고, 렌탈 비용은 처음 3개월까지는 무료이고 그 이후부터는 매달 27000원씩 지불하면 된다고 한다. 정수기를 몇 개월 이상 사용해야 구매하는 것이 렌탈하는 것보다 유리한지 구하고, 이때의 렌탈 비용과 구매 비용의 차를 구하시오.

12

어느 가게 주인이 유리컵 1000개를 구입하고, 운반하던 도중에 50개를 깨뜨렸다. 나머지 컵을 모두 팔아서 전체 구입 가격의 14 % 이상의 이익이 남게 하려면 유리컵 한 개에 몇 % 이상의 이익을 붙여서 팔아야 하는지 구하시오.

13

어떤 일을 완성하는 데 A 그룹의 사람들은 한 사람당 8일이 걸리고, B 그룹의 사람들은 한 사람당 12일이 걸린다. A, B 두 그룹에 속한 사람들 중 10명이 함께 하루 만에 이 일을 완성하려고 할 때, B 그룹에 속한 사람은 최대 몇 명이어야 하는지 구하시오.

Ⅱ-2 연립일차방정식

14

한 자리의 자연수 A, B가 각각 하나씩 적힌 숫자 카드를 이용하여 다음과 같이 수를 만들어 계산하였을 때, $A+B$의 값을 구하시오.

$$\boxed{A}\,\boxed{B}-\boxed{B}\,\boxed{A}=\boxed{B}\,6$$

15

x, y의 순서쌍 (a, b)가 일차방정식 $3x+7y=17$의 해일 때, x, y의 순서쌍 $(a+1, b-2)$는 일차방정식 $6x+14y=k$의 해이다. 이때 상수 k의 값을 구하시오.

16

방정식 $0.6x-0.5y=\dfrac{x}{2}-ay=2$의 해가 $x=b$, $y=2$일 때, $4a+b$의 값을 구하시오. (단, a는 상수)

17

연립방정식 $\begin{cases} \dfrac{x}{a}+\dfrac{y}{b}=\dfrac{7}{ab} \\ \dfrac{x}{b}+\dfrac{y}{a}=\dfrac{7}{2b} \end{cases}$ 의 해가 $x=5$, $y=-2$일 때,

상수 a, b에 대하여 $a+b$의 값을 구하시오. (단, $ab\neq0$)

18

x, y가 자연수일 때, 연립방정식 $\begin{cases} 4^x \times 2^y=32 \\ \dfrac{27^x}{9^{2y}}=9 \end{cases}$ 의 해가 일차

방정식 $2ax+3y-1=0$을 만족시킨다. 이때 상수 a의 값을 구하시오.

19

연립방정식 $\begin{cases} ax+by=-13 \\ cx+2y=7 \end{cases}$ 을 푸는데 한빈이는 바르게 풀어서 $x=-1$, $y=4$를 얻었고, 승민이는 c를 d로 잘못 보고 풀어서 $x=5$, $y=6$을 얻었다. 이때 상수 a, b, c, d에 대하여 $a+b+c+d$의 값을 구하시오.

20

다음 보기에서 연립방정식 $\begin{cases} 5x-2y=a \\ (2-3b)x+4y=6 \end{cases}$ 에 대한 설명으로 옳은 것을 모두 고르시오. (단, a, b는 상수)

보기
ㄱ. $a=-3$, $b=4$이면 해가 무수히 많다.
ㄴ. $a=-3$, $b\neq4$이면 해가 없다.
ㄷ. $a\neq-3$, $b=4$이면 해가 없다.
ㄹ. $a\neq-3$, $b\neq4$이면 해가 무수히 많다.

21

보민이네 반 남학생 4명, 여학생 6명의 체육 수행 평가 점수를 조사하였더니, 남학생의 평균 점수는 여학생의 평균 점수의 1.5배보다 14점이 낮고, 전체의 평균 점수보다 9점이 높았다. 이때 전체 10명의 평균 점수를 구하시오.

22

길이가 150 cm인 끈을 남김없이 사용하여 한 변의 길이가 3 cm인 정삼각형, 한 변의 길이가 4 cm인 정사각형, 한 변의 길이가 5 cm인 정오각형을 만들었다. 정사각형 4개를 포함하여 모두 10개의 도형을 만들었을 때, 정삼각형을 만드는 데 사용한 끈의 길이를 구하시오.

23

어느 기업에서 1차 서류 전형을 통과한 지원자의 남자와 여자의 수의 비는 4 : 5이다. 이 중 2차 필기시험을 통과한 지원자의 남자와 여자의 수의 비는 3 : 2이고, 통과하지 못한 지원자의 남자와 여자의 수의 비는 2 : 3이다. 2차 필기시험을 통과한 지원자가 20명일 때, 1차 서류 전형을 통과한 지원자는 몇 명인지 구하시오.

24

빈 수영장에 물을 가득 채우는데 A, B 두 호스를 모두 사용하여 4시간 동안 물을 넣은 후 A 호스만으로 4시간 동안 물을 넣으면 수영장에 물이 가득 찬다. 또, 이 수영장에 두 호스를 모두 사용하여 6시간 동안 물을 넣은 후 B 호스만으로 2시간 동안 물을 넣으면 수영장에 물이 가득 찬다. 이때 처음부터 A 호스만 사용하여 물을 넣으면 몇 시간 만에 수영장에 물이 가득 차는지 구하시오.

25

길이와 굵기가 각각 다른 두 종류의 향초 A, B가 있다. B는 A보다 2 cm 더 길고, A, B가 모두 타는 데 걸리는 시간은 각각 5시간, 4시간이다. 또, 향초 A, B에 동시에 불을 붙이면 2시간 후에 남은 향초의 길이가 같아진다고 한다. 이때 향초 B의 길이는 몇 cm인지 구하시오. (단, 향초 A, B의 타는 속력은 각각 일정하다.)

26

철인 3종 경기는 수영, 사이클, 마라톤의 세 종목을 휴식 없이 연이어 실시하는 경기이다. 어느 대회에서 마라톤 10 km를 포함하여 총 51.5 km의 코스로 경기를 진행했는데, A 선수가 수영은 분속 75 m로 하고 사이클은 분속 800 m, 마라톤은 분속 200 m로 달려 2시간 만에 완주했다고 할 때, 이 선수가 수영한 거리는 몇 km인지 구하시오. (단, 종목을 바꾸는 데 걸린 시간은 생각하지 않는다.)

27

8 km 떨어진 어느 강의 상류 지점과 하류 지점을 왕복하는 배가 있다. 강을 거슬러 올라가는 데 걸리는 시간은 내려오는 데 걸리는 시간의 2배이고, 두 지점을 왕복하는 데 총 1시간 30분이 걸렸다. 이때 정지한 물에서의 배의 속력을 구하시오. (단, 배와 강물의 속력은 일정하다.)

28

A는 구리를 40 %, 주석을 10 % 포함한 합금이고, B는 구리를 20 %, 주석을 40 % 포함한 합금이다. 이 두 종류의 합금을 합쳐서 1 kg을 녹인 후 얻은 구리와 주석의 양이 같을 때, 합금 A는 몇 g 녹였는지 구하시오.

III-1 일차함수와 그래프

29

함수 $f(x)=(x$ 이하의 소수의 개수)에 대하여
$f(1)+f(2)+\cdots+f(19)+f(20)$의 값을 구하시오.

30

$3y(ax-2)+bx+cy-3=0$이 x에 대한 일차함수가 되도록 하는 상수 a, b, c의 조건을 구하시오.

31

다음 그림과 같이 일차함수 $y=2x$의 그래프 위의 한 점 A 에서 x축과 평행하게 그은 선분과 일차함수 $y=-2x+12$ 의 그래프의 교점을 D라 하고, 두 점 A, D에서 x축에 내린 수선의 발을 각각 B, C라 하자. 사각형 ABCD가 $\overline{AB}=2\overline{AD}$인 직사각형일 때, 사각형 ABCD의 넓이를 구하시오.

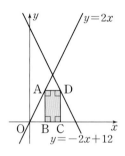

32

다음 그림과 같이 일차함수 $y=ax+1$의 그래프가 정사각 형 OABC의 변 OC, 변 AB와 만나는 점을 각각 D, E라 하자. 사각형 OAED와 사각형 BCDE의 넓이의 비가 3 : 7 일 때, 양수 a의 값을 구하시오. (단, O는 원점)

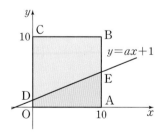

33

다음 그림은 두 일차함수 $y=-2x+p$, $y=\dfrac{1}{3}x+q$의 그 래프이다. $\overline{AB} : \overline{BO}=2 : 1$이고, $\overline{CD}=9$일 때, 상수 p, q 의 값을 각각 구하시오. (단, $p>q$)

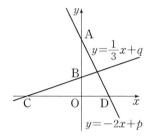

34

다음 그림과 같이 두 일차함수 $y=\dfrac{1}{3}x-1$, $y=-x+a$의 그래프가 x축 위에서 만날 때, 색칠한 삼각형을 y축을 회전 축으로 하여 1회전 시켜 생기는 입체도형의 부피를 구하시 오. (단, a는 상수)

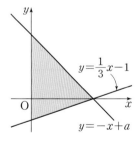

35

일차함수 $f(x)=ax+b$에 대하여 $0<f(0)$, $f(-1)-f(1)>0$일 때, 일차함수 $y=(a-b)x-\dfrac{a}{b}$의 그래프가 지나지 않는 사분면을 구하시오. (단, a, b는 상수)

36

다음 그림과 같이 네 점 $A(2, 2)$, $B(6, 2)$, $C(6, 6)$, $D(2, 6)$을 꼭짓점으로 하는 정사각형 ABCD가 있다. 일차함수 $y=x+a$의 그래프가 이 정사각형과 만나도록 하는 상수 a의 최댓값을 M, 최솟값을 m이라 하고, 일차함수 $y=bx+1$의 그래프가 이 정사각형과 만나도록 하는 상수 b의 최댓값을 N, 최솟값을 n이라 할 때, $MNmn$의 값을 구하시오.

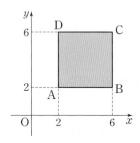

37

좌표평면 위의 세 점 $A(-2, 5)$, $B(1, 8)$, $C(4, 2)$를 꼭짓점으로 하는 삼각형 ABC가 있다. 삼각형 ABC의 둘레 위의 점 (x, y) 중에서 x, y가 모두 정수인 점 (x, y)는 모두 몇 개인지 구하시오.

38

공기 중에서 소리의 속력은 기온이 0 ℃일 때 초속 331 m이고, 기온이 1 ℃씩 올라갈 때마다 초속 0.6 m씩 증가한다고 한다. 기온이 25 ℃인 산 정상에 올라가 앞의 절벽을 향해 소리를 지르면 4초 후에 메아리 소리를 들을 수 있을 때, 산 정상과 절벽 사이의 거리는 몇 m인지 구하시오.
(단, 소리는 산 정상과 절벽 사이에서 직선 경로로 이동한다.)

39

다음 그림은 밑면의 반지름의 길이가 3 cm인 원기둥 모양의 통조림을 끈으로 묶은 단면이다. [x단계]에서 필요한 끈의 길이를 y cm라 할 때, $y=px+q$로 나타낼 수 있다. 이때 상수 p, q의 값을 각각 구하시오. (단, 매듭의 길이는 생각하지 않는다.)

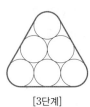

[1단계]　　　[2단계]　　　　[3단계]　　　···

● 정답 및 풀이 69쪽

40

오른쪽 그림과 같은 직사각형 ABCD에서 점 P가 점 A를 출발하여 변을 따라 점 D까지 매초 3 cm씩 움직인다. 점 P가 점 A를 출발한 지 x초 후의 $\triangle APD$의 넓이를 $y \, \text{cm}^2$라 할 때, 다음 물음에 답하시오.

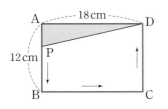

(1) 점 P가 $\overline{AB}$ 위에 있을 때, x와 y 사이의 관계를 식으로 나타내시오.

(2) 점 P가 $\overline{BC}$ 위에 있을 때, y의 값을 구하시오.

(3) 점 P가 $\overline{CD}$ 위에 있을 때, x와 y 사이의 관계를 식으로 나타내시오.

41

시계가 현재 3시 30분을 가리키고 있다. 지금부터 8분 후에 시침과 분침이 이루는 각 중 작은 쪽의 각의 크기를 구하시오.

III-2 일차함수와 일차방정식의 관계

42

두 일차함수 $y=ax-4+2a$, $y=bx+5-b$의 그래프가 상수 a, b의 값에 관계없이 항상 지나는 점을 각각 점 P, 점 Q라 하자. 이때 두 점 P, Q를 동시에 지나는 직선의 방정식이 $ax+by+2=0$일 때, $a+b$의 값을 구하시오.

43

x축, y축에 각각 수직인 두 직선 $2x+ay+b=0$, $cx+dy+b=0$이 다음 그림과 같을 때, 두 직선 $x=b$, $y=d$와 x축, y축으로 둘러싸인 도형의 넓이를 구하시오.

(단, a, b, c, d는 상수)

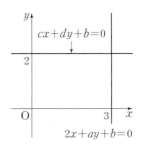

44

다음 그림과 같이 두 직선 $y=2ax$, $y=ax$가 직선 $y=10$과 만나는 점을 각각 A, B라 하고, 점 B를 지나면서 $\overline{AB}$와 수직인 직선이 직선 $y=2ax$와 만나는 점을 C라 하자. $\triangle ABC$의 넓이가 50일 때, 상수 a의 값을 구하시오.

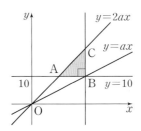

45

직선 l이 오른쪽 그림과 같을 때, 직선 $6x+2y+a=0$이 직선 l과 제2사분면 위에서 만나도록 하는 상수 a의 값의 범위를 구하시오.

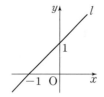

46

두 직선 $x-y+1=0$, $2x+y-4=0$과 좌표축에 평행한 두 직선 l, m이 다음 그림과 같을 때, $p+q+r+s$의 값을 구하시오.

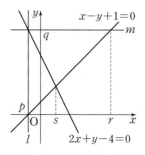

47

다음 그림에서 두 직선 l, m의 교점의 x좌표가 2일 때, 직선 m의 x절편을 기약분수로 나타내면 $\dfrac{q}{p}$이다. 이때 $p+q$의 값을 구하시오. (단, p, q는 자연수)

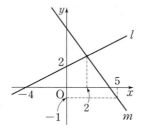

48

두 직선 $x+3y+a=0$, $-2x+by-1=0$이 일치할 때, 연립방정식 $\begin{cases} bx+2y-10=0 \\ kx-ay-1=0 \end{cases}$ 의 해는 존재하지 않는다. 이때 상수 k의 값을 구하시오. (단, a, b는 상수)

49

두 직선 $x-y-2=0$, $x+3y-18=0$과 네 점 A, B, C, D가 다음 그림과 같을 때, 사각형 OBCA와 삼각형 BDC의 넓이를 가장 간단한 자연수의 비로 나타내면 $a:b$이다. 이때 $a+b$의 값을 구하시오. (단, O는 원점)

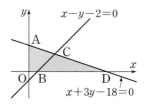

50

다음 그림과 같이 직선 $y=ax+b$가 두 직선 $y=-2x+20$, $y=\dfrac{1}{2}x+10$의 교점을 지나면서 두 직선과 x축으로 둘러싸인 $\triangle$ABC의 넓이를 이등분할 때, 상수 a, b에 대하여 $a+b$의 값을 구하시오.

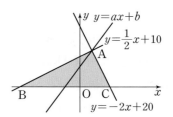

● 정답 및 풀이 71쪽

선택형	18문항 70점	총점
서술형	5문항 30점	100점

01

$a<b$일 때, 다음 중 옳은 것은? [3점]

① $a-5>b-5$ ② $-3a<-3b$

③ $-a-3<-b-3$ ④ $-2a+1>-2b+1$

⑤ $5a-3>5b-3$

02

일차부등식 $2-3.2x\le-6$을 만족시키는 x의 값 중 가장 작은 정수는? [3점]

① 4   ② 3   ③ 2

④ -3 ⑤ -4

03

삼각형의 세 변의 길이가 x cm, $(x+2)$ cm, $(x+5)$ cm일 때, x의 값의 범위는? [4점]

① $1<x<2$ ② $x>1$ ③ $2<x<3$

④ $x>2$ ⑤ $x>3$

04

한 사람당 입장료가 4000원인 어느 미술관에서 20명 이상의 단체에 대해서는 입장료의 20 %를 할인해 준다고 한다. 은영이네 반 학생들이 미술관에 입장하려고 할 때, 20명 단체의 표를 사서 할인 혜택을 받는 것은 몇 명 이상이어야 유리한가? [5점]

① 15명   ② 16명   ③ 17명

④ 18명   ⑤ 19명

05

두 순서쌍 $(2, 1)$, $(k, -8)$이 모두 일차방정식 $ax+y=7$의 해일 때, $a+k$의 값은? (단, a는 상수) [4점]

① -2 ② 2   ③ 4

④ 6   ⑤ 8

06

연립방정식 $\begin{cases} 2x-y=2 \\ 3x+2y=10 \end{cases}$을 풀면? [3점]

① $x=-2$, $y=2$ ② $x=-1$, $y=2$

③ $x=2$, $y=-2$ ④ $x=2$, $y=-1$

⑤ $x=2$, $y=2$

07

연립방정식 $\begin{cases} 0.2x - 0.3y = 0.3 \\ \dfrac{1}{2}x + \dfrac{1}{3}y = a \end{cases}$ 를 만족시키는 x의 값이 y의 값의 2배일 때, 상수 a의 값은? [4점]

① -6 ② -3 ③ 1

④ 3 ⑤ 4

08

다음 두 연립방정식의 해가 서로 같을 때, 상수 a, b에 대하여 $a+b$의 값은? [4점]

$$\begin{cases} x + 2y = 6 \\ ax + y = -4 \end{cases}, \quad \begin{cases} x + y = b \\ 3x - 2y = 2 \end{cases}$$

① -2 ② -1 ③ 0

④ 1 ⑤ 2

09

연립방정식 $\begin{cases} ax + by = 9 \\ bx + ay = 11 \end{cases}$ 에서 a, b를 서로 바꾸어 놓고 풀었더니 해가 $x = 3$, $y = 1$이었다. 처음 연립방정식의 해는? (단, a, b는 상수) [4점]

① $x = -3$, $y = -1$ ② $x = -3$, $y = 1$

③ $x = -1$, $y = 3$ ④ $x = 1$, $y = 3$

⑤ $x = 3$, $y = 1$

10

어느 장난감 가게에서 A 장난감은 정가의 20 %, B 장난감은 정가의 30 %를 할인하여 판매하고 있다. A 장난감 3개와 B 장난감 1개를 할인한 가격으로 구매하면 10000원, 정가로 구매하면 13000원일 때, A 장난감의 할인한 가격은? [5점]

① 2400원   ② 2600원   ③ 2800원

④ 3000원   ⑤ 3200원

11

일차함수 $f(x) = 2x + a$에 대하여 $f(2) = 9$일 때, 상수 a의 값은? [3점]

① -5 ② -1 ③ 0

④ 1 ⑤ 5

12

일차함수 $y = -2x - 4$의 그래프를 y축의 방향으로 a만큼 평행이동한 그래프가 점 $(1, -b)$를 지날 때, $a + b$의 값은? [4점]

① -6 ② -2 ③ 0

④ 2 ⑤ 6

13

일차함수 $y=-\dfrac{5}{3}x+2$의 그래프의 x절편을 m, y절편을 n이라 할 때, mn의 값은? [3점]

① $\dfrac{8}{5}$ ② $\dfrac{8}{3}$ ③ $\dfrac{12}{5}$

④ $\dfrac{10}{3}$ ⑤ 4

14

일차함수 $y=ax+b$의 그래프가 오른쪽 그림과 같을 때, 다음 중 일차함수 $y=bx-a$의 그래프에 대한 설명으로 옳지 <u>않은</u> 것은?

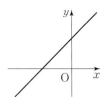

(단, a, b는 상수) [4점]

① x절편은 $\dfrac{a}{b}$이다.

② y절편은 $-a$이다.

③ 제2사분면을 지나지 않는다.

④ x의 값이 증가할 때 y의 값은 감소한다.

⑤ 일차함수 $y=bx$의 그래프를 y축의 방향으로 $-a$만큼 평행이동한 것이다.

15

일차함수의 그래프의 기울기가 3이고, 점 $(1, 4)$를 지날 때, 이 그래프의 y절편은? [4점]

① -3 ② -1 ③ 1

④ 2 ⑤ 3

16

오른쪽 그림과 같이 두 일차함수 $y=-x+2$, $y=ax+b$의 그래프가 점 $(-1, 3)$에서 만난다. $\triangle$ABC의 넓이가 9일 때, 상수 a, b에 대하여 $a+b$의 값은? (단, $a>0$) [5점]

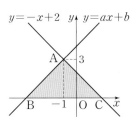

① 4 ② 5 ③ 6

④ 7 ⑤ 8

17

점 $(ab, a-b)$가 제2사분면 위의 점일 때, 일차방정식 $x+ay-b=0$의 그래프가 지나지 <u>않는</u> 사분면은? [4점]

① 제1사분면 ② 제2사분면 ③ 제3사분면

④ 제4사분면 ⑤ 제1, 4사분면

18

세 직선 $y=3x$, $y=3x+2$, $y=2$와 x축으로 둘러싸인 도형의 넓이는? [4점]

① $\dfrac{1}{3}$ ② $\dfrac{4}{3}$ ③ 2

④ $\dfrac{7}{3}$ ⑤ 3

서술형

19

일차방정식 $x-5=\dfrac{x-a}{3}$의 해가 6보다 크지 않을 때, 상수 a의 값의 범위를 구하시오. [6점]

20

민지는 네 번의 수학 시험에서 각각 79점, 86점, 82점, 81점을 받았다. 다섯 번째 시험까지의 평균 점수가 85점 이상이 되게 하려면 다섯 번째 시험에서 몇 점 이상을 받아야 하는지 구하시오. [6점]

21

다음 방정식을 푸시오. [4점]

$$4x+7y=-4x-5y=-2$$

22

어떤 두 자리의 자연수에서 십의 자리의 숫자의 2배는 일의 자리의 숫자보다 7만큼 작고, 십의 자리의 숫자와 일의 자리의 숫자를 바꾼 수는 처음 수보다 72만큼 크다고 한다. 이때 처음 수를 구하시오. [7점]

23

오른쪽 그림과 같은 직사각형 ABCD에서 점 P가 점 A를 출발하여 변을 따라 점 D까지 매초 2 cm씩 움직인다.

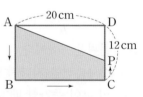

x초 후에 점 P가 $\overline{CD}$ 위에 있을 때 사각형 ABCP의 넓이를 y cm^{2}라 하자. 이때 사각형 ABCP의 넓이는 몇 초 후에 160 cm^{2}가 되는지 구하시오. [7점]

●정답 및 풀이 73쪽

선택형	18문항 70점	총점
서술형	5문항 30점	100점

01

다음 중 문장을 부등식으로 나타낸 것으로 옳지 <u>않은</u> 것을 모두 고르면? (정답 2개) [3점]

① x의 3배에서 2를 뺀 수는 8보다 작다.
　➔ $3x-2<8$

② x에서 5를 뺀 수는 x의 4배보다 작지 않다.
　➔ $x-5≤4x$

③ x원짜리 연필 12자루의 값은 10000원 이하이다.
　➔ $12x≤10000$

④ 가로의 길이가 10 cm, 세로의 길이가 x cm인 직사각형의 둘레의 길이는 30 cm 이상이다.
　➔ $x+10≥30$

⑤ 오늘 부산의 기온은 x ℃이다.
　(단, 최저 기온은 3 ℃, 최고 기온은 20 ℃이다.)
　➔ $3≤x≤20$

02

$-1<x<3$이고 $A=3x+2$일 때, A의 값의 범위는?

[3점]

① $-1<A<5$ 　② $-1<A<11$
③ $1<A<5$ 　④ $1<A<11$
⑤ $5<A<11$

03

일차부등식 $\dfrac{x}{3}-\dfrac{4}{5}<\dfrac{x}{5}$ 를 만족시키는 자연수 x는 모두 몇 개인가? [4점]

① 1개 　② 3개 　③ 5개
④ 7개 　⑤ 9개

04

희재는 한 개에 200원인 사탕 15개와 한 개에 600원인 초콜릿 몇 개를 사서 2000원을 들여 포장하려고 한다. 전체 금액을 10000원 이하가 되게 하려면 초콜릿은 최대 몇 개까지 살 수 있는가? [4점]

① 5개 　② 6개 　③ 7개
④ 8개 　⑤ 9개

05

준기는 집에서 TV를 시청하다가 야구 경기가 시작하기 전까지 30분의 여유가 있어 상점에서 간식을 사 오려고 한다. 간식을 사는 데 10분이 걸리고 왕복 시속 3 km로 걷는다면 집에서 최대 몇 km 이내에 있는 상점을 이용할 수 있는가? [5점]

① 0.3 km 　② 0.5 km 　③ 0.8 km
④ 1 km 　⑤ 1.2 km

06

일차방정식 $3x-5y=15$의 한 해 (a, b)가 $a:b=2:1$을 만족시킬 때, $a+b$의 값은? [4점]

① 15 　② 25 　③ 35
④ 45 　⑤ 55

07

다음 연립방정식 중 해가 나머지 넷과 다른 하나는? [4점]

① $\begin{cases} -2x+3y=4 \\ x+2y=5 \end{cases}$ ② $\begin{cases} x-2y=5 \\ 2x+3y=-4 \end{cases}$

③ $\begin{cases} y=-2x \\ x+y=-1 \end{cases}$ ④ $\begin{cases} x-y=3 \\ 3x-y=7+y \end{cases}$

⑤ $\begin{cases} 3x+2y=-1 \\ 0.2x-0.5y=1.2 \end{cases}$

08

다음 방정식을 풀면? [4점]

$$3x+2y=2(x+3)+y=3(2y-1)$$

① $x=1,\ y=5$ ② $x=2,\ y=4$

③ $x=3,\ y=3$ ④ $x=4,\ y=1$

⑤ $x=5,\ y=1$

09

연립방정식 $\begin{cases} ax-2(x+y)=5 \\ 2(x-y)=3-5y \end{cases}$ 의 해가 $x=3,\ y=b$일

때, $a-b$의 값은? (단, a는 상수) [4점]

① -2 ② -1 ③ 2

④ 3 ⑤ 4

10

혜선이와 태준이가 가위바위보를 하여 이긴 사람은 a계단을 올라가고 진 사람은 b계단을 내려가기로 하였다. 혜선이는 12번 이기고 태준이는 9번을 이겨서 처음 위치보다 혜선이는 15계단, 태준이는 27계단을 내려가 있었다. 이때 $a,\ b$의 값은? (단, 비기는 경우는 없다.) [5점]

① $a=1,\ b=2$ ② $a=1,\ b=3$ ③ $a=2,\ b=3$

④ $a=3,\ b=1$ ⑤ $a=3,\ b=3$

11

다음 중 y가 x에 대한 일차함수인 것은? [3점]

① $y=3$ ② $x^2=2y-3$

③ $2x=4(x+y)-x$ ④ $xy=5$

⑤ $y=2x(1-x)$

12

일차함수 $y=-3x+4$의 그래프의 y절편과 일차함수 $y=-x+a$의 그래프의 x절편이 서로 같을 때, 상수 a의 값은? [3점]

① -4 ② -2 ③ 0

④ 2 ⑤ 4

13

다음 일차함수 중 그 그래프가 제4사분면을 지나지 <u>않는</u> 것은? [3점]

① $y=x+3$ ② $y=x-3$

③ $y=-x+3$ ④ $y=-x-3$

⑤ $y=-x+1$

14

다음 보기에서 일차함수 $y=-3x$의 그래프를 y축의 방향으로 2만큼 평행이동한 그래프에 대한 설명으로 옳은 것을 모두 고른 것은? [4점]

보기

ㄱ. x절편은 $\dfrac{2}{3}$, y절편은 2이다.

ㄴ. 오른쪽 아래로 향하는 직선이다.

ㄷ. 제1사분면을 지나지 않는다.

ㄹ. x의 값이 1만큼 증가하면 y의 값은 3만큼 감소한다.

ㅁ. 점 $(2, 4)$를 지난다.

① ㄱ, ㄴ   ② ㄴ, ㄷ   ③ ㄹ, ㅁ

④ ㄱ, ㄴ, ㄹ   ⑤ ㄱ, ㄷ, ㅁ

15

두 점 $(2, 5)$, $(-2, 3)$을 지나는 직선과 평행하고, x절편이 3인 직선을 그래프로 하는 일차함수의 식은? [4점]

① $y=\dfrac{1}{2}x-3$ ② $y=\dfrac{1}{2}x-\dfrac{3}{2}$

③ $y=\dfrac{1}{2}x+\dfrac{3}{2}$ ④ $y=\dfrac{1}{2}x+6$

⑤ $y=2x-6$

16

점 $(-2, -6)$을 지나고 x축에 수직인 직선과
점 $(-3, -5)$를 지나고 y축에 수직인 직선의 교점의 좌표는? [4점]

① $(-3, -6)$ ② $(-3, -5)$

③ $(-3, 5)$ ④ $(-2, -6)$

⑤ $(-2, -5)$

17

직선 $x+y-5=0$이 두 직선 $x-2y+4=0$,
$ax-3y+1=0$의 교점을 지날 때, 상수 a의 값은? [5점]

① 2   ② 3   ③ 4

④ 5   ⑤ 6

18

연립방정식 $\begin{cases} ax-4y=8 \\ 2x-y=2 \end{cases}$의 해가 무수히 많을 때, 상수 a의 값은? [4점]

① -8 ② -4 ③ 0

④ 4   ⑤ 8

19

일차부등식 $\dfrac{2a-1}{3} < \dfrac{-a+4}{2}$ 를 만족시키는 상수 a에 대하여 x에 대한 일차부등식 $ax+4 \geq 2x+2a$의 해를 구하시오. [7점]

20

아랫변의 길이가 $9\,\text{cm}$이고 높이가 $4\,\text{cm}$인 사다리꼴의 넓이가 $32\,\text{cm}^2$ 이상일 때, 사다리꼴의 윗변의 길이는 몇 cm 이상이어야 하는지 구하시오. [6점]

21

다음 표는 어느 공장에서 두 제품 A, B를 각각 1개씩 만드는 데 필요한 두 재료 X, Y의 양과 제품 1개당 이익을 나타낸 것이다. $30\,\text{kg}$의 재료 X와 $33\,\text{kg}$의 재료 Y를 모두 사용하여 제품 A, B를 만들었을 때, 총이익을 구하시오. [7점]

제품	X(kg)	Y(kg)	이익(만 원)
A	4	5	7
B	2	1	3

22

오른쪽 그림은 연립방정식 $\begin{cases} 2x-y+6=0 \\ ax+y=4 \end{cases}$ 의 각 일차방정식의 그래프이다. 상수 a의 값을 구하시오. [4점]

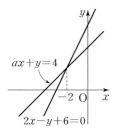

23

초속 $2\,\text{m}$로 내려오는 엘리베이터가 지상으로부터 $60\,\text{m}$의 높이에 있는 20층에서 출발하여 쉬지 않고 내려오고 있다. 엘리베이터가 출발한 지 x초 후의 지상으로부터의 엘리베이터의 높이를 $y\,\text{m}$라 할 때, 다음 물음에 답하시오. [6점]

(1) x와 y 사이의 관계를 식으로 나타내시오. [3점]

(2) 5초 후의 지상으로부터의 엘리베이터의 높이를 구하시오. [3점]

선택형	18문항 70점	총점
서술형	5문항 30점	100점

01

다음 보기에서 부등식은 모두 몇 개인가? [3점]

보기
ㄱ. $x-2>4$ ㄴ. $x<7$
ㄷ. $3x-1$ ㄹ. $x-3\geq 2x$
ㅁ. $2x=5$ ㅂ. $-x+1=2(x-1)$

① 1개 ② 2개 ③ 3개
④ 4개 ⑤ 5개

02

일차부등식 $\dfrac{x+2}{3}\geq\dfrac{x-1}{2}-x$를 풀면? [3점]

① $x\geq -7$ ② $x\leq -7$ ③ $x\leq -\dfrac{7}{5}$

④ $x\geq -\dfrac{7}{5}$ ⑤ $x\geq \dfrac{7}{5}$

03

일차부등식 $6x-3<3(x+a)$를 만족시키는 자연수 x가 2개일 때, 상수 a의 값의 범위는? [4점]

① $1<a<2$ ② $1\leq a<2$ ③ $1<a\leq 2$
④ $1\leq a\leq 2$ ⑤ $a>2$

04

6 %의 소금물 50 g과 9 %의 소금물을 섞어서 8 % 이상인 소금물을 만들려고 한다. 이때 9 %의 소금물은 최소 몇 g 넣어야 하는가? [5점]

① 30 g ② 50 g ③ 80 g
④ 100 g ⑤ 120 g

05

x, y가 20보다 작은 자연수일 때, 일차방정식 $4x-y=1$을 만족시키는 순서쌍 (x, y)는 모두 몇 개인가? [3점]

① 1개 ② 2개 ③ 3개
④ 4개 ⑤ 5개

06

연립방정식 $\begin{cases} 2x-y=8 \\ 0.5x-\dfrac{1}{6}y=1 \end{cases}$의 해가 $x=a$, $y=b$일 때, ab의 값은? [3점]

① 4 ② 10 ③ 12
④ 14 ⑤ 24

07

연립방정식 $\begin{cases} 2x+8y=6-m \\ x-5y=18+m \end{cases}$ 의 해가 $x=a$, $y=b$일 때, $a+b$의 값은? (단, m은 상수) [4점]

① 2   ② 4   ③ 6

④ 8   ⑤ 10

08

연립방정식 $\begin{cases} 5x+3y=18 \\ \dfrac{2}{3}x-ay=-1 \end{cases}$ 의 해가 일차방정식 $2x-3y=3$을 만족시킬 때, 상수 a의 값은? [4점]

① -3 ② -1 ③ 0

④ 1   ⑤ 3

09

다음 네 일차방정식이 한 쌍의 공통인 해를 가질 때, 상수 a, b에 대하여 ab의 값은? [4점]

$4x+3y=-3$,	$2x-y=11$
$x-ay=6a$,	$ax+by=4$

① 3   ② 4   ③ 5

④ 6   ⑤ 7

10

A는 주석을 20 %, 아연을 30 % 포함한 합금이고, B는 주석을 10 %, 아연을 20 % 포함한 합금이다. 이 두 종류의 합금을 녹여서 주석을 130 g, 아연을 220 g 얻으려면 합금 B는 몇 g이 필요한가? [5점]

① 300 g   ② 350 g   ③ 400 g

④ 450 g   ⑤ 500 g

11

일차함수 $y=ax-6$의 그래프를 y축의 방향으로 b만큼 평행이동한 그래프가 두 점 $(-6, -19)$, $(2, 5)$를 지날 때, $a-b$의 값은? (단, a는 상수) [4점]

① -6 ② -4 ③ -2

④ 2   ⑤ 4

12

일차함수 $y=2x+a$의 그래프의 x절편이 -3일 때, 이 그래프의 y절편은? (단, a는 상수) [3점]

① 2   ② 3   ③ 4

④ 5   ⑤ 6

13

다음 중 일차함수 $y = \frac{1}{2}x - 2$의 그래프에 대한 설명으로 옳지 <u>않은</u> 것은? [4점]

① x절편은 -4이다.
② y절편은 -2이다.
③ 오른쪽 위로 향하는 직선이다.
④ x의 값이 증가할 때 y의 값도 증가한다.
⑤ 일차함수 $y = \frac{1}{2}x$의 그래프를 y축의 방향으로 -2만큼 평행이동한 것이다.

14

일차함수 $y = -ax - b$의 그래프가 오른쪽 그림과 같을 때, 상수 a, b의 부호는? [4점]

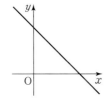

① $a > 0$, $b > 0$ ② $a > 0$, $b < 0$
③ $a < 0$, $b > 0$ ④ $a < 0$, $b = 0$
⑤ $a < 0$, $b < 0$

15

오른쪽 그림과 같은 일차함수의 그래프가 점 $(2a, 5-a)$를 지날 때, a의 값은? [4점]

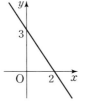

① -2 ② -1
③ 0 ④ 1
⑤ 2

16

오른쪽 그림은 $300\ \mathrm{mL}$의 물이 들어 있는 가습기를 사용하기 시작한 지 x시간 후에 가습기에 남은 물의 양을 $y\ \mathrm{mL}$라 할 때, x와 y 사이의 관계를 그래프로 나타낸 것이다. 몇 시간 후에 남은 물의 양이 $50\ \mathrm{mL}$가 되는가? [5점]

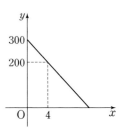

① 8시간   ② 9시간   ③ 10시간
④ 11시간   ⑤ 12시간

17

두 직선 $3x - y + 7 = 0$, $x + y - 11 = 0$의 교점과 점 $(-2, -2)$를 지나는 직선의 방정식이 $y = ax + b$일 때, 상수 a, b에 대하여 ab의 값은? [4점]

① 6   ② 12   ③ 18
④ 24   ⑤ 30

18

연립방정식 $\begin{cases} 2x + y = -1 \\ 4x + 2y = a \end{cases}$의 해가 무수히 많고,

연립방정식 $\begin{cases} 2x - y = 3 \\ bx - 2y = 2 \end{cases}$의 해가 없을 때, 상수 a, b에 대하여 $a + b$의 값은? [4점]

① -2 ② -1 ③ 0
④ 1 ⑤ 2

서술형

19

일차부등식 $-3(a+x)<10-2x$를 만족시키는 음수 x가 존재하지 않을 때, 상수 a의 값의 범위를 구하시오.

[7점]

20

연아는 학교에 오전 9시까지 등교해야 하는데 어느 날 집에서 오전 8시 40분에 출발하여 분속 50 m로 걷다가 늦을 것 같아서 도중에 분속 250 m로 뛰었더니 학교에 늦지 않고 도착하였다. 집에서 학교까지의 거리가 2.6 km일 때, 연아가 분속 50 m로 걸은 거리는 최대 몇 m인지 구하시오. [7점]

21

다음 두 사람의 대화를 읽고, 두 사람이 속한 반은 몇 경기를 이겼는지 구하시오. [6점]

> 상민 : 이번 체육 대회에서 우리 반이 이긴 경기는 진 경기보다 2경기가 더 많아.
>
> 민아 : 맞아. 우리 반이 이긴 경기 수의 2배와 진 경기 수를 합하면 7이야.

22

일차함수 $y=-x+a$의 그래프를 y축의 방향으로 3만큼 평행이동하였더니 x절편이 $2a$가 되었다. 이때 상수 a의 값을 구하시오. [4점]

23

네 직선 $2x-3=0$, $y+a=0$, $x+3=0$, $3y-2a=0$으로 둘러싸인 도형의 넓이가 30일 때, 양수 a의 값을 구하시오. [6점]

선택형	18문항 70점	총점
서술형	5문항 30점	100점

01

다음 중 옳지 <u>않은</u> 것은? [3점]

① $a<b$이고 $c>0$이면 $ac<bc$이다.
② $a>b$이면 $a-3>b-3$이다.
③ $a<b$이고 $c<0$이면 $a+c<b+c$이다.
④ $ac<bc$이고 $c<0$이면 $a>b$이다.
⑤ $a<0<b$이면 $a^2<ab$이다.

02

다음 일차부등식 중 그 해가 주어진 수직선의 x의 값의 범위와 같은 것은? [4점]

① $3x+7\le x+11$ ② $x+7\le 5x+11$
③ $-2x+5\ge x+11$ ④ $-x+3\le x-1$
⑤ $5x+4<3x+8$

03

일차부등식 $ax+7>2x-3$의 해가 $x<10$일 때, 상수 a의 값은? [4점]

① $\dfrac{1}{2}$ ② 1 ③ $\dfrac{3}{2}$

④ 2 ⑤ $\dfrac{5}{2}$

04

한 번에 $750\,kg$까지 운반할 수 있는 엘리베이터에 몸무게가 $65\,kg$인 사람 1명과 $60\,kg$인 사람 1명이 무게가 $50\,kg$인 상자 여러 개를 실어 운반하려고 한다. 한 번에 운반할 수 있는 상자는 최대 몇 개인가? (단, 두 사람 모두 엘리베이터에 탑승한다.) [5점]

① 8개   ② 9개   ③ 10개
④ 11개   ⑤ 12개

05

다음 중 일차방정식 $2x-y=10$의 해가 <u>아닌</u> 것은?
[3점]

① $x=-3,\ y=-16$ ② $x=0,\ y=-10$
③ $x=7,\ y=4$ ④ $x=4,\ y=2$
⑤ $x=6,\ y=2$

06

$x,\ y$가 자연수일 때, 연립방정식 $\begin{cases} x+y=3 \\ 2x-y=3 \end{cases}$의 해는?
[3점]

① $(1,\ 2)$ ② $(2,\ 1)$ ③ $(2,\ 2)$
④ $(3,\ 3)$ ⑤ $(4,\ 5)$

07

연립방정식 $\begin{cases} 3(-x+2y)=-x+12 \\ x:y=5:2 \end{cases}$를 만족시키는 x, y에 대하여 $x+y$의 값은? [4점]

① 38   ② 40   ③ 42

④ 44   ⑤ 46

08

방정식 $ax-2y=x+by=4$의 해가 $(-2, 3)$일 때, 상수 a, b에 대하여 $a+b$의 값은? [4점]

① -3 ② -1 ③ 0

④ 1   ⑤ 3

09

연립방정식 $\begin{cases} x-y=a \\ 2x-3y=a+1 \end{cases}$의 해가 일차방정식 $x-3y=0$을 만족시킬 때, 상수 a의 값은? [4점]

① -2 ② -1 ③ 0

④ 1   ⑤ 2

10

청아네 집에서 도서관까지의 거리는 4 km이다. 청아가 어느 날 아침 9시에 집에서 출발하여 도서관까지 가는데 처음에는 시속 5 km로 걷다가 중간에 서점에 들러 책을 샀다. 책을 사는 데 15분이 걸렸고 그 이후로는 시속 6 km로 뛰었더니 도서관에 아침 10시에 도착했다고 한다. 이때 청아가 뛰어간 거리는? [5점]

① 1 km   ② $\dfrac{3}{2}$ km   ③ 2 km

④ $\dfrac{7}{3}$ km   ⑤ $\dfrac{5}{2}$ km

11

일차함수 $f(x)=2x+3$에 대하여 $f(a)=13$일 때, a의 값은? [3점]

① 3   ② 4   ③ 5

④ 6   ⑤ 7

12

일차함수 $y=ax+2$의 그래프를 y축의 방향으로 -3만큼 평행이동하였더니 일차함수 $y=-3x+b$의 그래프와 겹쳐졌다. 일차함수 $y=-3x+b$의 그래프가 점 $(-1, c)$를 지날 때, $a+b+c$의 값은? (단, a, b는 상수) [4점]

① -4 ② -2 ③ 1

④ 2   ⑤ 4

13

일차함수 $y=(5k-1)x+3k$의 그래프가 제1, 2, 4사분면을 지날 때, 다음 중 상수 k의 값이 될 수 <u>없는</u> 것은? [4점]

① $\dfrac{1}{12}$ ② $\dfrac{1}{10}$ ③ $\dfrac{1}{8}$

④ $\dfrac{1}{6}$ ⑤ $\dfrac{1}{4}$

14

다음 일차함수 중 그 그래프가 나머지 넷과 서로 평행하지 <u>않은</u> 것은? [3점]

① $x+2y=5$ ② $2x+4y-3=0$

③ $y=-\dfrac{1}{2}x+1$ ④ $2y=-x-\dfrac{1}{2}$

⑤ $-x+\dfrac{1}{2}y-\dfrac{3}{2}=0$

15

일차함수 $y=ax+b$의 그래프는 일차함수 $y=3x+6$의 그래프와 x축 위에서 만나고, 일차함수 $y=-x+5$의 그래프와 y축 위에서 만날 때, 상수 a, b에 대하여 $a+b$의 값은? [4점]

① $-\dfrac{1}{2}$ ② $\dfrac{7}{2}$ ③ $\dfrac{15}{2}$

④ 10 ⑤ 12

16

어떤 환자가 1분에 $2\,\mathrm{mL}$씩 들어가는 링거 주사를 맞고 있다. 주사를 40분 동안 맞은 후 남아 있는 링거액의 양을 보았더니 $420\,\mathrm{mL}$이었다. 주사를 x분 동안 맞은 후 남아 있는 링거액의 양을 $y\,\mathrm{mL}$라 할 때, x와 y 사이의 관계를 식으로 나타내면? [4점]

① $y=80-2x$ ② $y=420-2x$

③ $y=500-2x$ ④ $y=80+2x$

⑤ $y=420+2x$

17

두 직선 $2x-y=4$, $x+y=5$의 교점을 지나고, x축에 평행한 직선의 방정식은? [4점]

① $x=2$ ② $x=3$ ③ $y=-2$

④ $y=2$ ⑤ $y=3$

18

두 직선 $x+y=4$, $3x-2y=2$와 x축으로 둘러싸인 삼각형의 넓이는? [5점]

① 3 ② $\dfrac{10}{3}$ ③ $\dfrac{11}{3}$

④ 4 ⑤ $\dfrac{13}{3}$

19

일차부등식 $x-\dfrac{4x-3}{3}>-2$의 해가 $x<a$이고, 일차

부등식 $0.2(3x-2)\leq0.3x-0.6$의 해가 $x\leq b$일 때, ab

의 값을 구하시오. [7점]

20

연립방정식 $\begin{cases}x+ay=4\\bx+y=5\end{cases}$의 해가 $x=2,\ y=1$일 때, 상수

$a,\ b$의 값을 각각 구하시오. [4점]

21

두 연립방정식 $\begin{cases}3x-2y=-1\\ax-y=13\end{cases},\ \begin{cases}2x+3y=8\\3x+5by=-47\end{cases}$의 해

가 서로 같을 때, 상수 $a,\ b$에 대하여 $a+b$의 값을 구하

시오. [6점]

22

오른쪽 그림에서 직선 l은 일차
함수 $y=-x+3$의 그래프를 y
축의 방향으로 2만큼 평행이동한
것이다. 두 직선과 x축, y축으로
둘러싸인 도형의 넓이를 구하시
오. [7점]

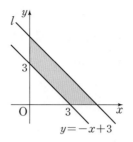

23

직선 $y=k$에 수직이고 두 직선 $4x-y+3=0$,
$x+2y+3=0$의 교점을 지나는 직선의 방정식을 구하
시오. (단, k는 상수) [6점]

선택형	18문항 70점	총점
서술형	5문항 30점	100점

01

다음 부등식 중 $x=3$이 해가 <u>아닌</u> 것은? [3점]

① $3(x-2) \geq 2$ ② $\dfrac{9-x}{2} < x+1$

③ $2x+2 \leq 3x-5$ ④ $5x \leq 2x+9$

⑤ $3-3x \leq -x-2$

02

$-1 < x \leq 3$일 때, $5x+1$의 값의 범위는? [3점]

① $-4 < 5x+1 \leq 8$ ② $-4 < 5x+1 \leq 16$

③ $-2 < 5x+1 \leq 8$ ④ $-2 < 5x+1 \leq 16$

⑤ $-1 < 5x+1 \leq 8$

03

일차부등식 $\dfrac{x-1}{18} - 1 > \dfrac{7x-34}{3} - 2(x+10)$의 해는?

[4점]

① $x < 58$ ② $x > 58$ ③ $x < 109$

④ $x > 109$ ⑤ $x < 116$

04

등산을 하는데 올라갈 때는 시속 3 km로 걷고, 내려올 때는 같은 길을 시속 5 km로 걸어서 전체 걸리는 시간을 4시간 이내로 하려고 한다. 최대 몇 km까지 올라갔다 내려올 수 있는가? [4점]

① 6 km ② $\dfrac{13}{2}$ km ③ 7 km

④ $\dfrac{15}{2}$ km ⑤ 8 km

05

x, y가 자연수일 때, 일차방정식 $2x+3y=25$의 해는 모두 몇 개인가? [3점]

① 1개 ② 2개 ③ 3개

④ 4개 ⑤ 5개

06

다음 보기의 일차방정식 중 두 식을 짝 지어 만든 연립방정식의 해가 $x=3$, $y=-1$인 것은? [4점]

보기
> ㄱ. $2x-3y=9$ ㄴ. $x+2y=3$
> ㄷ. $3x+5y-4=0$ ㄹ. $-2x+4=y$

① ㄱ, ㄴ ② ㄱ, ㄷ ③ ㄴ, ㄷ

④ ㄴ, ㄹ ⑤ ㄷ, ㄹ

07

연립방정식 $\begin{cases} 2x+3y=-1 \\ x-2y=10 \end{cases}$ 의 해가 일차방정식 $x+y=a$

를 만족시킬 때, 상수 a의 값은? [4점]

① 1   ② 2   ③ 3
④ 4   ⑤ 5

08

x, y의 순서쌍 (a, b)가 연립방정식 $\begin{cases} \dfrac{x}{4}-\dfrac{y}{6}=1 \\ 0.25x+0.5y=3 \end{cases}$

의 해일 때, 연립방정식 $\begin{cases} ax-by=15 \\ bx+ay=15 \end{cases}$ 의 해 $x=m$,

$y=n$에 대하여 $m+n$의 값은? [4점]

① 4   ② 6   ③ 8
④ 10   ⑤ 12

09

연립방정식 $\begin{cases} x+ay=-4 \\ bx-y=11 \end{cases}$ 에서 a를 잘못 보고 구한 해는

$x=5$, $y=9$이고, b를 잘못 보고 구한 해는 $x=6$, $y=-5$

이었다. 처음 연립방정식의 해는? (단, a, b는 상수) [4점]

① $x=1$, $y=-4$ ② $x=2$, $y=-3$
③ $x=3$, $y=-2$ ④ $x=4$, $y=-1$
⑤ $x=5$, $y=0$

10

어느 옷 가게에서 지난달에 상의와 하의를 합하여 200 벌을 판매하였는데, 이달 판매량은 상의는 20 % 증가하고 하의는 15 % 감소하여 총 212벌을 판매하였다. 이 달의 하의 판매량은? [5점]

① 60벌   ② 62벌   ③ 64벌
④ 66벌   ⑤ 68벌

11

다음 중 y가 x에 대한 일차함수가 <u>아닌</u> 것은? [3점]

① 한 변의 길이가 x cm인 정사각형의 둘레의 길이는 y cm이다.
② 자전거를 타고 시속 20 km로 x시간 동안 달린 거리는 y km이다.
③ 가로의 길이가 5 cm, 세로의 길이가 x cm인 직사각형의 넓이는 y cm²이다.
④ 100원짜리 우표 x장, 200원짜리 우표 y장의 가격을 합하면 1500원이다.
⑤ 반지름의 길이가 x cm인 원의 넓이는 y cm²이다.

12

일차함수 $f(x)=5x-a$에 대하여 $f(-2)=-5$일 때, $3f(3)+2f(-4)$의 값은? (단, a는 상수) [3점]

① -12 ② -5 ③ 4
④ 16   ⑤ 30

13

일차함수 $y=\dfrac{4}{3}x+a$의 그래프는 점 $(-3, 1)$을 지나고, 이 그래프를 y축의 방향으로 b만큼 평행이동한 그래프는 점 $(6, 5)$를 지난다. 이때 $a-b$의 값은? (단, a는 상수)

[4점]

① 11   ② 12   ③ 13
④ 14   ⑤ 15

14

일차함수 $y=\dfrac{5}{3}x+15$의 그래프의 x절편과 일차함수 $y=-2x-1+2k$의 그래프의 y절편이 서로 같을 때, 상수 k의 값은? [4점]

① -5 ② -4 ③ -3
④ -2 ⑤ -1

15

두 점 $(-6, 2)$, $(3, 5)$를 지나는 일차함수의 그래프의 기울기를 a, y절편을 b, x절편을 c라 할 때, abc의 값은? [4점]

① -16 ② -12 ③ -8
④ -4 ⑤ 0

16

일정한 속력으로 녹는 양초에 불을 붙였다. 양초에 불을 붙인 지 9분 후의 양초의 길이는 14 cm, 15분 후의 양초의 길이는 10 cm일 때, 처음 양초의 길이는? [5점]

① 18 cm   ② 20 cm   ③ 22 cm
④ 24 cm   ⑤ 26 cm

17

일차방정식 $ax+by+c=0$의 그래프가 오른쪽 그림과 같을 때, 다음 중 상수 a, b, c의 부호가 될 수 있는 것은? [4점]

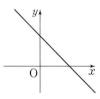

① $a>0$, $b>0$, $c>0$
② $a>0$, $b>0$, $c<0$
③ $a>0$, $b<0$, $c>0$
④ $a<0$, $b>0$, $c>0$
⑤ $a<0$, $b<0$, $c<0$

18

오른쪽 그림과 같이 y축에서 만나는 두 직선 $2x+y-8=0$, $ax-y+b=0$과 x축으로 둘러싸인 도형의 넓이가 48일 때, 상수 a, b에 대하여 ab의 값은?

(단, $a<0$) [5점]

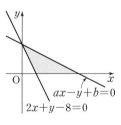

① -6 ② -5 ③ -4
④ -3 ⑤ -2

서술형

19

일차부등식 $3x-2 \geq 7x+a$를 만족시키는 자연수 x가 3개일 때, 정수 a는 모두 몇 개인지 구하시오. [6점]

20

동네 과일가게에서는 배 한 개의 가격이 1000원인데 과일 도매 시장에서는 600원이라고 한다. 현재 동네 과일 가게에서 전 품목을 25 % 할인하여 팔고 있고 과일 도매 시장에 갔다 오는 데 왕복 교통비가 2400원이 든다고 할 때, 배를 몇 개 이상 사야 과일 도매 시장에서 사는 것이 유리한지 구하시오. [7점]

21

연립방정식 $\begin{cases} 3x-7y=1 \\ -x+4y=a \end{cases}$ 를 만족시키는 x의 값이 y의 값보다 3만큼 클 때, 상수 a의 값을 구하시오. [4점]

22

연립방정식 $\begin{cases} x-3y=9 & \cdots\cdots\ \text{㉠} \\ ax+y=b & \cdots\cdots\ \text{㉡} \end{cases}$ 의 해가 존재하지 않고, 일차방정식 ㉡의 한 해가 $x=6$, $y=-4$일 때, 상수 a, b에 대하여 ab의 값을 구하시오. [6점]

23

오른쪽 그림에서 점 P가 점 B를 출발하여 $\overline{BC}$를 따라 점 C까지 매초 1.5 cm씩 움직인다. 점 P가 점 B를 출발한 지 몇 초 후에 $\triangle ABP$와 $\triangle DPC$의 넓이의 합이 88 cm^{2}가 되는지 구하시오. [7점]

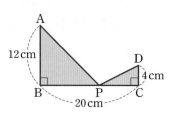

나의 오답 Note

틀린 문제를 다시 한 번 풀어 보고 실력을 완성해 보세요.

단원명	주요 개념	처음 푼 날	복습한 날

문제

풀이

개념

왜 틀렸을까?

☐ 문제를 잘못 이해해서

☐ 계산 방법을 몰라서

☐ 계산 실수

☐ 기타:

나의 오답 Note

틀린 문제를 다시 한 번 풀어 보고 실력을 완성해 보세요.

단원명	주요 개념	처음 푼 날	복습한 날

문제

풀이

개념

왜 틀렸을까?

☐ 문제를 잘못 이해해서

☐ 계산 방법을 몰라서

☐ 계산 실수

☐ 기타:

단원명	주요 개념	처음 푼 날	복습한 날

문제

풀이

개념

왜 틀렸을까?

☐ 문제를 잘못 이해해서

☐ 계산 방법을 몰라서

☐ 계산 실수

☐ 기타:

문제

풀이

나의 오답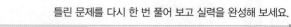

단원명	주요 개념	처음 푼 날	복습한 날

문제

풀이

개념

왜 틀렸을까?

☐ 문제를 잘못 이해해서

☐ 계산 방법을 몰라서

☐ 계산 실수

☐ 기타:

동아출판이 만든 진짜 기출예상문제집

특급기출

동아출판이 만든 진짜 기출예상문제집

특급기출

기말고사

중학수학 2-1

정답 및 풀이

동아출판

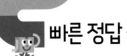

빠른 정답

1 일차부등식

개념 check 8쪽~9쪽

1 (1) $x-4 \leq 3$ (2) $10x < 9500$
  (3) $20x \geq 2000$ (4) $500x+200 > 3000$
2 (1) 1, 2 (2) 2 (3) 0, 1 (4) 2 3 (1) < (2) < (3) > (4) <
4 (1) ○ (2) × (3) × (4) ○
5 (1) $x > 3$, 풀이 참조 (2) $x < -3$, 풀이 참조
  (3) $x \leq 6$, 풀이 참조 (4) $x \geq 2$, 풀이 참조
6 (1) $x < -3$ (2) $x \leq -2$ (3) $x \leq 6$ (4) $x > 1$
7 14개 8 8 km

기출 유형 10쪽~17쪽

01 ⑤	02 ②	03 ④	04 기현
05 ㄴ, ㄹ	06 ②	07 -3	08 ④
09 ②	10 ④	11 ㄱ, ㅂ	12 ③
13 ⑤	14 $\dfrac{11}{5}$	15 ①, ⑤	16 ①
17 ②	18 ⑤	19 ④	20 ①
21 ③	22 ③	23 ⑤	24 ⑤
25 ③	26 ③	27 ②	28 ⑤
29 -1	30 -6	31 ①	32 2
33 ④	34 ③	35 ③	36 ②
37 ④	38 43점	39 ②	40 6개
41 ①	42 170분	43 8개월	44 ②
45 $x \geq 8$	46 ③	47 ②	48 17명
49 ③	50 25명	51 ①	52 10 %
53 6 km	54 5 km	55 ③	56 ①
57 ②	58 4분	59 ③	60 ⑤
61 300 g			

서술형 18쪽~21쪽

01 $-\dfrac{2}{5}$	01-1 -6	01-2 $x < -\dfrac{7}{3}$
02 $\dfrac{1}{2}$	02-1 2	03 17개
03-1 5개	04 23개	04-1 11권

05 (1) $-6 \leq A \leq 10$ (2) 4
06 (1) $-2 < x < 4$ (2) $-2 < A < 0$
07 -6 08 5
09 $-4, -3, -2, -1$ 10 1 11 7개월
12 20년 13 68개 14 13200원
15 (1) $\dfrac{x}{3}+\dfrac{4}{60}+\dfrac{x}{3} \leq \dfrac{36}{60}$ (2) 800 m 16 87.5 g

실전 중단원 학교 시험 1회 22쪽~25쪽

01 ③	02 ④	03 ④, ⑤	04 ③	05 ②
06 ③	07 ⑤	08 ②	09 ⑤	10 ③
11 ④	12 ④	13 ⑤	14 ⑤	15 ④
16 ①	17 ②	18 ②	19 $a \neq -1$	
20 $-8 < a \leq -6$	21 7년	22 4자루	23 6 km	

실전 중단원 학교 시험 2회 26쪽~29쪽

01 ①, ⑤	02 ②	03 ⑤	04 ④	05 ②
06 ②	07 ③	08 ②	09 ①	10 ②
11 ③	12 ⑤	13 ①	14 ②	15 ①
16 ②	17 ②	18 ④	19 4	20 10
21 $a \geq 2$	22 2명	23 9명		

교과서 속 창의 문제 30쪽

01 $z < y < x$	02 3	03 10회

04 우유 : $\dfrac{800}{11}$ g, 감자튀김 : $\dfrac{400}{23}$ g

2 연립일차방정식

개념 check 32쪽~33쪽

1 (1) × (2) ○ (3) × (4) ×
2 (1) (1, 2), (2, 1) (2) (1, 5), (2, 3), (3, 1)
  (3) (1, 5), (2, 2) (4) (2, 1)
3 ㄱ, ㄹ
4 (1) $x=10, y=2$ (2) $x=2, y=3$
5 (1) $x=1, y=1$ (2) $x=-1, y=2$
6 (1) $x=2, y=1$ (2) $x=2, y=0$ (3) $x=5, y=-2$
7 $x=-1, y=1$
8 (1) ㄴ, ㄷ (2) ㄱ
9 아이스크림 : 6개, 사탕 : 7개

기출 유형 ●34쪽~43쪽

01 ⑤	02 ㄱ, ㄷ, ㄹ	03 ①	04 ⑤
05 ①	06 ②	07 ⑤	08 ①
09 ②	10 ③	11 5	12 ②
13 −1	14 ③	15 ②	16 ④
17 −3	18 ①	19 ①	20 ⑤
21 ④	22 5	23 ④	24 ④
25 −5	26 ③	27 ④	28 ②
29 −8	30 $x=1, y=4$	31 ①	32 −3
33 ⑤	34 0	35 ④	36 1
37 ③	38 ④	39 ②	40 ①
41 −1	42 1	43 ③	44 2
45 $x=2, y=1$	46 ②	47 ④	48 −11
49 ④	50 10	51 ⑤	52 11
53 ④	54 2명	55 2500원	56 ②
57 ①	58 750000원	59 ③	60 16살
61 ⑤	62 윗변의 길이 : 6 cm, 아랫변의 길이 : 8 cm		
63 14명	64 ③	65 120개	66 ⑤
67 6시간			
68 올라갈 때 걸은 거리 : 3 km, 내려올 때 걸은 거리 : 2 km			
69 ⑤	70 1시간	71 5분	72 ④
73 시속 7 km	74 38초	75 ②	76 2 %
77 200 g	78 400 g		

서술형 ●44쪽~47쪽

01 (1) −1 (2) $x=-2$	01-1 (1) 4 (2) $x=-3$	
02 7	02-1 3	02-2 5
03 (1) $\begin{cases} x+y=600 \\ -\dfrac{3}{100}x+\dfrac{5}{100}y=14 \end{cases}$ (2) 420개		
03-1 (1) $\begin{cases} x+y=450 \\ \dfrac{5}{100}x-\dfrac{2}{100}y=5 \end{cases}$ (2) 245명		
04 분속 250 m	04-1 분속 70 m	05 2
06 −8	07 25	08 2
09 8	10 $x=-1, y=1$	11 26
12 (1) 40명 (2) 1400원	13 14	14 4일
15 1 km	16 A 식품 : 300 g, B 식품 : 500 g	

실전 중단원 학교 시험 1회 ●48쪽~51쪽

01 ⑤	02 ④	03 ④	04 ②	05 ①
06 ④	07 ②	08 ④	09 ③	10 ⑤
11 ④	12 ⑤	13 ②	14 ④	15 ②
16 ⑤	17 ①	18 ⑤	19 5	20 1
21 1782	22 180 cm²		23 10 km, 2 km	

실전 중단원 학교 시험 2회 ●52쪽~55쪽

01 ⑤	02 ③	03 ②	04 ③	05 ⑤
06 ④	07 ④	08 ③	09 ②	10 ①
11 ④	12 ②	13 ①	14 ⑤	15 ①
16 ③	17 ⑤	18 ②	19 3	20 $-\dfrac{1}{2}$
21 134	22 1000원	23 5000원		

교과서 속 특이 문제 ●56쪽~57쪽

01 $x=2, y=5$		
02 해가 무수히 많은 경우 : Ⓐ와 Ⓔ, 해가 없는 경우 : Ⓑ와 Ⓓ		
03 15명	04 13 cm	05 동규 : 9개, 민호 : 3개
06 19명	07 6개	08 12

Ⅲ. 일차함수

1 일차함수와 그래프

개념 check ●60쪽~61쪽

1 (1) 4, 8, 12, 16 (2) y는 x의 함수이다.

2 (1) 6 (2) −6

3 ㄱ, ㄴ, ㄷ

4 (1) $y=5x+3$ (2) $y=-\dfrac{2}{3}x-1$

5 (1) x절편 : 2, y절편 : −2 (2) x절편 : 6, y절편 : 10

6 (1) $\dfrac{5}{2}$ (2) $\dfrac{5}{4}$

7 (1) $a<0, b>0$ (2) $a<0, b<0$
   (3) $a>0, b>0$ (4) $a>0, b<0$

8 (1) ㄱ과 ㄷ (2) ㄴ과 ㄹ

9 (1) $y=5x+4$ (2) $y=-4x+9$
   (3) $y=-x+1$ (4) $y=-\dfrac{1}{2}x-1$

10 (1) $y=4x+15$ (2) 23 cm

기출 유형 ●62쪽~71쪽

01 ③, ⑤	02 ㄴ, ㄹ	03 ②	04 ④
05 ①	06 ⑤	07 15	08 ④
09 ㄷ, ㄹ, ㅁ	10 ⑤	11 ①	12 ①
13 ②	14 4	15 ④	16 ④
17 ①	18 ①	19 ④, ⑤	20 ②
21 −2	22 ②	23 ②	24 3
25 ②	26 ②	27 ④	28 ①

29 $\frac{11}{2}$	30 6	31 ②	32 ②
33 ①	34 ①	35 -6	36 ⑤
37 7	38 ③	39 ⑤	40 16
41 $\frac{3}{4}$	42 ③	43 ⑤	44 ④
45 ㄷ	46 ①	47 제2사분면	48 ⑤
49 ④	50 -1	51 10	52 ㄱ, ㄹ
53 -5	54 $y=-\frac{2}{3}x+5$		55 -7
56 ②	57 $y=-\frac{2}{5}x+5$		58 ②
59 ④	60 2	61 ⑤	62 ③
63 2	64 6	65 ④	66 ④
67 $y=-3x+6$		68 12	69 30 ℃
70 ①	71 ②	72 (1) $y=60-\frac{1}{15}x$ (2) 40 L	
73 5분	74 (1) $y=2x+1$ (2) 32개		75 25초
76 15 ℃			

서술형 □72쪽～75쪽

01 (1) $a=-4, b=-1$ (2) -5 01-1 (1) $a=-6, b=1$ (2) 9

02 $\frac{3}{2}$ 02-1 11 03 $y=2x-5$

03-1 $y=-3x+2$ 03-2 $\frac{81}{10}$

04 (1) $y=360-20x$ (2) 18분 04-1 (1) $y=450-30x$ (2) 13분

05 $a=0, b\ne 2$ 06 4 07 4

08 2 09 $\frac{1}{3}$ 10 제2사분면

11 -3 12 $y=x$ 13 $\frac{1}{6}\le a\le 3$

14 (1) $y=2x+20$ (2) 50 ℃ 15 60분

16 2초

학교 시험 1회 76쪽～79쪽

01 ②	02 ②	03 ④	04 ③	05 ⑤
06 ④	07 ⑤	08 ①	09 ④	10 ③
11 ⑤	12 ④	13 ⑤	14 ⑤	15 ③
16 ⑤	17 ②	18 ③	19 3	20 15
21 8	22 16	23 (1) $y=2000x+3000$ (2) 15000원		

학교 시험 2회 80쪽～83쪽

01 ③, ④	02 ⑤	03 ④	04 ②	05 ④
06 ④	07 ③	08 ③	09 ④	10 ①

11 ④	12 ②	13 ③	14 ④	15 ③
16 ④	17 ②	18 ⑤		

19 기울기 : -2, x절편 : $\frac{5}{2}$, y절편 : 5 20 12

21 $y=-\frac{2}{3}x+3$ 22 45 L 23 10 L

특이 문제 ○84쪽

01 15 02 $\frac{1}{2}\le a\le 3$ 03 174 cm 04 $-\frac{9}{8}$

2 일차함수와 일차방정식의 관계

개념 check 86쪽

1 (1) $y=-\frac{1}{2}x+2$, 풀이 참조 (2) $y=\frac{4}{3}x-1$, 풀이 참조

2 (1) $y=3$ (2) $x=-2$ 3 $x=1, y=1$

4 (1) $x=-2, y=0$ (2) 해가 무수히 많다. (3) 해가 없다.

기출 유형 ○87쪽～91쪽

01 ③	02 ②, ④	03 ①	04 ④
05 ③	06 -17	07 ①	08 -12
09 ④	10 ②	11 제2사분면	12 ②, ④
13 ⑤	14 5	15 ④	16 ①
17 ②	18 $-\frac{1}{3}$	19 18	20 ③
21 (1, 2)	22 ③	23 ⑤	24 $\frac{11}{2}$
25 ①	26 $\frac{2}{3}$	27 -1	28 $\frac{9}{2}$
29 ②	30 ①	31 $a\ne -1$	32 ②
33 ⑤	34 25	35 $\frac{3}{5}$	36 $-\frac{2}{3}$
37 2분	38 20분		

서술형 □92쪽～93쪽

01 1 01-1 -4 02 $\frac{15}{2}$

02-1 $\frac{11}{2}$ 03 3 04 $a=-4, b=0$

05 4 06 $-2, -1, 1$

07 (1) $a=-2, b=-6$ (2) 제2, 3, 4사분면 08 12

실전 중단원 학교 시험 1회 94쪽~97쪽

01 ②	02 ④	03 ⑤	04 ④	05 ⑤
06 ③	07 ③	08 ③	09 ①	10 ②
11 ④	12 ⑤	13 ①	14 ⑤	15 ③
16 ④	17 ③	18 ④	19 -9	20 3
21 $-6 < a < 3$		22 -6	23 $\dfrac{7}{2}$	

실전 중단원 학교 시험 2회 98쪽~101쪽

01 ④	02 ④	03 ④	04 ⑤	05 ③
06 ②	07 ⑤	08 ①	09 ②	10 ④
11 ④	12 ②, ④	13 ①	14 ①	15 ②
16 ①	17 ⑤	18 ①	19 7	20 1
21 $0 \leq a \leq 4$		22 -3	23 2개월	

교과서 속 특이 문제 102쪽

01 $a=3$, $b=-4$	02 ㄱ	03 $\left(\dfrac{6}{5}, \dfrac{18}{5} \right)$	04 120초

부록

고난도 50 104쪽~112쪽

01 $3.7 \leq x < 4.3$	02 -3	03 $x > 2$	04 $x > -1$
05 $-\dfrac{15}{4}$	06 5	07 $\dfrac{23}{2} \leq a < 14$	08 3개
09 17장	10 도서관	11 38개월, 5000원	
12 20 %	13 6명	14 10	15 12
16 6	17 7	18 $-\dfrac{1}{2}$	19 -2
20 ㄱ, ㄷ	21 64점	22 36 cm	23 90명
24 10시간	25 12 cm	26 1.5 km	27 시속 12 km
28 400 g	29 91	30 $a=0$, $b \neq 0$, $c \neq 6$	
31 8	32 $\dfrac{2}{5}$	33 $p=6$, $q=2$	
34 12π	35 제3사분면	36 $-\dfrac{20}{3}$	37 9개
38 692 m	39 $p=18$, $q=6\pi-18$		
40 (1) $y=27x$ (2) 108 (3) $y=378-27x$			
41 119°	42 2	43 18	44 $\dfrac{1}{2}$
45 $-2 < a < 6$	46 11	47 21	48 $\dfrac{3}{2}$
49 27	50 8		

기말고사 대비 실전 모의고사 1회 113쪽~116쪽

01 ④	02 ②	03 ⑤	04 ③	05 ⑤
06 ⑤	07 ⑤	08 ④	09 ④	10 ①
11 ⑤	12 ⑤	13 ③	14 ④	15 ③
16 ②	17 ①	18 ②	19 $a \geq 3$	20 97점
21 $x=3$, $y=-2$		22 19	23 18초	

기말고사 대비 실전 모의고사 2회 117쪽~120쪽

01 ②, ④	02 ②	03 ③	04 ④	05 ②
06 ④	07 ①	08 ③	09 ⑤	10 ②
11 ③	12 ⑤	13 ①	14 ④	15 ②
16 ⑤	17 ③	18 ⑤	19 $x \leq 2$	20 7 cm
21 51만 원	22 -1	23 (1) $y=60-2x$ (2) 50 m		

기말고사 대비 실전 모의고사 3회 121쪽~124쪽

01 ③	02 ④	03 ③	04 ④	05 ⑤
06 ⑤	07 ④	08 ⑤	09 ①	10 ⑤
11 ③	12 ⑤	13 ①	14 ②	15 ②
16 ③	17 ④	18 ⑤	19 $a \leq -\dfrac{10}{3}$	
20 600 m	21 3경기	22 3	23 4	

기말고사 대비 실전 모의고사 4회 125쪽~128쪽

01 ⑤	02 ④	03 ②	04 ⑤	05 ④
06 ②	07 ③	08 ①	09 ⑤	10 ②
11 ③	12 ②	13 ⑤	14 ⑤	15 ③
16 ③	17 ④	18 ②	19 -6	
20 $a=2$, $b=2$		21 10	22 8	23 $x=-1$

기말고사 대비 실전 모의고사 5회 129쪽~132쪽

01 ③	02 ②	03 ③	04 ④	05 ④
06 ②	07 ①	08 ①	09 ②	10 ⑤
11 ⑤	12 ⑤	13 ③	14 ②	15 ①
16 ②	17 ②	18 ③	19 4개	20 17개
21 3	22 2	23 8초		

1 일차부등식

II. 부등식과 연립방정식

8쪽~9쪽

개념 check 2

1 답 (1) $x-4\leq3$ (2) $10x<9500$ (3) $20x\geq2000$
   (4) $500x+200>3000$

2 답 (1) 1, 2 (2) 2 (3) 0, 1 (4) 2
   (1) $2x\geq1$의 x에 0, 1, 2를 차례대로 대입하면
     $x=0$일 때, $2\times0=0\geq1$ (거짓)
     $x=1$일 때, $2\times1=2\geq1$ (참)
     $x=2$일 때, $2\times2=4\geq1$ (참)
     따라서 부등식의 해는 1, 2이다.
   (2) $x+3>4$의 x에 0, 1, 2를 차례대로 대입하면
     $x=0$일 때, $0+3=3>4$ (거짓)
     $x=1$일 때, $1+3=4>4$ (거짓)
     $x=2$일 때, $2+3=5>4$ (참)
     따라서 부등식의 해는 2이다.
   (3) $5x-3<3x$의 x에 0, 1, 2를 차례대로 대입하면
     $x=0$일 때, $5\times0-3=-3<3\times0=0$ (참)
     $x=1$일 때, $5\times1-3=2<3\times1=3$ (참)
     $x=2$일 때, $5\times2-3=7<3\times2=6$ (거짓)
     따라서 부등식의 해는 0, 1이다.
   (4) $8-3x\leq x+2$의 x에 0, 1, 2를 차례대로 대입하면
     $x=0$일 때, $8-3\times0=8\leq0+2=2$ (거짓)
     $x=1$일 때, $8-3\times1=5\leq1+2=3$ (거짓)
     $x=2$일 때, $8-3\times2=2\leq2+2=4$ (참)
     따라서 부등식의 해는 2이다.

3 답 (1) $<$ (2) $<$ (3) $>$ (4) $<$

4 답 (1) ○ (2) × (3) × (4) ○
   (1) $3+x<4$에서 $x-1<0$이므로 일차부등식이다.
   (2) $2x+5\geq2x$에서 $5\geq0$이므로 일차부등식이 아니다.
   (3) $x^2+3>-1$에서 $x^2+4>0$이므로 일차부등식이 아니다.
   (4) $x-4\leq3x+1$에서 $-2x-5\leq0$이므로 일차부등식이다.

5 답 (1) $x>3$, 풀이 참조 (2) $x<-3$, 풀이 참조
   (3) $x\leq6$, 풀이 참조 (4) $x\geq2$, 풀이 참조
   (1) $x+1>4$에서 $x>3$

   (2) $-5x>15$에서 $x<-3$

   (3) $x+6\geq2x$에서 $-x\geq-6$
     $\therefore x\leq6$

   (4) $8x-3\geq3x+7$에서 $5x\geq10$
     $\therefore x\geq2$

6 답 (1) $x<-3$ (2) $x\leq-2$ (3) $x\leq6$ (4) $x>1$
   (1) $-2x>3(x+5)$에서 $-2x>3x+15$
     $-5x>15$ $\therefore x<-3$

   (2) $3(2x+3)\leq-2(x+4)+1$에서
     $6x+9\leq-2x-8+1$, $8x\leq-16$ $\therefore x\leq-2$
   (3) $-\dfrac{x}{4}+\dfrac{1}{2}\geq-\dfrac{x}{6}$의 양변에 12를 곱하면
     $-3x+6\geq-2x$, $-x\geq-6$ $\therefore x\leq6$
   (4) $-0.3(x+3)<-1.2$의 양변에 10을 곱하면
     $-3(x+3)<-12$, $-3x-9<-12$
     $-3x<-3$ $\therefore x>1$

7 답 14개
   트럭에 짐을 x개 실어 운반한다고 하면
   $65\times4+120x\leq2000$
   $120x\leq1740$ $\therefore x\leq14.5$
   이때 x는 자연수이므로 한 번에 운반할 수 있는 짐은 최대 14개
   이다.

8 답 8 km
   민주가 시속 8 km로 뛴 거리를 x km라 하면 시속 6 km로 뛴
   거리는 $(20-x)$ km이므로
   $\dfrac{x}{8}+\dfrac{20-x}{6}\leq3$
   $3x+80-4x\leq72$, $-x\leq-8$ $\therefore x\geq8$
   따라서 시속 8 km로 뛴 거리는 최소 8 km이다.

기출 유형

○10쪽~17쪽

유형 01 부등식 10쪽

부등식 : 부등호($>$, $<$, $\geq$, $\leq$)를 사용하여 수 또는 식의 대소
   관계를 나타낸 식

01 답 ⑤
   ①, ②, ③, ④ 부등식 ⑤ 등식
   따라서 부등식이 아닌 것은 ⑤이다.

02 답 ②
   ㄱ, ㅁ. 부등식 ㄴ, ㄹ. 등식 ㄷ, ㅂ. 다항식
   따라서 부등식인 것은 ㄱ, ㅁ의 2개이다.

유형 02 부등식으로 나타내기 10쪽

주어진 상황을 부등호로 표현하여 수량 사이의 관계를 부등식으
로 나타낸다.

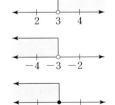

x는 a보다 {
   크다.($=$초과) → $x>a$
   작다.($=$미만) → $x<a$
   크거나 같다.($=$이상) → $x\geq a$ ──→ 작지 않다.
   작거나 같다.($=$이하) → $x\leq a$ ──→ 크지 않다.
}

03 답 ④
   ④ $3x\leq40$
   따라서 옳지 않은 것은 ④이다.

04 답 기현

성규 : $2+3x=20$

윤주 : $3x+2 \geq 20$

유형 03 부등식의 해 10쪽

$x=a$가 부등식의 해이다.

→ 주어진 부등식에 $x=a$를 대입하면 부등식이 참이 된다.

---

05 답 ㄴ, ㄹ

주어진 부등식에 $x=2$를 각각 대입하면

ㄱ. $3 \times 2 - 1 = 5 < 4$ (거짓)

ㄴ. $-2 + 3 = 1 \leq 1$ (참)

ㄷ. $2 \times 2 + 1 = 5 \geq 3 \times 2 = 6$ (거짓)

ㄹ. $\dfrac{2+1}{2} = \dfrac{3}{2} < 2$ (참)

따라서 $x=2$가 해가 되는 부등식은 ㄴ, ㄹ이다.

06 답 ②

① $x=3$을 $x-4 \leq 0$에 대입하면

$\quad 3 - 4 = -1 \leq 0$ (참)

② $x=-3$을 $-x-1 \leq 1$에 대입하면

$\quad -(-3) - 1 = 2 \leq 1$ (거짓)

③ $x=2$를 $3x < x+5$에 대입하면

$\quad 3 \times 2 = 6 < 2 + 5 = 7$ (참)

④ $x=-1$을 $-2(x-1) < 5$에 대입하면

$\quad -2 \times (-1-1) = 4 < 5$ (참)

⑤ $x=1$을 $\dfrac{x-2}{2} + 1 < 3$에 대입하면

$\quad \dfrac{1-2}{2} + 1 = \dfrac{1}{2} < 3$ (참)

따라서 부등식의 해가 아닌 것은 ②이다.

07 답 -3

$x=-2$일 때, $2 \times (-2) + 7 = 3 \leq 5$ (참)

$x=-1$일 때, $2 \times (-1) + 7 = 5 \leq 5$ (참)

$x=0$일 때, $2 \times 0 + 7 = 7 \leq 5$ (거짓)

$x=1$일 때, $2 \times 1 + 7 = 9 \leq 5$ (거짓)

따라서 부등식을 참이 되게 하는 x의 값은 -2, -1이므로 그 합은

$(-2) + (-1) = -3$

유형 04 부등식의 성질 11쪽

부등식의

(1) 양변에 같은 수를 더하면

양변에서 같은 수를 빼면 ⎤

(2) 양변에 같은 양수를 곱하면

양변을 같은 양수로 나누면 ⎦ → 부등호의 방향이 바뀌지 않는다.

(3) 양변에 같은 음수를 곱하면

양변을 같은 음수로 나누면 → 부등호의 방향이 바뀐다.

---

08 답 ④

$a < b$이므로

① $a - 4 < b - 4$

② $2a < 2b$ ∴ $2a + 6 < 2b + 6$

③ $-\dfrac{a}{2} > -\dfrac{b}{2}$ ∴ $-\dfrac{a}{2} + 3 > -\dfrac{b}{2} + 3$

④ $-3a > -3b$ ∴ $3 - 3a > 3 - 3b$

⑤ $-a > -b$, $1 - a > 1 - b$

$\quad$ ∴ $-(a-1) > 1 - b$

따라서 옳지 않은 것은 ④이다.

09 답 ②

$-2a + 3 < -2b + 3$에서 $-2a < -2b$ ∴ $a > b$

① $a + 10 > b + 10$

② $-a < -b$이므로 $-a + 1 < -b + 1$

③ $3a > 3b$이므로 $3a - 2 > 3b - 2$

④ $\dfrac{a}{3} > \dfrac{b}{3}$이므로 $\dfrac{a}{3} - 5 > \dfrac{b}{3} - 5$

⑤ $-\dfrac{a}{2} < -\dfrac{b}{2}$이므로 $1 - \dfrac{a}{2} < 1 - \dfrac{b}{2}$

따라서 옳은 것은 ②이다.

10 답 ④

① $a - 8 < b - 8$에서 $a < b$

② $5 - 3a > 5 - 3b$에서 $-3a > -3b$ ∴ $a < b$

③ $\dfrac{3}{7}a + 1 < \dfrac{3}{7}b + 1$에서 $\dfrac{3}{7}a < \dfrac{3}{7}b$ ∴ $a < b$

④ $-2a + 3 < -2b + 3$에서 $-2a < -2b$ ∴ $a > b$

⑤ $-a - 6 > -b - 6$에서 $-a > -b$ ∴ $a < b$

따라서 부등호의 방향이 나머지 넷과 다른 하나는 ④이다.

11 답 ㄱ, ㅂ

주어진 수직선에서 $a < 0 < b < c$이다.

ㄱ. $ab < 0$이고 $c > 0$이므로 $ab < c$

ㄴ. $a < c$이므로 $-a > -c$

ㄷ. $a < b$이므로 $a + c < b + c$

ㄹ. $a < b$, $c > 0$이므로 $ac < bc$ ∴ $ac + b < bc + b$

ㅁ. $b < c$이므로 $a^2 + b < a^2 + c$

ㅂ. $b < c$이므로 $-b > -c$, $2 - b > 2 - c$

$\quad$ 이때 $a < 0$이므로 $\dfrac{2-b}{a} < \dfrac{2-c}{a}$

따라서 옳은 것은 ㄱ, ㅂ이다.

유형 05 식의 값의 범위 구하기 11쪽

❶ x의 계수가 같아지도록 부등식의 각 변에 x의 계수만큼 곱한다.

❷ 상수항이 같아지도록 부등식의 각 변에 상수항만큼 더한다.

예 $a < x \leq b$일 때, $cx + d$ $(c > 0)$의 값의 범위 구하기

$\quad$ ❶ $a < x \leq b$ → $ac < cx \leq bc$

$\quad$ ❷ $ac < cx \leq bc$ → $ac + d < cx + d \leq bc + d$

---

12 답 ③

$-2 \leq a < 3$의 각 변에 3을 곱하면 $-6 \leq 3a < 9$

$-6 \leq 3a < 9$의 각 변에 1을 더하면 $-5 \leq 3a + 1 < 10$

13 답 ⑤

$-1 < 4 - \dfrac{1}{2}x \leq 3$의 각 변에서 4를 빼면 $-5 < -\dfrac{1}{2}x \leq -1$

$-5 < -\dfrac{1}{2}x \leq -1$의 각 변에 -2를 곱하면 $2 \leq x < 10$

14 답 $\dfrac{11}{5}$

$-\dfrac{1}{4} < x \leq \dfrac{1}{5}$의 각 변에 -4를 곱하면 $-\dfrac{4}{5} \leq -4x < 1$

$-\dfrac{4}{5} \leq -4x < 1$의 각 변에 1을 더하면 $\dfrac{1}{5} \leq -4x+1 < 2$

즉, $\dfrac{1}{5} \leq A < 2$

따라서 $a = \dfrac{1}{5}$, $b = 2$이므로 $a+b = \dfrac{1}{5} + 2 = \dfrac{11}{5}$

유형 **06** 일차부등식 12쪽

일차부등식 : 부등식의 모든 항을 좌변으로 이항하여 정리하였
을 때, 다음 중 어느 하나의 꼴로 나타나는 부등식
(일차식) > 0, (일차식) < 0, (일차식) ≥ 0, (일차식) ≤ 0
└──→ $ax+b \ (a \neq 0)$ 꼴

15 답 ①, ⑤

① $3x-2 \leq 10$에서 $3x-12 \leq 0$이므로 일차부등식이다.

② $5x-1 = 4x$에서 $x-1 = 0$이므로 일차방정식이다.

③ $-3x+2(x+3) < -x+8$에서 $-x+6 < -x+8$,
　$-2 < 0$이므로 일차부등식이 아니다.

④ $x(2-x) \geq 7$에서 $-x^2+2x-7 \geq 0$이므로 일차부등식이 아니다.

⑤ $x+6 > 5-2x$에서 $3x+1 > 0$이므로 일차부등식이다.

따라서 일차부등식인 것은 ①, ⑤이다.

16 답 ①

$ax+4x+5 \geq 2x+8$에서 $(a+2)x-3 \geq 0$

이 부등식이 x에 대한 일차부등식이 되려면

$a+2 \neq 0$　$\therefore a \neq -2$

유형 **07** 일차부등식의 풀이 12쪽

❶ x를 포함한 항은 좌변으로, 상수항은 우변으로 이항한다.

❷ $ax > b$, $ax < b$, $ax \geq b$, $ax \leq b \ (a \neq 0)$ 꼴로 정리한다.

❸ 양변을 x의 계수 a로 나누어 부등식의 해를 구한다.
└──→ $a < 0$이면 부등호의 방향이 바뀐다.

17 답 ②

$10-2x \leq 4-5x$에서 $3x \leq -6$　$\therefore x \leq -2$

18 답 ⑤

① $2x-4 < 0$에서 $2x < 4$　$\therefore x < 2$

② $4x+8 < 0$에서 $4x < -8$　$\therefore x < -2$

③ $x-3 < -5$에서 $x < -2$

④ $3x-1 > -5$에서 $3x > -4$　$\therefore x > -\dfrac{4}{3}$

⑤ $-2x-1 < -5$에서 $-2x < -4$　$\therefore x > 2$

따라서 해가 $x > 2$인 것은 ⑤이다.

19 답 ④

주어진 수직선에서 부등식의 해는 $x \leq -7$

① $3x < -21$에서 $x < -7$

② $x+4 < -3$에서 $x < -7$

③ $4x-14 \geq 2x$에서 $2x \geq 14$　$\therefore x \geq 7$

④ $6x+2 \geq 10x+30$에서 $-4x \geq 28$　$\therefore x \leq -7$

⑤ $9x-6 \geq 7x-20$에서 $2x \geq -14$　$\therefore x \geq -7$

따라서 주어진 부등식의 해와 같은 것은 ④이다.

유형 **08** 복잡한 일차부등식의 풀이 12쪽

(1) 괄호가 있는 일차부등식은 분배법칙을 이용하여 괄호를 먼저
　푼다.
　→ $a(b+c) = ab+ac$, $(a+b)c = ac+bc$

(2) 계수가 분수인 일차부등식은 양변에 분모의 최소공배수를 곱한다.

(3) 계수가 소수인 일차부등식은 양변에 10의 거듭제곱을 곱한다.

20 답 ①

$3(x+1) \geq 5x+9$에서

$3x+3 \geq 5x+9$, $-2x \geq 6$　$\therefore x \leq -3$

21 답 ③

$2(x-3)+4 > 3(x-1)$에서

$2x-6+4 > 3x-3$, $-x > -1$　$\therefore x < 1$

따라서 부등식을 만족시키는 x의 값 중 가장 큰 정수는 0이다.

22 답 ③

$\dfrac{x-1}{2} + \dfrac{x}{3} < \dfrac{1}{3}$에서

양변에 6을 곱하면 $3(x-1)+2x < 2$

$3x-3+2x < 2$, $5x < 5$　$\therefore x < 1$

$\therefore a = 1$

23 답 ⑤

$0.7x-1 > 0.4x+0.5$에서

양변에 10을 곱하면 $7x-10 > 4x+5$

$3x > 15$　$\therefore x > 5$

따라서 $x > 5$를 수직선 위에 바르게 나타낸 것은 ⑤이다.

24 답 ⑤

$\dfrac{x-1}{5} + 0.1x \leq \dfrac{3}{2}$에서

양변에 10을 곱하면 $2(x-1)+x \leq 15$

$2x-2+x \leq 15$, $3x \leq 17$　$\therefore x \leq \dfrac{17}{3}$

따라서 해가 아닌 것은 ⑤이다.

25 답 ③

$0.2(6x-1)<\dfrac{1}{2}(2x+3)$에서

양변에 10을 곱하면 $2(6x-1)<5(2x+3)$

$12x-2<10x+15$, $2x<17$ $\quad\therefore x<\dfrac{17}{2}$

따라서 자연수 x는 1, 2, 3, 4, 5, 6, 7, 8의 8개이다.

26 답 ③

① $-2x-8\leq14$에서 $-2x\leq22$ $\quad\therefore x\geq-11$

② $4x+15\geq x-18$에서 $3x\geq-33$ $\quad\therefore x\geq-11$

③ $12(x+4)\leq3(x-17)$에서

$12x+48\leq3x-51$, $9x\leq-99$ $\quad\therefore x\leq-11$

④ $\dfrac{x+5}{8}\geq-\dfrac{3}{4}$에서

양변에 8을 곱하면 $x+5\geq-6$ $\quad\therefore x\geq-11$

⑤ $1.2x+0.8\leq1.6x+5.2$에서

양변에 10을 곱하면 $12x+8\leq16x+52$

$-4x\leq44$ $\quad\therefore x\geq-11$

따라서 해가 나머지 넷과 다른 하나는 ③이다.

유형 09 x의 계수가 문자인 일차부등식의 풀이   13쪽

x에 대한 일차부등식 $ax>b(a\neq0)$에서

(1) $a>0$이면 $x>\dfrac{b}{a}$

(2) $a<0$이면 $x<\dfrac{b}{a}$
    ↑— 부등호의 방향이 바뀐다.

---

27 답 ②

$-ax<3a$에서 $-a>0$이므로

$-ax<3a$의 양변을 $-a$로 나누면 $x<-3$

28 답 ⑤

$ax-3a>2x-6$에서 $ax-2x>3a-6$, $(a-2)x>3(a-2)$

이때 $a<2$이므로 $a-2<0$

$(a-2)x>3(a-2)$의 양변을 $a-2$로 나누면 $x<3$

따라서 $x<3$을 수직선 위에 바르게 나타낸 것은 ⑤이다.

유형 10 부등식의 해가 주어질 때, 미지수의 값 구하기   13쪽

(1) 상수항이 미지수인 경우

미지수를 포함하여 부등식의 해를 구한 후 주어진 해와 비교하여 미지수의 값을 구한다.

(2) x의 계수가 미지수인 경우

x에 대한 일차부등식 $ax>b$에서

① 해가 $x>k$이면 $a>0$이고 $\dfrac{b}{a}=k$

② 해가 $x<k$이면 $a<0$이고 $\dfrac{b}{a}=k$

---

29 답 -1

$\dfrac{1}{2}x+\dfrac{2}{3}a\geq\dfrac{5}{6}$에서 $3x+4a\geq5$

$3x\geq5-4a$ $\quad\therefore x\geq\dfrac{5-4a}{3}$

이때 주어진 수직선에서 부등식의 해는 $x\geq3$이므로

$\dfrac{5-4a}{3}=3$, $5-4a=9$, $-4a=4$

$\therefore a=-1$

30 답 -6

$2x+10<3x+6$에서 $-x<-4$ $\quad\therefore x>4$

$-3x+2(x-1)<a$에서 $-3x+2x-2<a$

$-x<a+2$ $\quad\therefore x>-a-2$

두 일차부등식의 해가 서로 같으므로

$-a-2=4$, $-a=6$ $\quad\therefore a=-6$

31 답 ①

$ax-3<5$에서 $ax<8$

해가 $x>-4$이므로 $a<0$이고 $x>\dfrac{8}{a}$

따라서 $\dfrac{8}{a}=-4$이므로 $a=-2$

32 답 2

x의 값 중 가장 작은 수가 3이므로 주어진 부등식의 해는 $x\geq3$

$ax-2\leq4(x-2)$에서 $ax-2\leq4x-8$, $(a-4)x\leq-6$

해가 $x\geq3$이므로 $a-4<0$이고 $x\geq-\dfrac{6}{a-4}$

따라서 $-\dfrac{6}{a-4}=3$이므로

$3(a-4)=-6$, $a-4=-2$ $\quad\therefore a=2$

유형 11 부등식의 해의 조건이 주어진 경우   14쪽

부등식을 만족시키는 x의 값 중 자연수인 해가 n개일 때, 부등식의 해가

(1) $x<k$이면
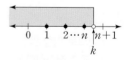

(2) $x\leq k$이면
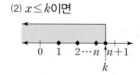

$\therefore n<k\leq n+1$ $\therefore n\leq k<n+1$

---

33 답 ④

$2-3x\leq a$에서 $-3x\leq a-2$ $\quad\therefore x\geq-\dfrac{a-2}{3}$

이 부등식을 만족시키는 음수 x가

존재하지 않으려면 오른쪽 그림에서
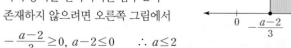

$-\dfrac{a-2}{3}\geq0$, $a-2\leq0$ $\quad\therefore a\leq2$

34 답 ③

$\dfrac{x-1}{4}<a$에서 $x-1<4a$ $\quad\therefore x<4a+1$

이 부등식을 만족시키는 자연수
x가 5개이려면 오른쪽 그림에서
$5<4a+1\leq6$, $4<4a\leq5$

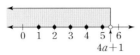

$\therefore 1<a\leq\dfrac{5}{4}$

유형 **12** 수에 대한 일차부등식의 활용   14쪽

구하려고 하는 수를 x로 놓고 식을 세운다.
(1) 차가 a인 두 수 : x, $x-a$ 또는 x, $x+a$로 놓는다.
(2) 연속하는 세 정수 : x, $x+1$, $x+2$ 또는 $x-1$, x, $x+1$로 놓
   는다.
(3) 연속하는 세 짝수(홀수) : x, $x+2$, $x+4$ 또는
   $\qquad\qquad\qquad\qquad\qquad x-2$, x, $x+2$로 놓는다.

---

35 답 ③

어떤 정수를 x라 하면
$2x+3\geq3(x-4)$, $2x+3\geq3x-12$
$-x\geq-15$ $\quad\therefore x\leq15$
따라서 가장 큰 정수는 15이다.

36 답 ②

차가 7인 두 정수 중 큰 수가 x이므로 작은 수는 $x-7$이다.
$x+(x-7)\leq25$, $2x\leq32$ $\quad\therefore x\leq16$
따라서 x의 값 중 가장 큰 값은 16이다.

37 답 ④

연속하는 세 정수를 $x-1$, x, $x+1$이라 하면
$\{(x-1)+x\}-(x+1)<8$
$2x-1-x-1<8$, $x-2<8$ $\quad\therefore x<10$
따라서 가장 큰 정수는 $x=9$일 때이므로 연속하는 세 정수는 8,
9, 10이다.

38 답 43점

세 번째 수행 평가에서 x점을 받는다고 하면
$\dfrac{35+42+x}{3}\geq40$, $77+x\geq120$ $\quad\therefore x\geq43$
따라서 세 번째 수행 평가에서 43점 이상을 받아야 한다.

유형 **13** 가격, 개수에 대한 일차부등식의 활용   15쪽

(1) 한 개에 a원인 물건 x개를 사고 포장비가 b원일 때의 가격
   → $(ax+b)$원
(2) 한 개에 a원인 물건 A와 한 개에 b원인 물건 B를 합하여 n
   개를 살 때
   → ① A가 x개이면 B는 $(n-x)$개
   　② 가격은 $\{ax+b(n-x)\}$원

---

39 답 ②

장미꽃을 x송이 산다고 하면
$1000x+3000\leq18000$

$1000x\leq15000$ $\quad\therefore x\leq15$
따라서 장미꽃을 최대 15송이까지 살 수 있다.

40 답 6개

빵을 x개 산다고 하면 사탕은 $(10-x)$개 살 수 있으므로
$500(10-x)+800x\leq7000$, $300x+5000\leq7000$
$300x\leq2000$ $\quad\therefore x\leq\dfrac{20}{3}$
이때 x는 자연수이므로 빵은 최대 6개까지 살 수 있다.

41 답 ①

박물관에 x명이 입장한다고 하면 $(x>5)$
$2000\times5+1500(x-5)\leq20000$, $1500x+2500\leq20000$
$1500x\leq17500$ $\quad\therefore x\leq\dfrac{35}{3}$
이때 x는 자연수이므로 최대 11명까지 입장할 수 있다.

42 답 170분

x분 동안 주차한다고 하면 $(x>30)$
$3000+50(x-30)\leq10000$
$50x+1500\leq10000$, $50x\leq8500$ $\quad\therefore x\leq170$
따라서 최대 170분 동안 주차할 수 있다.

유형 **14** 예금액에 대한 일차부등식의 활용   15쪽

현재 예금액이 a원이고 매달 b원씩 예금할 때, x개월 후의 예금액
→ $(a+bx)$원

---

43 답 8개월

x개월 후 예금액이 30000원 이상이 된다고 하면
$8000+3000x\geq30000$, $3000x\geq22000$ $\quad\therefore x\geq\dfrac{22}{3}$
이때 x는 자연수이므로 예금액이 30000원 이상이 되는 것은 8
개월 후부터이다.

44 답 ②

x개월 후 형의 저금액이 동생의 저금액의 2배보다 적어진다고
하면
$40000+5000x<2(10000+3000x)$
$40000+5000x<20000+6000x$
$-1000x<-20000$ $\quad\therefore x>20$
이때 x는 자연수이므로 21개월 후부터 형의 저금액이 동생의 저
금액의 2배보다 적어진다.

유형 **15** 도형에 대한 일차부등식의 활용   15쪽

(1) 삼각형의 세 변의 길이가 주어질 때, 삼각형이 되는 조건
   → (가장 긴 변의 길이)<(나머지 두 변의 길이의 합)
(2) (사다리꼴의 넓이)
   $=\dfrac{1}{2}\times\{($윗변의 길이$)+($아랫변의 길이$)\}\times($높이$)$
(3) (직사각형의 둘레의 길이)
   $=2\times\{($가로의 길이$)+($세로의 길이$)\}$

45 답 $x \geq 8$

$\dfrac{1}{2} \times (4+x) \times 6 \geq 36,\ 12+3x \geq 36$

$3x \geq 24$ ∴ $x \geq 8$

46 답 ③

가로의 길이를 x m라고 하면 세로의 길이는 $(x+2)$ m이므로

$2\{x+(x+2)\} \leq 16$

$4x+4 \leq 16,\ 4x \leq 12$ ∴ $x \leq 3$

따라서 가로의 길이는 3 m 이하이어야 한다.

유형 **16** 유리한 방법을 선택하는 일차부등식의 활용   16쪽

(1) 두 가지 방법에 대하여 각각의 가격 또는 비용을 계산한 후, 문제의 뜻에 맞게 일차부등식을 세워서 푼다.
이때 총 비용이 적게 들수록 유리하다.

(2) x명이 입장하려고 할 때, a명의 단체 입장권을 사는 것이 유리한 경우 (단, $x < a$)

→ (x명의 입장료) > (a명의 단체 입장료)

47 답 ②

티셔츠를 x장 산다고 하면

$10000x > 9300x + 6000$

$700x > 6000$ ∴ $x > \dfrac{60}{7}$

이때 x는 자연수이므로 티셔츠를 9장 이상 살 경우 도매 시장에서 사는 것이 유리하다.

48 답 17명

음악회에 x명이 간다고 하면 $(x < 20)$

$8000x > 6500 \times 20,\ 8000x > 130000$ ∴ $x > \dfrac{65}{4}$

이때 x는 자연수이므로 17명 이상부터 20명의 단체 입장권을 사는 것이 유리하다.

49 답 ③

x km를 주행한다고 하면

(A 자동차에 드는 비용) $= 15000000 + \dfrac{1}{10}x \times 2000$(원)

(B 자동차에 드는 비용) $= 21000000 + \dfrac{1}{16}x \times 2000$(원)

이므로

$15000000 + \dfrac{1}{10}x \times 2000 > 21000000 + \dfrac{1}{16}x \times 2000$

$15000000 + 200x > 21000000 + 125x,\ 75x > 6000000$

∴ $x > 80000$

따라서 최소 80000 km를 초과하여 주행해야 B 자동차를 구입하는 것이 A 자동차를 구입하는 것보다 유리하다.

50 답 25명

야구장에 x명이 입장한다고 하면 $(x < 30)$

$9000x > 9000 \times 30 \times \dfrac{80}{100},\ 9000x > 216000$ ∴ $x > 24$

이때 x는 자연수이므로 25명 이상부터 30명의 단체 입장권을 사는 것이 유리하다.

유형 **17** 정가, 원가에 대한 일차부등식의 활용   16쪽

(1) 원가가 a원인 물건에 b %의 이익을 붙인 가격

→ $a\left(1 + \dfrac{b}{100}\right)$원

(2) 정가가 a원인 물건을 b % 할인한 가격

→ $a\left(1 - \dfrac{b}{100}\right)$원

51 답 ①

물건의 정가를 x원이라 하면

$x\left(1 - \dfrac{20}{100}\right) \geq 22000 \times \left(1 + \dfrac{40}{100}\right)$

$\dfrac{80}{100}x \geq 22000 \times \dfrac{140}{100},\ 80x \geq 3080000$

∴ $x \geq 38500$

따라서 정가는 38500원 이상으로 정해야 하므로 정가가 될 수 없는 것은 ①이다.

52 답 10 %

(정가) $= 10000 \times \left(1 + \dfrac{30}{100}\right) = 13000$(원)

정가에서 x % 할인하여 판다고 하면

$13000 \times \left(1 - \dfrac{x}{100}\right) \geq 10000 \times \left(1 + \dfrac{17}{100}\right)$

$13000 - 130x \geq 11700,\ -130x \geq -1300$ ∴ $x \leq 10$

따라서 최대 10 %까지 할인하여 팔 수 있다.

유형 **18** 거리, 속력, 시간에 대한 일차부등식의 활용   16쪽

(1) 도중에 속력이 바뀌는 경우

$\left(\begin{array}{c}\text{시속 } a \text{ km로}\\\text{갈 때 걸린 시간}\end{array}\right) + \left(\begin{array}{c}\text{시속 } b \text{ km로}\\\text{갈 때 걸린 시간}\end{array}\right) = $ (전체 걸린 시간)

(2) 왕복하는 경우

(왕복하는 데 걸린 시간)
= (갈 때 걸린 시간) + (중간에 소요된 시간)
　　　　　　　　　　　　　 + (올 때 걸린 시간)

(3) A, B 두 사람이 동시에 반대 방향으로 출발하는 경우

(A, B 사이의 거리) = (A가 이동한 거리) + (B가 이동한 거리)

53 답 6 km

두 지점 A, B 사이의 거리를 x km라 하면

$\dfrac{x}{3} + \dfrac{x}{6} \leq 3,\ 2x + x \leq 18,\ 3x \leq 18$ ∴ $x \leq 6$

따라서 두 지점 A, B 사이의 거리는 최대 6 km이다.

54 답 5 km

시속 5 km로 걸은 거리를 x km라 하면 시속 3 km로 걸은 거리는 $(11-x)$ km이므로

$\dfrac{x}{5} + \dfrac{11-x}{3} \leq 3,\ 3x + 5(11-x) \leq 45$

$-2x \leq -10$ ∴ $x \geq 5$

따라서 시속 5 km로 걸은 거리는 최소 5 km이다.

55 답 ③

경수가 뛰어간 거리를 x m라 하면 걸어간 거리는

$(1000-x)$ m이므로

$\dfrac{1000-x}{30}+\dfrac{x}{90}\leq 20,\ 3(1000-x)+x\leq 1800$

$-2x\leq -1200$ $\therefore\ x\geq 600$

따라서 경수가 뛰어간 거리는 최소 600 m이다.

56 답 ①

기차역에서 x km 떨어진 서점을 이용한다고 하면

$\dfrac{x}{3}+\dfrac{20}{60}+\dfrac{x}{3}\leq 1,\ \dfrac{2}{3}x+\dfrac{1}{3}\leq 1$

$2x+1\leq 3,\ 2x\leq 2$ $\therefore\ x\leq 1$

따라서 기차역에서 최대 1 km 이내에 있는 서점을 이용할 수 있다.

57 답 ②

나라가 x km 지점까지 갔다 온다고 하면

$\dfrac{x}{30}+\dfrac{30}{60}+\dfrac{x}{20}\leq 2+\dfrac{40}{60},\ 2x+30+3x\leq 120+40$

$5x\leq 130$ $\therefore\ x\leq 26$

따라서 나라는 최대 26 km 지점까지 갔다 올 수 있다.

58 답 4분

준규와 화정이가 동시에 출발한 지 x분이 지났다고 하면

$150x+100x\geq 1000,\ 250x\geq 1000$ $\therefore\ x\geq 4$

따라서 준규와 화정이가 1 km 이상 떨어지는 것은 출발한 지 4분 후부터이다.

유형 9   **농도에 대한 일차부등식의 활용**   17쪽

(1) a %의 소금물 x g에 물 y g을 더 넣어 b % 이하의 소금물을 만들 때

  → $\dfrac{a}{100}x\leq \dfrac{b}{100}(x+y)$

(2) a %의 소금물 x g에서 물 y g을 증발시켜서 b % 이상의 소금물을 만들 때

  → $\dfrac{a}{100}x\geq \dfrac{b}{100}(x-y)$

(3) a %의 소금물 x g과 b %의 소금물 y g을 섞어서 c % 이상의 소금물을 만들 때

  → $\dfrac{a}{100}x+\dfrac{b}{100}y\geq \dfrac{c}{100}(x+y)$

59 답 ③

물을 x g 더 넣는다고 하면

$\dfrac{10}{100}\times 300\leq \dfrac{6}{100}\times(300+x),\ 3000\leq 1800+6x$

$-6x\leq -1200$ $\therefore\ x\geq 200$

따라서 최소 200 g의 물을 더 넣어야 한다.

60 답 ⑤

물을 x g 증발시킨다고 하면

$\dfrac{6}{100}\times 500\geq \dfrac{10}{100}\times(500-x),\ 3000\geq 5000-10x$

$10x\geq 2000$ $\therefore\ x\geq 200$

따라서 최소 200 g의 물을 증발시켜야 한다.

---

61 답 300 g

10 %의 설탕물을 x g 섞는다고 하면

$\dfrac{5}{100}\times 200+\dfrac{10}{100}\times x\geq \dfrac{8}{100}\times(200+x)$

$1000+10x\geq 1600+8x,\ 2x\geq 600$ $\therefore\ x\geq 300$

따라서 10 %의 설탕물을 300 g 이상 섞어야 한다.

서술형   18쪽~21쪽

01 답 $-\dfrac{2}{5}$

채점 기준 1 $0.6x+a\geq \dfrac{4x-3}{5}$ 의 해 구하기 ⋯ 4점

$0.6x+a\geq \dfrac{4x-3}{5}$ 의 양변에 $\underline{10}$ 을 곱하면

$\underline{6}\,x+\underline{10}\,a\geq 8x-\underline{6}$

$\underline{-2}\,x\geq \underline{-10}\,a-\underline{6}$ $\therefore\ x\leq \underline{5a+3}$

채점 기준 2 a의 값 구하기 ⋯ 2점

부등식의 해가 $x\leq 1$이므로

$\underline{5a+3}=\underline{1},\ \underline{5}\,a=\underline{-2}$

$\therefore\ a=\underline{-\dfrac{2}{5}}$

01-1 답 -6

채점 기준 1 주어진 부등식을 $px\geq q$ (p, q는 상수) 꼴로 나타내기 ⋯ 3점

$ax+3\geq \dfrac{4ax-3}{5}$ 의 양변에 5를 곱하면

$5ax+15\geq 4ax-3,\ ax\geq -18$

채점 기준 2 a의 값 구하기 ⋯ 3점

부등식의 해가 $x\leq 3$이므로

$ax\geq -18$에서 $a<0$이고 $x\leq -\dfrac{18}{a}$

따라서 $-\dfrac{18}{a}=3$이므로 $a=-6$

01-2 답 $x<-\dfrac{7}{3}$

채점 기준 1 $ax\leq x+2a$를 $ax\leq q$ (p, q는 상수) 꼴로 나타내기 ⋯ 2점

$ax\leq x+2a$에서 $(a-1)x\leq 2a$

채점 기준 2 a의 값 구하기 ⋯ 3점

부등식의 해가 $x\geq -2$이므로

$(a-1)x\leq 2a$에서 $a-1<0$이고 $x\geq \dfrac{2a}{a-1}$

따라서 $\dfrac{2a}{a-1}=-2$이므로

$2a=-2a+2,\ 4a=2$

$\therefore\ a=\dfrac{1}{2}$

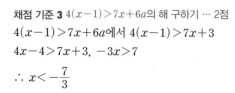

채점 기준 3 $4(x-1)>7x+6a$의 해 구하기 ⋯ 2점

$4(x-1)>7x+6a$에서 $4(x-1)>7x+3$

$4x-4>7x+3$, $-3x>7$

$\therefore x<-\dfrac{7}{3}$

02 답 $\dfrac{1}{2}$

채점 기준 1 $3x+4>-2x+5$의 해 구하기 ⋯ 2점

$3x+4>-2x+5$에서 $5x>\underline{1}$ $\quad\therefore x>\dfrac{1}{\underline{5}}$

채점 기준 2 $a-2x<\dfrac{1-3x}{4}$의 해 구하기 ⋯ 2점

$a-2x<\dfrac{1-3x}{4}$에서 $4a-\underline{8x}<1-3x$

$\underline{-5}\,x<1-\underline{4}\,a$ $\quad\therefore x>\dfrac{4a-1}{\underline{5}}$

채점 기준 3 a의 값 구하기 ⋯ 2점

두 일차부등식의 해가 서로 같으므로

$\dfrac{1}{5}=\dfrac{4a-1}{\underline{5}}$에서 $1=4a-1$, $\underline{2}=4a$

$\therefore a=\dfrac{1}{2}$

02-1 답 2

채점 기준 1 $2x-7>-4x-3$의 해 구하기 ⋯ 2점

$2x-7>-4x-3$에서 $6x>4$ $\quad\therefore x>\dfrac{2}{3}$

채점 기준 2 $4-3x<\dfrac{a+3x}{2}$의 해 구하기 ⋯ 2점

$4-3x<\dfrac{a+3x}{2}$에서 $8-6x<a+3x$

$-9x<a-8$ $\quad\therefore x>\dfrac{8-a}{9}$

채점 기준 3 a의 값 구하기 ⋯ 2점

두 일차부등식의 해가 서로 같으므로

$\dfrac{2}{3}=\dfrac{8-a}{9}$에서 $24-3a=18$, $-3a=-6$

$\therefore a=2$

03 답 17개

채점 기준 1 일차부등식 세우기 ⋯ 3점

초콜릿을 x개 산다고 하면

$\underline{500x+1300}\leq10000$

채점 기준 2 일차부등식 풀기 ⋯ 2점

$\underline{500x+1300}\leq10000$에서

$500x\leq\underline{8700}$ $\quad\therefore x\leq\dfrac{87}{5}$

채점 기준 3 답 구하기 ⋯ 1점

x는 자연수이므로 영주가 살 수 있는 초콜릿은 최대 $\underline{17}$개이다.

03-1 답 5개

채점 기준 1 일차부등식 세우기 ⋯ 3점

음료수를 x개 산다고 하면 과자는 $(20-x)$개 살 수 있으므로

$1200(20-x)+900x\leq22500$

채점 기준 2 일차부등식 풀기 ⋯ 2점

$1200(20-x)+900x\leq22500$에서

$240-12x+9x\leq225$, $-3x\leq-15$ $\quad\therefore x\geq5$

채점 기준 3 답 구하기 ⋯ 1점

음료수는 최소 5개 이상 사야 한다.

04 답 23개

채점 기준 1 일차부등식 세우기 ⋯ 4점

과자를 x개 산다고 하면

A 편의점에서 과자를 x개 살 때 필요한 금액은 $\underline{1200x}$ (원),

B 대형 마트에서 과자를 x개 살 때 필요한 금액은

$\underline{900x+6600}$ (원)이므로

$\underline{1200x}>\underline{900x+6600}$

채점 기준 2 일차부등식 풀기 ⋯ 2점

$\underline{1200x}>\underline{900x+6600}$에서

$\underline{300}\,x>\underline{6600}$ $\quad\therefore x>\underline{22}$

채점 기준 3 답 구하기 ⋯ 1점

x는 자연수이므로 과자를 $\underline{23}$개 이상 살 경우 B 대형 마트에서 사는 것이 유리하다.

04-1 답 11권

채점 기준 1 일차부등식 세우기 ⋯ 4점

공책을 x권 산다고 하면 A 문방구에서 공책을 x권 살 때 필요한 금액은 $1100x$(원), B 문방구에서 공책을 x권 살 때 필요한 금액은 $900x+2100$(원)이므로

$1100x>900x+2100$

채점 기준 2 일차부등식 풀기 ⋯ 2점

$1100x>900x+2100$에서

$200x>2100$ $\quad\therefore x>\dfrac{21}{2}$

채점 기준 3 답 구하기 ⋯ 1점

x는 자연수이므로 공책을 11권 이상 살 경우 B 문방구에서 사는 것이 유리하다.

05 답 (1) $-6\leq A\leq10$ (2) 4

(1) $-3\leq x\leq5$의 각 변에 -2를 곱하면

$-10\leq-2x\leq6$ ⋯⋯ ㉠

㉠의 각 변에 4를 더하면 $-6\leq-2x+4\leq10$

$\therefore -6\leq A\leq10$ ⋯⋯ ❶

(2) $M=10$, $m=-6$이므로 ⋯⋯ ❷

$M+m=10+(-6)=4$ ⋯⋯ ❸

채점 기준	배점
❶ A의 값의 범위 구하기	4점
❷ M, m의 값을 각각 구하기	1점
❸ $M+m$의 값 구하기	1점

06 탑 (1) $-2<x<4$ (2) $-2<A<0$

(1) $-7<2x-3<5$의 각 변에 3을 더하면

$-4<2x<8$ ······ ㉠

㉠의 각 변을 2로 나누면 $-2<x<4$ ······ ❶

(2) $-2<x<4$의 각 변에 2를 더하면

$0<x+2<6$ ······ ㉡

㉡의 각 변을 -3으로 나누면 $-2<-\dfrac{x+2}{3}<0$

$\therefore -2<A<0$ ······ ❷

채점 기준	배점
❶ x의 값의 범위 구하기	3점
❷ A의 값의 범위 구하기	3점

07 탑 -6

$1.6+\dfrac{6}{5}x\leq\dfrac{1}{5}(x+4)$의 양변에 10을 곱하면

$16+12x\leq2x+8,\ 10x\leq-8$ $\therefore x\leq-\dfrac{4}{5}$ ······ ❶

절댓값이 3 이하인 정수 중에서 $x\leq-\dfrac{4}{5}$를 만족시키는 x의 값

은 $-3,\ -2,\ -1$이므로 ······ ❷

그 합은 $-3+(-2)+(-1)=-6$ ······ ❸

채점 기준	배점
❶ 주어진 일차부등식 풀기	3점
❷ x의 값 모두 구하기	2점
❸ 모든 x의 값의 합 구하기	1점

08 탑 5

$\dfrac{-x+4}{2}+\dfrac{2}{3}>\dfrac{x}{6}$의 양변에 6을 곱하면

$-3x+12+4>x,\ -4x>-16$ $\therefore x<4$

$\therefore a=4$ ······ ❶

$0.3(x-5)<0.5x-1.4$의 양변에 10을 곱하면

$3x-15<5x-14,\ -2x<1$ $\therefore x>-\dfrac{1}{2}$

$\therefore b=-\dfrac{1}{2}$ ······ ❷

$\therefore a-2b=4-2\times\left(-\dfrac{1}{2}\right)=5$ ······ ❸

채점 기준	배점
❶ a의 값 구하기	3점
❷ b의 값 구하기	3점
❸ $a-2b$의 값 구하기	1점

09 탑 $-4,\ -3,\ -2,\ -1$

$x-1<\dfrac{a+x}{5}$에서 $5x-5<a+x$

$4x<a+5$ $\therefore x<\dfrac{a+5}{4}$ ······ ❶

$x<\dfrac{a+5}{4}$를 만족시키는 정수 x의 최댓값이 0이 되려면

오른쪽 그림에서 $0<\dfrac{a+5}{4}\leq1$이어야

한다.

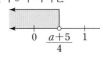

즉, $0<\dfrac{a+5}{4}\leq1$에서 $0<a+5\leq4$

$\therefore -5<a\leq-1$ ······ ❷

따라서 정수 a는 $-4,\ -3,\ -2,\ -1$이다. ······ ❸

채점 기준	배점
❶ 주어진 일차부등식 풀기	2점
❷ a의 값의 범위 구하기	4점
❸ a의 값 모두 구하기	1점

10 탑 1

$\dfrac{x-a}{3}\leq\dfrac{1}{4}$의 양변에 12를 곱하면 $4x-4a\leq3$

$4x\leq4a+3$ $\therefore x\leq\dfrac{4a+3}{4}$ ······ ❶

$x\leq\dfrac{4a+3}{4}$을 만족시키는 자연수 x가 3개이려면

오른쪽 그림에서

$3\leq\dfrac{4a+3}{4}<4$이어야 한다.

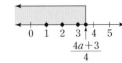

즉, $3\leq\dfrac{4a+3}{4}<4$에서 $12\leq4a+3<16$

$9\leq4a<13$ $\therefore \dfrac{9}{4}\leq a<\dfrac{13}{4}$ ······ ❷

따라서 자연수 a는 3의 1개이다. ······ ❸

채점 기준	배점
❶ 주어진 일차부등식 풀기	2점
❷ a의 값의 범위 구하기	4점
❸ 자연수 a의 개수 구하기	1점

11 탑 7개월

x개월 후 영수의 예금액이 민수의 예금액보다 많아진다고 하면

$12000+5000x>25000+3000x$ ······ ❶

$2000x>13000$ $\therefore x>\dfrac{13}{2}$ ······ ❷

이때 x는 자연수이므로 영수의 예금액이 민수의 예금액보다 많아지는 것은 7개월 후부터이다. ······ ❸

채점 기준	배점
❶ 일차부등식 세우기	3점
❷ 일차부등식 풀기	2점
❸ 답 구하기	1점

12 탑 20년

x년 후 형과 동생의 나이의 합이 어머니의 나이보다 많아진다고 하면

$(13+x)+(8+x)>40+x$ ······ ❶

$21+2x>40+x$ $\therefore x>19$ ······ ❷

이때 x는 자연수이므로 20년 후부터 형과 동생의 나이의 합이 어머니의 나이보다 많아진다. ······ ❸

채점 기준	배점
❶ 일차부등식 세우기	3점
❷ 일차부등식 풀기	2점
❸ 답 구하기	1점

13 답 68개

x개의 동전을 더 쌓는다고 하면

$11+0.2x>24.4$ ......①

$0.2x>13.4,\ 2x>134\qquad\therefore\ x>67$ ......②

이때 x는 자연수이므로 적어도 68개의 동전을 더 쌓아야 올해 우승자가 될 수 있다. ......③

채점 기준	배점
❶ 일차부등식 세우기	3점
❷ 일차부등식 풀기	3점
❸ 답 구하기	1점

14 답 13200원

정가를 x원이라 하면

$x\left(1-\dfrac{25}{100}\right)\geq9000\times\left(1+\dfrac{10}{100}\right)$ ......①

$\dfrac{3}{4}x\geq9900\qquad\therefore\ x\geq13200$ ......②

따라서 정가는 13200원 이상으로 정해야 한다. ......③

채점 기준	배점
❶ 일차부등식 세우기	4점
❷ 일차부등식 풀기	2점
❸ 답 구하기	1점

15 답 (1) $\dfrac{x}{3}+\dfrac{4}{60}+\dfrac{x}{3}\leq\dfrac{36}{60}$ (2) 800 m

(1) 버스정류장에서 편의점까지의 거리가 $x\,\text{km}$이므로

$\dfrac{x}{3}+\dfrac{4}{60}+\dfrac{x}{3}\leq\dfrac{36}{60}$ ......①

(2) $\dfrac{x}{3}+\dfrac{4}{60}+\dfrac{x}{3}\leq\dfrac{36}{60}$에서

$20x+4+20x\leq36,\ 40x\leq32$

$\therefore\ x\leq\dfrac{4}{5}$ ......②

따라서 최대 $\dfrac{4}{5}\,\text{km}$, 즉 800 m 떨어져 있는 편의점을 이용할 수 있다. ......③

채점 기준	배점
❶ 일차부등식 세우기	3점
❷ 일차부등식 풀기	2점
❸ 답 구하기	1점

16 답 87.5 g

소금을 $x\,\text{g}$ 더 넣는다고 하면

$\dfrac{6}{100}\times500+x\geq\dfrac{20}{100}\times(500+x)$ ......①

$3000+100x\geq10000+20x,\ 80x\geq7000$

$\therefore\ x\geq87.5$ ......②

따라서 소금은 최소 87.5 g을 더 넣어야 한다. ......③

채점 기준	배점
❶ 일차부등식 세우기	3점
❷ 일차부등식 풀기	3점
❸ 답 구하기	1점

실제 중단원 01 학교 시험 1회

22쪽~25쪽

01 ③	02 ④	03 ④, ⑤	04 ③	05 ②
06 ③	07 ⑤	08 ②	09 ⑤	10 ③
11 ④	12 ④	13 ⑤	14 ③	15 ④
16 ①	17 ②	18 ②	19 $a\neq-1$	
20 $-8<a\leq-6$	21 7년	22 4자루	23 6 km	

01 답 ③ 　유형 01

ㄱ. 다항식　　ㄴ, ㄹ. 등식　　ㄷ, ㅁ, ㅂ. 부등식

따라서 부등식인 것은 ㄷ, ㅁ, ㅂ의 3개이다.

02 답 ④ 　유형 02

① $x-6\leq4$　　② $x+7>2x$

③ $\dfrac{x}{80}<5$　　⑤ $2+5x\geq10$

따라서 옳은 것은 ④이다.

03 답 ④, ⑤ 　유형 03

① $x=-2$일 때, $4\times(-2-3)=-20\leq-9$ (참)

② $x=-1$일 때, $4\times(-1-3)=-16\leq-9$ (참)

③ $x=0$일 때, $4\times(0-3)=-12\leq-9$ (참)

④ $x=1$일 때, $4\times(1-3)=-8\leq-9$ (거짓)

⑤ $x=2$일 때, $4\times(2-3)=-4\leq-9$ (거짓)

따라서 해가 아닌 것은 ④, ⑤이다.

다른 풀이

$4(x-3)\leq-9$에서

$4x-12\leq-9,\ 4x\leq3\qquad\therefore\ x\leq\dfrac{3}{4}$

따라서 해가 아닌 것은 ④, ⑤이다.

04 답 ③ 　유형 04

$\dfrac{3-5a}{4}\geq\dfrac{3-5b}{4}$에서 $3-5a\geq3-5b$

$-5a\geq-5b\qquad\therefore\ a\leq b$

① $a\leq b$에서 $9a\leq9b$이므로 $9a+1\leq9b+1$

② $a\leq b$에서 $3a\leq3b$이므로 $3a-1\leq3b-1$

③ $a\leq b$에서 $-a\geq-b$이므로 $-a-7\geq-b-7$

④ $a\leq b$에서 $4a\leq4b$이므로 $4a-3\leq4b-3$

$\therefore\ \dfrac{4a-3}{3}\leq\dfrac{4b-3}{3}$

⑤ $a\leq b$에서 $-\dfrac{a}{2}\geq-\dfrac{b}{2}$

따라서 옳지 않은 것은 ③이다.

05 답 ② 　유형 05

$-1<x<3$의 각 변에 -1을 곱하면 $-3<-x<1$

$-3<-x<1$의 각 변에 4를 더하면 $1<-x+4<5$

$\therefore\ 1<A<5$

06 답 ③ 　유형 07

① $3x+4<7$에서 $3x<3\qquad\therefore\ x<1$

② $-x-4>-2$에서 $-x>2\qquad\therefore\ x<-2$

③ $7x+1<15$에서 $7x<14\qquad\therefore\ x<2$

④ $-4x-7>-1$에서 $-4x>6$ $\qquad$ $\therefore x<-\dfrac{3}{2}$

⑤ $4x-12<6$에서 $4x<18$ $\qquad$ $\therefore x<\dfrac{9}{2}$

따라서 해가 $x<2$인 것은 ③이다.

07 답 ⑤ 〔유형 **07** + 유형 **08**〕

주어진 수직선에서 부등식의 해는 $x>-3$이다.

ㄴ. $2x+5>3x+2$에서 $-x>-3$ $\qquad$ $\therefore x<3$

ㄷ. $-3(x+1)<6$에서 $-3x-3<6$, $-3x<9$ $\qquad$ $\therefore x>-3$

ㄹ. $\dfrac{x}{4}<x+\dfrac{9}{4}$에서 $x<4x+9$, $-3x<9$ $\qquad$ $\therefore x>-3$

따라서 해가 $x>-3$인 것은 ㄷ, ㄹ이다.

08 답 ② 〔유형 **08**〕

$\dfrac{3x-1}{2}+1.5>0.4(3x-2)$의 양변에 10을 곱하면

$15x-5+15>12x-8$, $3x>-18$ $\qquad$ $\therefore x>-6$

09 답 ⑤ 〔유형 **09**〕

$3ax-a\le 3$에서 $3ax\le 3+a$

이때 $3a<0$이므로 $x\ge \dfrac{1}{a}+\dfrac{1}{3}$

10 답 ③ 〔유형 **10**〕

$3(x+1)\le x+3$에서 $3x+3\le x+3$, $2x\le 0$ $\qquad$ $\therefore x\le 0$

$x+a\le 6$에서 $x\le -a+6$

두 일차부등식의 해가 서로 같으므로

$-a+6=0$ $\qquad$ $\therefore a=6$

11 답 ④ 〔유형 **12**〕

연속하는 세 홀수 중 가운데 수를 x라 하면

연속하는 세 홀수는 $x-2$, x, $x+2$이므로

$(x-2)+x+(x+2)\le 45$, $3x\le 45$ $\qquad$ $\therefore x\le 15$

따라서 세 홀수 중 가장 큰 수는 $x=15$일 때 최댓값을 갖는다.

이때 연속하는 세 홀수는 13, 15, 17이므로 가장 큰 수의 최댓값은 17이다.

12 답 ④ 〔유형 **12**〕

5회 모의고사의 시험 점수를 x점이라 하면

$\dfrac{76+70+92+73+x}{5}\ge 80$, $311+x\ge 400$ $\qquad$ $\therefore x\ge 89$

따라서 5회 모의고사에서 89점 이상을 받아야 한다.

13 답 ⑤ 〔유형 **13**〕

라면을 x개 산다고 하면 삼각김밥은 $(20-x)$개 살 수 있으므로

$900(20-x)+1100x\le 21000$

$18000-900x+1100x\le 21000$, $200x\le 3000$ $\qquad$ $\therefore x\le 15$

따라서 라면은 최대 15개까지 살 수 있다.

14 답 ③ 〔유형 **14**〕

x개월 후 형이 모은 용돈이 동생이 모은 용돈보다 많아진다고 하면

$15000+6000x>24000+4000x$

$2000x>9000$ $\qquad$ $\therefore x>\dfrac{9}{2}$

이때 x는 자연수이므로 형이 모은 용돈이 동생이 모은 용돈보다 많아지게 되는 것은 5개월 후부터이다.

15 답 ④ 〔유형 **15**〕

아랫변의 길이를 x cm라 하면 윗변의 길이는 $(x-5)$ cm이므로

$\dfrac{1}{2}\times\{(x-5)+x\}\times 8\ge 60$, $8x-20\ge 60$

$8x\ge 80$ $\qquad$ $\therefore x\ge 10$

따라서 아랫변의 길이는 10 cm 이상이어야 한다.

16 답 ① 〔유형 **13**〕

x분 동안 주차한다고 하면 $(x>60)$

$5000+120(x-60)\le 100x$, $5000+120x-7200\le 100x$

$20x\le 2200$ $\qquad$ $\therefore x\le 110$

따라서 주차장에 최대 110분까지 주차할 수 있다.

〔다른 풀이〕

1시간 이후에 주차장에 주차를 한 시간을 x분이라 하면

$5000+120x\le 100(60+x)$, $5000+120x\le 6000+100x$

$20x\le 1000$ $\qquad$ $\therefore x\le 50$

따라서 주차장에 최대 1시간 50분, 즉 110분까지 주차할 수 있다.

17 답 ② 〔유형 **17**〕

$(정가)=20000\times\left(1+\dfrac{25}{100}\right)=25000(원)$

정가에서 x % 할인하여 판다고 하면

$25000\times\left(1-\dfrac{x}{100}\right)\ge 20000\times\left(1+\dfrac{12}{100}\right)$

$25000-250x\ge 22400$, $-250x\ge -2600$ $\qquad$ $\therefore x\le 10.4$

따라서 최대 10.4 %까지 할인하여 팔 수 있다.

18 답 ② 〔유형 **19**〕

물을 x g 더 넣는다고 하면

$\dfrac{12}{100}\times 150\le \dfrac{9}{100}\times(150+x)$, $1800\le 1350+9x$

$-9x\le -450$ $\qquad$ $\therefore x\ge 50$

따라서 최소 50 g의 물을 더 넣어야 한다.

19 답 $a\ne -1$ 〔유형 **06**〕

$2(3-x)\le 2ax-4$에서 $6-2x\le 2ax-4$

$-2(a+1)x+10\le 0$ $\qquad$ ┄┄┄ ❶

이 부등식이 x에 대한 일차부등식이 되려면

$-2(a+1)\ne 0$, $a+1\ne 0$ $\qquad$ $\therefore a\ne -1$ $\qquad$ ┄┄┄ ❷

채점 기준	배점
❶ 주어진 부등식을 $px+q\le 0$ (p, q는 상수) 꼴로 나타내기	2점
❷ a의 조건 구하기	2점

20 답 $-8<a\le -6$ 〔유형 **11**〕

$3x-2\le x-a$에서 $2x\le 2-a$ $\qquad$ $\therefore x\le \dfrac{2-a}{2}$ $\qquad$ ┄┄┄ ❶

$x\le \dfrac{2-a}{2}$를 만족시키는 자연수 x가 4개이려면

오른쪽 그림에서

$4\le \dfrac{2-a}{2}<5$이어야 한다.

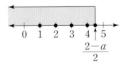

따라서 $4\le \dfrac{2-a}{2}<5$에서

$8\le 2-a<10$, $6\le -a<8$ $\qquad$ $\therefore -8<a\le -6$ $\qquad$ ┄┄┄ ❷

채점 기준	배점
❶ 주어진 일차부등식 풀기	2점
❷ a의 값의 범위 구하기	5점

21 답 7년 〔유형⑫〕

x년 후 어머니의 나이가 딸의 나이의 3배 미만이 된다고 하면

$48+x<3(12+x)$ ‥‥‥❶

$48+x<36+3x,\ -2x<-12$ ∴ $x>6$ ‥‥‥❷

이때 x는 자연수이므로 7년 후부터 어머니의 나이가 딸의 나이의 3배 미만이 된다. ‥‥‥❸

채점 기준	배점
❶ 일차부등식 세우기	3점
❷ 일차부등식 풀기	2점
❸ 답 구하기	1점

22 답 4자루 〔유형⑯〕

볼펜을 x자루 산다고 하면

$1500x>800x+2600$ ‥‥‥❶

$700x>2600$ ∴ $x>\dfrac{26}{7}$ ‥‥‥❷

이때 x는 자연수이므로 볼펜을 4자루 이상 살 경우 대형 할인점에서 사는 것이 유리하다. ‥‥‥❸

채점 기준	배점
❶ 일차부등식 세우기	3점
❷ 일차부등식 풀기	2점
❸ 답 구하기	1점

23 답 6 km 〔유형⑱〕

자전거가 고장 난 지점을 집에서 x km 떨어진 곳이라 하면 그 지점에서 할아버지 댁까지의 거리는 $(12-x)$ km이므로

$\dfrac{x}{12}+\dfrac{12-x}{4}\leq 2$ ‥‥‥❶

$x+3(12-x)\leq 24,\ -2x+36\leq 24$ ∴ $x\geq 6$ ‥‥‥❷

따라서 자전거가 고장 난 지점은 집에서 6 km 이상 떨어진 곳이다. ‥‥‥❸

채점 기준	배점
❶ 일차부등식 세우기	3점
❷ 일차부등식 풀기	3점
❸ 답 구하기	1점

실전 중단원 학교 시험 2회

26쪽~29쪽

01 ①, ⑤	**02** ②	**03** ⑤	**04** ④	**05** ②
06 ②	**07** ③	**08** ②	**09** ①	**10** ②
11 ③	**12** ⑤	**13** ①	**14** ②	**15** ①
16 ②	**17** ②	**18** ④	**19** 4	**20** 10
21 $a\geq 2$	**22** 2명	**23** 9명		

01 답 ①, ⑤ 〔유형⑴〕

① 다항식 ②, ③, ④ 부등식 ⑤ 등식

따라서 부등식이 아닌 것은 ①, ⑤이다.

02 답 ② 〔유형⑵〕

어떤 수 x의 2배에서 3을 뺀 수는 $2x-3$,

어떤 수 x의 -3배에 5를 더한 수는 $-3x+5$이다.

∴ $2x-3\leq -3x+5$

03 답 ⑤ 〔유형⑶〕

$x=-1$일 때

ㄱ. $-1>0$ (거짓)

ㄴ. $-(-1)+5=6<4$ (거짓)

ㄷ. $2+(-1)=1\geq -2$ (참)

ㄹ. $2\times(-1)=-2\leq 3\times(-1)+5=2$ (참)

따라서 참인 부등식은 ㄷ, ㄹ이다.

04 답 ④ 〔유형⑷〕

$a<b$에서

① $a-3<b-3$

② $3a<3b$이므로 $3a+5<3b+5$

③ $-2a>-2b$이므로 $7-2a>7-2b$

⑤ $-2a>-2b$이므로 $3-2a>3-2b$ ∴ $\dfrac{3-2a}{4}>\dfrac{3-2b}{4}$

따라서 옳은 것은 ④이다.

05 답 ② 〔유형⑸〕

$-1\leq x\leq 4$의 각 변에 3을 곱하면 $-3\leq 3x\leq 12$ ‥‥‥㉠

㉠의 각 변에서 5를 빼면 $-8\leq 3x-5\leq 7$

따라서 $a=-8,\ b=7$이므로 $a+b=-8+7=-1$

06 답 ② 〔유형⑹〕

ㄱ. $2x+3>-2x-7$에서 $4x+10>0$이므로 일차부등식이다.

ㄴ. $2-6x\geq -2(3x+5)$에서 $2-6x\geq -6x-10,\ 12\geq 0$이므로 일차부등식이 아니다.

ㄷ. $\dfrac{2}{3}x-5=x+4$는 등식이다.

ㄹ. $\dfrac{1}{3}x-5<4x+1$에서 $-\dfrac{11}{3}x-6<0$이므로 일차부등식이다.

따라서 일차부등식인 것은 ㄱ, ㄹ이다.

07 답 ③ 〔유형⑻〕

$-2(x-3)+4\geq 4(x-5)$에서

$-2x+6+4\geq 4x-20,\ -6x\geq -30$ ∴ $x\leq 5$

따라서 $x\leq 5$를 수직선 위에 바르게 나타낸 것은 ③이다.

08 답 ② 〔유형⑻〕

$\dfrac{2x-3}{4}+0.5(x-1)>\dfrac{3x+1}{5}$의 양변에 20을 곱하면

$10x-15+10x-10>12x+4,\ 8x>29$ ∴ $x>\dfrac{29}{8}$

따라서 가장 작은 자연수 x는 4이다.

09 답 ① 〔유형⑽〕

$-2(x+a)<3x-4$에서

$-2x-2a<3x-4,\ -5x<-4+2a$ ∴ $x>\dfrac{4-2a}{5}$

이 부등식의 해가 $x>2$이므로

$$\frac{4-2a}{5}=2,\ 4-2a=10,\ -2a=6 \qquad \therefore a=-3$$

10 답 ② 〈유형 **11**〉

$2(3x-a)>7x-1$에서

$6x-2a>7x-1,\ -x>2a-1 \qquad \therefore x<-2a+1$

$x<-2a+1$을 만족시키는 자연수 x가 5개이려면

오른쪽 그림에서 $5<-2a+1\leq6$

이어야 한다.

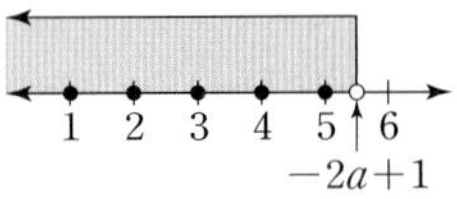

따라서 $5<-2a+1\leq6$에서

$4<-2a\leq5 \qquad \therefore -\dfrac{5}{2}\leq a<-2$

11 답 ③ 〈유형 **12**〉

어떤 홀수를 x라 하면

$2x+3>3x-10,\ -x>-13 \qquad \therefore x<13$

따라서 어떤 홀수 중 가장 큰 수는 11이다.

12 답 ⑤ 〈유형 **13**〉

어른이 x명 탑승한다고 하면 어린이는 $(12-x)$명 탑승하므로

$5000x+2000(12-x)\leq55000$

$5000x+24000-2000x\leq55000$

$3000x\leq31000 \qquad \therefore x\leq\dfrac{31}{3}$

이때 x는 자연수이므로 어른은 최대 10명까지 탑승할 수 있다.

13 답 ① 〈유형 **13**〉

미술관에 x명이 입장한다고 하면 $(x>30)$

$28000+800(x-30)\leq900x$

$28000+800x-24000\leq900x,\ -100x\leq-4000$

$\therefore x\geq40$

따라서 40명 이상 미술관에 입장해야 한다.

14 답 ② 〈유형 **14**〉

x주 후 세희가 모은 용돈이 현진이가 모은 용돈의 2배보다 많아진다고 하면

$12000+2500x>2(17500+700x)$

$12000+2500x>35000+1400x,\ 1100x>23000$

$\therefore x>\dfrac{230}{11}$

이때 x는 자연수이므로 세희가 모은 용돈이 현진이가 모은 용돈의 2배보다 많아지는 것은 21주 후부터이다.

15 답 ① 〈유형 **15**〉

세로의 길이를 x cm라 하면 가로의 길이는 $(x-3)$ cm이므로

$2\{(x-3)+x\}\leq58,\ 4x-6\leq58,\ 4x\leq64 \qquad \therefore x\leq16$

따라서 세로의 길이는 16 cm 이하이어야 한다.

16 답 ② 〈유형 **18**〉

x분 동안 자전거를 탄다고 하면

$720x+880x\geq4800,\ 1600x\geq4800 \qquad \therefore x\geq3$

따라서 3분 이상 자전거를 타야 한다.

17 답 ② 〈유형 **17**〉

책의 원가를 A원이라 하면

정가는 $A\times\left(1+\dfrac{25}{100}\right)=1.25A$ (원)

정가의 x %를 할인하여 판매한다고 하면

$1.25A\times\left(1-\dfrac{x}{100}\right)\geq A$

$1.25\times\left(1-\dfrac{x}{100}\right)\geq1,\ 1-\dfrac{x}{100}\geq\dfrac{4}{5}$

$100-x\geq80,\ -x\geq-20$

$\therefore x\leq20$

따라서 정가의 최대 20 %까지 할인하여 판매할 수 있다.

18 답 ④ 〈유형 **19**〉

농도가 12 %인 소금물을 x g 섞는다고 하면

$$\frac{6}{100}\times300+\frac{12}{100}\times x\leq\frac{10}{100}\times(300+x)$$

$1800+12x\leq3000+10x,\ 2x\leq1200 \qquad \therefore x\leq600$

따라서 농도가 12 %인 소금물을 600 g 이하로 섞어야 한다.

19 답 4 〈유형 **09**〉

$ax-4a\geq-3(x-4)$에서 $ax-4a\geq-3x+12$

$ax+3x\geq4a+12,\ (a+3)x\geq4(a+3)$ ······ ❶

이때 $a<-3$에서 $a+3<0$이므로

$(a+3)x\geq4(a+3)$에서 $x\leq4$ ······ ❷

따라서 일차부등식의 해 중 가장 큰 정수는 4이다. ······ ❸

채점 기준	배점
❶ 주어진 부등식을 $px\geq q$ (p,q는 상수) 꼴로 나타내기	1점
❷ 일차부등식 풀기	2점
❸ 일차부등식의 해 중 가장 큰 정수 구하기	1점

20 답 10 〈유형 **10**〉

주어진 수직선에서 부등식의 해는 $x<\dfrac{2}{3}$이다.

$-\dfrac{1}{4}x+a>\dfrac{1}{2}(x+a)$에서

$-\dfrac{1}{4}x+a>\dfrac{1}{2}x+\dfrac{1}{2}a,\ -\dfrac{3}{4}x>-\dfrac{1}{2}a \qquad \therefore x<\dfrac{2}{3}a$

즉, $\dfrac{2}{3}a=\dfrac{2}{3}$이므로 $a=1$ ······ ❶

$3(x-2)+b<5$에서

$3x-6+b<5,\ 3x<11-b \qquad \therefore x<\dfrac{11-b}{3}$

즉, $\dfrac{11-b}{3}=\dfrac{2}{3}$이므로 $11-b=2 \qquad \therefore b=9$ ······ ❷

$\therefore a+b=1+9=10$ ······ ❸

채점 기준	배점
❶ a의 값 구하기	3점
❷ b의 값 구하기	2점
❸ $a+b$의 값 구하기	1점

21 답 $a\geq2$ 〈유형 **11**〉

$\dfrac{x}{5}-\dfrac{x-3}{3}\geq\dfrac{a}{2}$의 양변에 30을 곱하면

$6x-10x+30\geq15a,\ -4x\geq15a-30$

$\therefore x\leq\dfrac{-15a+30}{4}$ ······ ❶

이 부등식을 만족시키는 양수 x가 존재하지 않으려면 오른쪽 그림에서

$$\frac{-15a+30}{4} \leq 0$$이어야 한다.

따라서 $\frac{-15a+30}{4} \leq 0$에서

$-15a+30 \leq 0,\ -15a \leq -30$ $\quad \therefore a \geq 2$ ······❷

채점 기준	배점
❶ 주어진 일차부등식 풀기	2점
❷ a의 값의 범위 구하기	5점

22 답 2명 유형 ⑫

전체 일의 양을 1이라 하면 어른과 어린이가 하루 동안 할 수 있는 일의 양은 각각 $\frac{1}{5}$, $\frac{1}{8}$이다.

어른을 x명이라 하면 어린이는 $(7-x)$명이므로

$$\frac{1}{5}x + \frac{1}{8}(7-x) \geq 1$$ ······❶

$8x+35-5x \geq 40,\ 3x \geq 5$ $\quad \therefore x \geq \frac{5}{3}$ ······❷

이때 x는 자연수이므로 어른은 최소 2명이 필요하다. ······❸

채점 기준	배점
❶ 일차부등식 세우기	3점
❷ 일차부등식 풀기	2점
❸ 답 구하기	1점

23 답 9명 유형 ⑯

패밀리 레스토랑에 x명이 간다고 하면 $(x>4)$

$$12000 \times x \times \frac{80}{100} < 12000 \times 4 \times \frac{60}{100} + 12000(x-4)$$ ······❶

$8x < 24+10x-40,\ -2x < -16$ $\quad \therefore x > 8$ ······❷

이때 x는 자연수이므로 9명 이상부터 통신사 제휴 카드로 할인 받는 것이 유리하다. ······❸

채점 기준	배점
❶ 일차부등식 세우기	3점
❷ 일차부등식 풀기	3점
❸ 답 구하기	1점

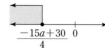 특이 문제 ○30쪽

01 답 $z<y<x$

예빈이의 말에서 $yz<0$이므로 y와 z의 부호는 다르다.

그런데 $y>z$이므로 $y>0$, $z<0$ ······㉠

주영이의 말에서 $xy>0$이므로 x와 y의 부호는 같다.

㉠에 의해서 $x>0$ ······㉡

정민이의 말에서 $yz>xz$이고

㉠에 의해서 $z<0$이므로 $y<x$ ······㉢

따라서 ㉠, ㉡, ㉢에 의해서 $z<y<x$이다.

02 답 3

주어진 수직선에서 부등식의 해는 각각 $x \geq \frac{5}{7}$, $x<1$이다.

$5(x-1) < a-(x+7)$에서

$5x-5 < a-x-7,\ 6x < a-2$ $\quad \therefore x < \frac{a-2}{6}$

즉, 이 부등식의 해는 $x<1$이므로 $\frac{a-2}{6}=1$에서

$a-2=6$ $\quad \therefore a=8$

$0.3x - \frac{1}{4} \geq \frac{x+b}{8}$의 양변에 40을 곱하면

$12x-10 \geq 5x+5b,\ 7x \geq 5b+10$ $\quad \therefore x \geq \frac{5b+10}{7}$

즉, 이 부등식의 해는 $x \geq \frac{5}{7}$이므로

$\frac{5b+10}{7} = \frac{5}{7}$에서 $5b+10=5,\ 5b=-5$ $\quad \therefore b=-1$

$\therefore a+5b = 8+5 \times (-1) = 3$

03 답 10회

A, B 두 사람이 비긴 횟수는 5회이므로 승부가 나는 횟수는 $20-5=15$(회)

A가 이긴 횟수를 x회라 하면 A가 진 횟수는 $(15-x)$회, B가 이긴 횟수는 $(15-x)$회, B가 진 횟수는 x회이므로

A의 득점의 합은

$3x+2 \times 5+1 \times (15-x) = 3x+10+15-x = 2x+25$(점)

B의 득점의 합은

$3(15-x)+2 \times 5+1 \times x = 45-3x+10+x = -2x+55$(점)

즉, $2x+25 \geq -2x+55+8$이므로 $4x \geq 38$ $\quad \therefore x \geq \frac{19}{2}$

이때 x는 자연수이므로 A가 B를 10회 이상 이겨야 한다.

04 답 우유 : $\frac{800}{11}$ g, 감자튀김 : $\frac{400}{23}$ g

(쌀밥 250 g에 들어 있는 나트륨의 양)$= \frac{2}{100} \times 250 = 5$ (mg)

(삼겹살 200 g에 들어 있는 나트륨의 양)

$= \frac{44}{100} \times 200 = 88$ (mg)

(토마토 100 g에 들어 있는 나트륨의 양)$= 5$ (mg)

(배추김치 50 g에 들어 있는 나트륨의 양)

$= \frac{624}{100} \times 50 = 312$ (mg)

(i) 우유를 추가로 x g 먹을 경우

$5+88+5+312+\frac{55}{100}x \leq 450,\ \frac{55}{100}x \leq 40$

$55x \leq 4000$ $\quad \therefore x \leq \frac{800}{11}$

따라서 우유는 $\frac{800}{11}$ g 이하로 먹어야 한다.

(ii) 감자튀김을 추가로 y g 먹을 경우

$5+88+5+312+\frac{230}{100}y \leq 450,\ \frac{230}{100}y \leq 40$

$23y \leq 400$ $\quad \therefore y \leq \frac{400}{23}$

따라서 감자튀김은 $\frac{400}{23}$ g 이하로 먹어야 한다.

2 연립일차방정식

Ⅱ. 부등식과 연립방정식

개념 check

32쪽~33쪽

1 답 (1) × (2) ○ (3) × (4) ×

(1) $2+y=7$에서 $y-5=0$이므로 미지수가 2개인 일차방정식이 아니다.

(2) $-3x+8y=10$에서 $-3x+8y-10=0$이므로 미지수가 2개인 일차방정식이다.

(3) $y^2=-x+4$에서 $y^2+x-4=0$이므로 미지수가 2개인 일차방정식이 아니다.

(4) $6x+y=-2x+5+y$에서 $8x-5=0$이므로 미지수가 2개인 일차방정식이 아니다.

2 답 (1) $(1, 2)$, $(2, 1)$ (2) $(1, 5)$, $(2, 3)$, $(3, 1)$
(3) $(1, 5)$, $(2, 2)$ (4) $(2, 1)$

(1) $x+y=3$에 $x=1$, 2, 3, $\cdots$을 차례대로 대입하면

x	1	2	3	$\cdots$
y	2	1	0	$\cdots$

따라서 x, y가 자연수일 때, 일차방정식 $x+y=3$의 해는 $(1, 2)$, $(2, 1)$이다.

(2) $2x+y=7$에 $x=1$, 2, 3, $\cdots$을 차례대로 대입하면

x	1	2	3	4	$\cdots$
y	5	3	1	-1	$\cdots$

따라서 x, y가 자연수일 때, 일차방정식 $2x+y=7$의 해는 $(1, 5)$, $(2, 3)$, $(3, 1)$이다.

(3) $3x+y=8$에 $x=1$, 2, 3, $\cdots$을 차례대로 대입하면

x	1	2	3	$\cdots$
y	5	2	-1	$\cdots$

따라서 x, y가 자연수일 때, 일차방정식 $3x+y=8$의 해는 $(1, 5)$, $(2, 2)$이다.

(4) $x+3y=5$에 $y=1$, 2, 3, $\cdots$을 차례대로 대입하면

x	2	-1	$\cdots$
y	1	2	$\cdots$

따라서 x, y가 자연수일 때, 일차방정식 $x+3y=5$의 해는 $(2, 1)$이다.

참고 x의 계수의 절댓값보다 y의 계수의 절댓값이 더 클 때는 $y=1$, 2, 3, $\cdots$을 차례대로 대입하는 것이 더 편리하다.

3 답 ㄱ, ㄹ

$x=-1$, $y=3$을 주어진 연립방정식에 각각 대입하면

ㄱ. $\begin{cases} -1-3=-4 \ (참) \\ -1+3=2 \ (참) \end{cases}$

ㄴ. $\begin{cases} 2\times(-1)+3=1 \ (참) \\ -1+3\times3=8\neq4 \ (거짓) \end{cases}$

ㄷ. $\begin{cases} -1-2\times3=-7\neq2 \ (거짓) \\ 2\times(-1)+3\times3=7 \ (참) \end{cases}$

ㄹ. $\begin{cases} 3\times(-1)-3=-6 \ (참) \\ -1+2\times3=5 \ (참) \end{cases}$

따라서 $x=-1$, $y=3$을 해로 갖는 연립방정식은 ㄱ, ㄹ이다.

4 답 (1) $x=10$, $y=2$ (2) $x=2$, $y=3$

(1) $\begin{cases} x=5y & \cdots\cdots ㉠ \\ x+4y=18 & \cdots\cdots ㉡ \end{cases}$

㉠을 ㉡에 대입하면
$5y+4y=18$, $9y=18$ $\quad\therefore y=2$
$y=2$를 ㉠에 대입하면 $x=10$

(2) $\begin{cases} y=x+1 & \cdots\cdots ㉠ \\ 2x+3y=13 & \cdots\cdots ㉡ \end{cases}$

㉠을 ㉡에 대입하면
$2x+3(x+1)=13$, $5x=10$ $\quad\therefore x=2$
$x=2$를 ㉠에 대입하면 $y=3$

5 답 (1) $x=1$, $y=1$ (2) $x=-1$, $y=2$

(1) $\begin{cases} 2x+y=3 & \cdots\cdots ㉠ \\ 3x+2y=5 & \cdots\cdots ㉡ \end{cases}$

㉠×2를 하면 $4x+2y=6$ $\quad\cdots\cdots ㉢$
㉡−㉢을 하면 $-x=-1$ $\quad\therefore x=1$
$x=1$을 ㉠에 대입하면 $2+y=3$ $\quad\therefore y=1$

(2) $\begin{cases} 5x+3y=1 & \cdots\cdots ㉠ \\ x-y=-3 & \cdots\cdots ㉡ \end{cases}$

㉡×3을 하면 $3x-3y=-9$ $\quad\cdots\cdots ㉢$
㉠+㉢을 하면 $8x=-8$ $\quad\therefore x=-1$
$x=-1$을 ㉡에 대입하면 $-1-y=-3$
$-y=-2$ $\quad\therefore y=2$

6 답 (1) $x=2$, $y=1$ (2) $x=2$, $y=0$ (3) $x=5$, $y=-2$

(1) $\begin{cases} 3(x-y)+2y=5 \\ 3x-(x+y)=3 \end{cases}$ 에서 $\begin{cases} 3x-y=5 & \cdots\cdots ㉠ \\ 2x-y=3 & \cdots\cdots ㉡ \end{cases}$

㉠−㉡을 하면 $x=2$
$x=2$를 ㉡에 대입하면
$4-y=3$, $-y=-1$ $\quad\therefore y=1$

(2) $\begin{cases} \dfrac{x}{2}-\dfrac{y}{4}=1 & \cdots\cdots ㉠ \\ \dfrac{x}{3}+\dfrac{y}{6}=\dfrac{2}{3} & \cdots\cdots ㉡ \end{cases}$

㉠×4, ㉡×6을 하면 $\begin{cases} 2x-y=4 & \cdots\cdots ㉢ \\ 2x+y=4 & \cdots\cdots ㉣ \end{cases}$
㉢+㉣을 하면 $4x=8$ $\quad\therefore x=2$
$x=2$를 ㉢에 대입하면 $4-y=4$ $\quad\therefore y=0$

(3) $\begin{cases} 0.2x+0.3y=0.4 & \cdots\cdots ㉠ \\ 0.1x-0.5y=1.5 & \cdots\cdots ㉡ \end{cases}$

㉠×10, ㉡×10을 하면 $\begin{cases} 2x+3y=4 & \cdots\cdots ㉢ \\ x-5y=15 & \cdots\cdots ㉣ \end{cases}$
㉢−㉣×2를 하면 $13y=-26$ $\quad\therefore y=-2$
$y=-2$를 ㉣에 대입하면 $x+10=15$ $\quad\therefore x=5$

7 답 $x=-1$, $y=1$

$x+2y=3x+4y=1$에서 $\begin{cases} x+2y=1 & \cdots\cdots ㉠ \\ 3x+4y=1 & \cdots\cdots ㉡ \end{cases}$

㉠×2−㉡을 하면 $-x=1$ $\quad\therefore x=-1$
$x=-1$을 ㉠에 대입하면
$-1+2y=1$, $2y=2$ $\quad\therefore y=1$

8 답 (1) ㄴ, ㄷ (2) ㄱ

ㄱ. $\begin{cases} x+y=3 \\ 2x+2y=1 \end{cases}$ 에서 $\begin{cases} 2x+2y=6 \\ 2x+2y=1 \end{cases}$

ㄴ. $\begin{cases} 2x+4y=1 \\ 3x+6y=\dfrac{3}{2} \end{cases}$ 에서 $\begin{cases} 6x+12y=3 \\ 6x+12y=3 \end{cases}$

ㄷ. $\begin{cases} y=x-3 \\ 2x-2y=6 \end{cases}$ 에서 $\begin{cases} 2x-2y=6 \\ 2x-2y=6 \end{cases}$

(1) 해가 무수히 많은 연립방정식은 ㄴ, ㄷ이다.

(2) 해가 없는 연립방정식은 ㄱ이다.

9 답 아이스크림: 6개, 사탕: 7개

아이스크림을 x개, 사탕을 y개 구입했다고 하면

$\begin{cases} x+y=13 \\ 500x+200y=4400 \end{cases}$, 즉 $\begin{cases} x+y=13 & \cdots\cdots \text{㉠} \\ 5x+2y=44 & \cdots\cdots \text{㉡} \end{cases}$

㉠$\times 2-$㉡을 하면 $-3x=-18$ ∴ $x=6$

$x=6$을 ㉠에 대입하면 $6+y=13$ ∴ $y=7$

따라서 구입한 아이스크림은 6개, 사탕은 7개이다.

기출 유형

◎ 34쪽~43쪽

유형 **01** 미지수가 2개인 일차방정식 34쪽

미지수가 x, y의 2개인 일차방정식

→ 미지수가 2개이고 그 차수가 모두 1인 방정식

→ 등식의 모든 항을 좌변으로 이항하여 정리하였을 때

$ax+by+c=0$ (단, a, b, c는 상수, $a\neq 0$, $b\neq 0$)

꼴로 나타내어진다.

01 답 ⑤

ㄴ. $-2x+y=y+7$에서 $-2x-7=0$이므로 미지수가 2개인 일차방정식이 아니다.

ㄷ. $\dfrac{x}{4}+y=2x-3$에서 $\dfrac{x}{4}+y-2x+3=0$, $-\dfrac{7}{4}x+y+3=0$ 이므로 미지수가 2개인 일차방정식이다.

ㄹ. $y=x(2+x)-1$에서 $y-2x-x^2+1=0$이므로 미지수가 2개인 일차방정식이 아니다.

ㅁ. $x+2y=3(x+2y)$에서 $x+2y-3x-6y=0$, $-2x-4y=0$이므로 미지수가 2개인 일차방정식이다.

ㅂ. $y(y-1)=x+y^2+8$에서 $y^2-y-x-y^2-8=0$, $-y-x-8=0$이므로 미지수가 2개인 일차방정식이다.

따라서 미지수가 2개인 일차방정식인 것은 ㄷ, ㅁ, ㅂ이다.

02 답 ㄱ, ㄷ, ㄹ

ㄱ. $4x+2y=20$에서 $2x+y=10$

ㄴ. $4x+4y=20$에서 $x+y=5$

ㄷ. $800x+400y=4000$에서 $2x+y=10$

ㄹ. $2x+y=10$

따라서 옳은 것은 ㄱ, ㄷ, ㄹ이다.

03 답 ①

$2ax+3y-5=(a-3)x-y$에서

$2ax+3y-5-ax+3x+y=0$, $(a+3)x+4y-5=0$

이 등식이 미지수가 2개인 일차방정식이 되려면

$a+3\neq 0$ ∴ $a\neq -3$

유형 **02** 미지수가 2개인 일차방정식의 해 34쪽

일차방정식 $ax+by+c=0$ (단, a, b, c는 상수, $a\neq 0$, $b\neq 0$)에 대하여

(1) 일차방정식 $ax+by+c=0$의 해가 (p, q)이다.

→ $x=p$, $y=q$를 $ax+by+c=0$에 대입하면 등식이 성립한다.

→ $ap+bq+c=0$

(2) x, y가 자연수일 때, 일차방정식 $ax+by+c=0$의 해 구하기

→ x, y 중 계수의 절댓값이 더 큰 미지수에 1, 2, 3, $\cdots$을 차례대로 대입하여 자연수의 순서쌍 (x, y)를 모두 찾는다.

04 답 ⑤

$x=-2$, $y=5$를 주어진 일차방정식에 각각 대입하면

① $-2+5=3\neq -3$ (거짓)

② $5\neq -3\times(-2)-2=4$ (거짓)

③ $5\times(-2)=-10\neq 4\times 5-10=10$ (거짓)

④ $-2\times(-2)-5=-1\neq 1$ (거짓)

⑤ $2x-y=3x+y-8$에서 $-x-2y+8=0$이므로 $-(-2)-2\times 5+8=0$ (참)

따라서 $x=-2$, $y=5$를 해로 갖는 것은 ⑤이다.

05 답 ①

$2x+y=9$에 순서쌍 (x, y)를 각각 대입하면

① $2\times(-2)+5=1\neq 9$ (거짓)

② $2\times 0+9=9$ (참)

③ $2\times 1+7=9$ (참)

④ $2\times 3+3=9$ (참)

⑤ $2\times 5+(-1)=9$ (참)

따라서 일차방정식 $2x+y=9$의 해가 아닌 것은 ①이다.

06 답 ②

$3x+2y=16$에 $x=1$, 2, 3, $\cdots$을 차례대로 대입하면

x	1	2	3	4	5	6	$\cdots$
y	$\dfrac{13}{2}$	5	$\dfrac{7}{2}$	2	$\dfrac{1}{2}$	-1	$\cdots$

따라서 x, y가 자연수일 때, 일차방정식 $3x+2y=16$을 만족시키는 순서쌍 (x, y)는 $(2, 5)$, $(4, 2)$의 2개이다.

07 답 ⑤

① $x+y=6$에 $x=1$, 2, 3, $\cdots$을 차례대로 대입하면

x	1	2	3	4	5	6	$\cdots$
y	5	4	3	2	1	0	$\cdots$

x, y가 자연수일 때, 일차방정식 $x+y=6$의 해는 $(1, 5)$, $(2, 4)$, $(3, 3)$, $(4, 2)$, $(5, 1)$의 5개이다.

② $2x+y=12$에 $x=1$, 2, 3, $\cdots$을 차례대로 대입하면

x	1	2	3	4	5	6	$\cdots$
y	10	8	6	4	2	0	$\cdots$

x, y가 자연수일 때, 일차방정식 $2x+y=12$의 해는
$(1, 10)$, $(2, 8)$, $(3, 6)$, $(4, 4)$, $(5, 2)$의 5개이다.
③ $x+2y=9$에 $y=1$, 2, 3, $\cdots$을 차례대로 대입하면

x	7	5	3	1	-1	$\cdots$
y	1	2	3	4	5	$\cdots$

x, y가 자연수일 때, 일차방정식 $x+2y=9$의 해는
$(7, 1)$, $(5, 2)$, $(3, 3)$, $(1, 4)$의 4개이다.
④ $3x+2y=20$에 $x=1$, 2, 3, $\cdots$을 차례대로 대입하면

x	1	2	3	4	5	6	7	$\cdots$
y	$\frac{17}{2}$	7	$\frac{11}{2}$	4	$\frac{5}{2}$	1	$-\frac{1}{2}$	$\cdots$

x, y가 자연수일 때, 일차방정식 $3x+2y=20$의 해는
$(2, 7)$, $(4, 4)$, $(6, 1)$의 3개이다.
⑤ $4x+3y=25$에 $x=1$, 2, 3, $\cdots$을 차례대로 대입하면

x	1	2	3	4	5	6	7	$\cdots$
y	7	$\frac{17}{3}$	$\frac{13}{3}$	3	$\frac{5}{3}$	$\frac{1}{3}$	-1	$\cdots$

x, y가 자연수일 때, 일차방정식 $4x+3y=25$의 해는
$(1, 7)$, $(4, 3)$의 2개이다.
따라서 해의 개수가 가장 적은 것은 ⑤이다.

유형 **03** 일차방정식의 해 또는 계수가 문자인 경우   35쪽

일차방정식의 한 해가 주어지면 그 해를 방정식에 대입하여 미지수의 값을 구한다.

08 답 ①

$x=3$, $y=7$을 $x+ay=24$에 대입하면
$3+7a=24$, $7a=21$ $\therefore a=3$

09 답 ②

$x=a$, $y=-3$을 $2x-y=1$에 대입하면
$2a+3=1$, $2a=-2$ $\therefore a=-1$

10 답 ③

$x=a$, $y=4$를 $3x+2y=2$에 대입하면
$3a+8=2$, $3a=-6$ $\therefore a=-2$
$x=b$, $y=-2$를 $3x+2y=2$에 대입하면
$3b-4=2$, $3b=6$ $\therefore b=2$
$\therefore a+b=-2+2=0$

11 답 5

$x=-2$, $y=-2$를 $5x-3y=a$에 대입하면
$-10+6=a$ $\therefore a=-4$
$x=b$, $y=3$을 $5x-3y=-4$에 대입하면
$5b-9=-4$, $5b=5$ $\therefore b=1$
$x=4$, $y=c$를 $5x-3y=-4$에 대입하면
$20-3c=-4$, $-3c=-24$ $\therefore c=8$
$\therefore a+b+c=-4+1+8=5$

유형 **04** 미지수가 2개인 연립방정식   35쪽

주어진 상황을 미지수를 사용하여 2개의 일차방정식으로 나타낸 후 한 쌍으로 묶는다.

12 답 ②

가로의 길이는 세로의 길이의 2배이므로 $x=2y$
둘레의 길이가 48 cm이므로 $2x+2y=48$
$\therefore \begin{cases} x=2y \\ 2x+2y=48 \end{cases}$

13 답 -1

지영이가 이긴 횟수가 x, 우진이가 이긴 횟수가 y이므로 지영이가 진 횟수는 y, 우진이가 진 횟수는 x이다.
$\therefore \begin{cases} 3x-2y=7 \\ -2x+3y=-3 \end{cases}$
따라서 $a=-2$, $b=-2$, $c=-3$이므로
$a+b-c=-2+(-2)-(-3)=-1$

유형 **05** 미지수가 2개인 연립방정식의 해   35쪽

x, y에 대한 연립방정식 $\begin{cases} ax+by=c \\ a'x+b'y=c' \end{cases}$의 해가 (p, q)이다.

→ $x=p$, $y=q$를 두 일차방정식에 각각 대입하면 등식이 성립한다.
→ $ap+bq=c$, $a'p+b'q=c'$

14 답 ③

$x=3$, $y=-1$을 주어진 연립방정식에 각각 대입하면
① $\begin{cases} 3+(-1)=2\neq 3 \text{ (거짓)} \\ 2\times 3-(-1)=7\neq 4 \text{ (거짓)} \end{cases}$
② $\begin{cases} 2\times 3+(-1)=5 \text{ (참)} \\ 3+2\times(-1)=1\neq 2 \text{ (거짓)} \end{cases}$
③ $\begin{cases} 3-(-1)=4 \text{ (참)} \\ 2\times 3+3\times(-1)=3 \text{ (참)} \end{cases}$
④ $\begin{cases} 4\times 3+(-1)=11 \text{ (참)} \\ -3+3\times(-1)=-6\neq 6 \text{ (거짓)} \end{cases}$
⑤ $\begin{cases} 2\times 3-2\times(-1)=8\neq 3 \text{ (거짓)} \\ 3\times 3+5\times(-1)=4 \text{ (참)} \end{cases}$
따라서 $x=3$, $y=-1$을 해로 갖는 것은 ③이다.

15 답 ②

$3x+y=11$에 $x=1$, 2, 3, $\cdots$을 차례대로 대입하면

x	1	2	3	4	$\cdots$
y	8	5	2	-1	$\cdots$

$x+3y=17$에 $y=1$, 2, 3, $\cdots$을 차례대로 대입하면

x	14	11	8	5	2	-1	$\cdots$
y	1	2	3	4	5	6	$\cdots$

따라서 x, y가 자연수일 때, 연립방정식 $\begin{cases} 3x+y=11 \\ x+3y=17 \end{cases}$의 해는
$x=2$, $y=5$이다.

연립방정식의 해가 주어지면 그 해를 두 방정식에 각각 대입하여 미지수의 값을 구한다.

16 답 ④

$x=2$, $y=-1$을 $5x+ay=7$에 대입하면
$10-a=7$, $-a=-3$ ∴ $a=3$
$x=2$, $y=-1$을 $bx-y=-1$에 대입하면
$2b+1=-1$, $2b=-2$ ∴ $b=-1$
∴ $a-b=3-(-1)=4$

17 답 -3

$x=1$, $y=b$를 $x+2y=-3$에 대입하면
$1+2b=-3$, $2b=-4$ ∴ $b=-2$
$x=1$, $y=-2$를 $ax-3y=5$에 대입하면
$a+6=5$ ∴ $a=-1$
∴ $a+b=-1+(-2)=-3$

18 답 ①

$y=-2$를 $2x-3y=4$에 대입하면
$2x+6=4$, $2x=-2$ ∴ $x=-1$
$x=-1$, $y=-2$를 $x+ay=3$에 대입하면
$-1-2a=3$, $-2a=4$ ∴ $a=-2$

x, y에 대한 연립방정식에서 한 방정식이
$x=(y$에 대한 식$)$ 또는 $y=(x$에 대한 식$)$
일 때, 이 식을 다른 방정식에 대입하여 한 미지수를 없앤다.

19 답 ①

㉠을 ㉡에 대입하면
$-(6y-5)+4y=-1$, $-2y=-6$
∴ $k=-6$

20 답 ⑤

$\begin{cases} 3x+2y=8 & \cdots\cdots ㉠ \\ x=y+1 & \cdots\cdots ㉡ \end{cases}$
㉡을 ㉠에 대입하면
$3(y+1)+2y=8$, $5y=5$ ∴ $y=1$
$y=1$을 ㉡에 대입하면 $x=2$

21 답 ④

$\begin{cases} y=-2x+4 & \cdots\cdots ㉠ \\ y=3x-6 & \cdots\cdots ㉡ \end{cases}$
㉠을 ㉡에 대입하면
$-2x+4=3x-6$, $-5x=-10$ ∴ $x=2$
$x=2$를 ㉠에 대입하면 $y=0$
따라서 $a=2$, $b=0$이므로 $a+b=2+0=2$

22 답 5

$\begin{cases} 4x-3y=-4 & \cdots\cdots ㉠ \\ y=x-1 & \cdots\cdots ㉡ \end{cases}$

㉡을 ㉠에 대입하면
$4x-3(x-1)=-4$, $x+3=-4$ ∴ $x=-7$
$x=-7$을 ㉡에 대입하면 $y=-8$
따라서 $x=-7$, $y=-8$을 $3x-2y+a=0$에 대입하면
$-21+16+a=0$ ∴ $a=5$

❶ 각 방정식의 양변에 적당한 수를 곱하여 없애려는 미지수의 계수의 절댓값을 같게 만든다.

❷ 계수의 부호가 ┌ 같으면 ➡ 두 방정식을 변끼리 뺀다.
　　　　　　　└ 다르면 ➡ 두 방정식을 변끼리 더한다.

23 답 ④

㉠×5, ㉡×2를 하면
$\begin{cases} 10x+35y=-85 & \cdots\cdots ㉢ \\ 10x-6y=38 & \cdots\cdots ㉣ \end{cases}$
㉢−㉣을 하면 $41y=-123$
따라서 x를 없애기 위해 필요한 식은 ㉠×5−㉡×2이다.

24 답 ④

$\begin{cases} 3x+y=15 & \cdots\cdots ㉠ \\ x-2y=12 & \cdots\cdots ㉡ \end{cases}$
㉠×2+㉡을 하면 $7x=42$ ∴ $x=6$
$x=6$을 ㉠에 대입하면 $18+y=15$ ∴ $y=-3$
따라서 $a=6$, $b=-3$이므로
$a+b=6+(-3)=3$

25 답 -5

$\begin{cases} 5x-2y=6 & \cdots\cdots ㉠ \\ 4x-3y=2 & \cdots\cdots ㉡ \end{cases}$
㉠×3, ㉡×2를 하면 $\begin{cases} 15x-6y=18 & \cdots\cdots ㉢ \\ 8x-6y=4 & \cdots\cdots ㉣ \end{cases}$
㉢−㉣을 하면 $7x=14$ ∴ $x=2$
$x=2$를 ㉠에 대입하면
$10-2y=6$, $-2y=-4$ ∴ $y=2$
따라서 $x=2$, $y=2$를 $2x-ky=14$에 대입하면
$4-2k=14$, $-2k=10$ ∴ $k=-5$

26 답 ③

$\begin{cases} -3x+2y=-5 & \cdots\cdots ㉠ \\ 5x-6y=3 & \cdots\cdots ㉡ \end{cases}$
㉠×3+㉡을 하면 $-4x=-12$ ∴ $x=3$
$x=3$을 ㉠에 대입하면
$-9+2y=-5$, $2y=4$ ∴ $y=2$
따라서 $a=3$, $b=2$이므로
$\begin{cases} ax+by=2 \\ bx+ay=8 \end{cases}$ 에서 $\begin{cases} 3x+2y=2 & \cdots\cdots ㉢ \\ 2x+3y=8 & \cdots\cdots ㉣ \end{cases}$
㉢×2, ㉣×3을 하면 $\begin{cases} 6x+4y=4 & \cdots\cdots ㉤ \\ 6x+9y=24 & \cdots\cdots ㉥ \end{cases}$
㉤−㉥을 하면 $-5y=-20$ ∴ $y=4$
$y=4$를 ㉢에 대입하면
$3x+8=2$, $3x=-6$ ∴ $x=-2$

유형 09 복잡한 연립방정식의 풀이 37쪽

(1) 괄호가 있는 경우 : 분배법칙을 이용하여 괄호를 풀고, 동류항 끼리 정리한다.

(2) 계수가 분수인 경우 : 양변에 분모의 최소공배수를 곱하여 계수를 모두 정수로 고친다.

(3) 계수가 소수인 경우 : 양변에 10의 거듭제곱을 곱하여 계수를 모두 정수로 고친다.

27 답 ③

$\begin{cases} 3(2x-y)=3 \\ -2(x-2y)=5(x-1) \end{cases}$ 에서 $\begin{cases} 2x-y=1 & \cdots\cdots \text{㉠} \\ -7x+4y=-5 & \cdots\cdots \text{㉡} \end{cases}$

㉠$\times 4 +$㉡을 하면 $x=-1$

$x=-1$을 ㉠에 대입하면

$-2-y=1$, $-y=3$ $\quad \therefore y=-3$

따라서 $a=-1$, $b=-3$이므로

$a-b=-1-(-3)=2$

28 답 ②

$\begin{cases} \dfrac{1}{2}x+\dfrac{3}{4}y=1 & \cdots\cdots \text{㉠} \\ \dfrac{2}{3}x-\dfrac{1}{6}y=\dfrac{1}{6} & \cdots\cdots \text{㉡} \end{cases}$

㉠$\times 4$, ㉡$\times 6$을 하면 $\begin{cases} 2x+3y=4 & \cdots\cdots \text{㉢} \\ 4x-y=1 & \cdots\cdots \text{㉣} \end{cases}$

㉢$\times 2 -$㉣을 하면 $7y=7$ $\quad \therefore y=1$

$y=1$을 ㉢에 대입하면 $2x+3=4$, $2x=1$ $\quad \therefore x=\dfrac{1}{2}$

$\therefore x-y=\dfrac{1}{2}-1=-\dfrac{1}{2}$

29 답 -8

$\begin{cases} 0.3x-y=0.5 & \cdots\cdots \text{㉠} \\ 0.1x-0.5y=1 & \cdots\cdots \text{㉡} \end{cases}$

㉠$\times 10$, ㉡$\times 10$을 하면 $\begin{cases} 3x-10y=5 & \cdots\cdots \text{㉢} \\ x-5y=10 & \cdots\cdots \text{㉣} \end{cases}$

㉣에서 $x=5y+10$이므로 이를 ㉢에 대입하면

$3(5y+10)-10y=5$, $15y+30-10y=5$, $5y=-25$

$\therefore y=-5$

$y=-5$를 ㉣에 대입하면 $x+25=10$ $\quad \therefore x=-15$

따라서 $a=-15$이고 $2-b=-5$에서 $b=7$이므로

$a+b=-15+7=-8$

30 답 $x=1$, $y=4$

$\begin{cases} \dfrac{x-y}{5}+\dfrac{5x-y}{2}=-\dfrac{1}{10} & \cdots\cdots \text{㉠} \\ 0.7(x+2y)+0.2x=6.5 & \cdots\cdots \text{㉡} \end{cases}$

㉠$\times 10$, ㉡$\times 10$을 하면 $\begin{cases} 2(x-y)+5(5x-y)=-1 \\ 7(x+2y)+2x=65 \end{cases}$

즉, $\begin{cases} 27x-7y=-1 & \cdots\cdots \text{㉢} \\ 9x+14y=65 & \cdots\cdots \text{㉣} \end{cases}$

㉢$\times 2 +$㉣을 하면 $63x=63$ $\quad \therefore x=1$

$x=1$을 ㉢에 대입하면

$27-7y=-1$, $-7y=-28$ $\quad \therefore y=4$

31 답 ①

$\begin{cases} 0.2x+0.3y=-0.8 \\ 0.3x-0.05y=-0.2 \end{cases}$ 에서

$\begin{cases} 0.2x+0.3y=-0.8 & \cdots\cdots \text{㉠} \\ \dfrac{1}{3}x-\dfrac{1}{18}y=-\dfrac{2}{9} & \cdots\cdots \text{㉡} \end{cases}$

㉠$\times 10$, ㉡$\times 18$을 하면 $\begin{cases} 2x+3y=-8 & \cdots\cdots \text{㉢} \\ 6x-y=-4 & \cdots\cdots \text{㉣} \end{cases}$

㉢$\times 3 -$㉣을 하면 $10y=-20$ $\quad \therefore y=-2$

$y=-2$를 ㉣에 대입하면

$6x+2=-4$, $6x=-6$ $\quad \therefore x=-1$

따라서 $a=-1$, $b=-2$이므로

$2a+b=2\times(-1)+(-2)=-4$

32 답 -3

$\begin{cases} (2x+y):(3x-y)=7:3 \\ \dfrac{2(x+1)}{5}-\dfrac{y}{6}=1 \end{cases}$ 에서

$\begin{cases} 3(2x+y)=7(3x-y) & \cdots\cdots \text{㉠} \\ \dfrac{2(x+1)}{5}-\dfrac{y}{6}=1 & \cdots\cdots \text{㉡} \end{cases}$

㉡$\times 30$을 하면 $\begin{cases} 3(2x+y)=7(3x-y) \\ 12(x+1)-5y=30 \end{cases}$

즉, $\begin{cases} 3x-2y=0 & \cdots\cdots \text{㉢} \\ 12x-5y=18 & \cdots\cdots \text{㉣} \end{cases}$

㉢$\times 4 -$㉣을 하면 $-3y=-18$ $\quad \therefore y=6$

$y=6$을 ㉢에 대입하면 $3x-12=0$, $3x=12$ $\quad \therefore x=4$

따라서 $x=4$, $y=6$을 $3x+ay=-6$에 대입하면

$12+6a=-6$, $6a=-18$ $\quad \therefore a=-3$

유형 10 $A=B=C$ 꼴의 방정식의 풀이 38쪽

$A=B=C$ 꼴의 방정식은 다음의 세 가지 연립방정식 중 하나로 고쳐서 푼다.

$\begin{cases} A=B \\ A=C \end{cases}$, $\begin{cases} A=B \\ B=C \end{cases}$, $\begin{cases} A=C \\ B=C \end{cases}$

참고 C가 상수일 때는 연립방정식 $\begin{cases} A=C \\ B=C \end{cases}$ 로 풀면 간단하다.

33 답 ⑤

$-3x+y=7x-5y=-4$에서

$\begin{cases} -3x+y=-4 & \cdots\cdots \text{㉠} \\ 7x-5y=-4 & \cdots\cdots \text{㉡} \end{cases}$

㉠$\times 5 +$㉡을 하면 $-8x=-24$ $\quad \therefore x=3$

$x=3$을 ㉠에 대입하면 $-9+y=-4$ $\quad \therefore y=5$

34 답 0

$\dfrac{2x-y}{3}=\dfrac{x-3y}{4}=\dfrac{x+3}{2}$에서

$\begin{cases} \dfrac{2x-y}{3}=\dfrac{x+3}{2} & \cdots\cdots \text{㉠} \\ \dfrac{x-3y}{4}=\dfrac{x+3}{2} & \cdots\cdots \text{㉡} \end{cases}$

㉠×6, ㉡×4를 하면 $\begin{cases} 2(2x-y)=3(x+3) \\ x-3y=2(x+3) \end{cases}$

즉, $\begin{cases} x-2y=9 & \cdots\cdots ㉢ \\ x+3y=-6 & \cdots\cdots ㉣ \end{cases}$

㉢-㉣을 하면 $-5y=15$ $\therefore y=-3$

$y=-3$을 ㉢에 대입하면 $x+6=9$ $\therefore x=3$

$\therefore x+y=3+(-3)=0$

유형 1 **연립방정식의 해가 주어질 때, 미지수의 값 구하기** 38쪽

연립방정식의 해가 주어지면 그 해를 두 방정식에 각각 대입하여 새로운 연립방정식을 만든 후 푼다.

35 답 ④

$x=3$, $y=-2$를 주어진 연립방정식에 대입하면

$\begin{cases} 3a+2b=4 & \cdots\cdots ㉠ \\ 2a+3b=1 & \cdots\cdots ㉡ \end{cases}$

㉠×2-㉡×3을 하면 $-5b=5$ $\therefore b=-1$

$b=-1$을 ㉠에 대입하면 $3a-2=4$, $3a=6$ $\therefore a=2$

$\therefore 2a-3b=2\times 2-3\times(-1)=7$

36 답 1

$x=-2$, $y=5$를 주어진 연립방정식에 대입하면

$\begin{cases} 1:2=a:b \\ -2a+5b=-8 \end{cases}$, 즉 $\begin{cases} 2a=b & \cdots\cdots ㉠ \\ -2a+5b=-8 & \cdots\cdots ㉡ \end{cases}$

㉠을 ㉡에 대입하면 $-b+5b=-8$, $4b=-8$ $\therefore b=-2$

$b=-2$를 ㉠에 대입하면 $2a=-2$ $\therefore a=-1$

$\therefore a-b=-1-(-2)=1$

37 답 ③

$x=-3$, $y=-2$를 주어진 방정식에 대입하면

$-3a+4b+5=-6a-2b-1=-9$이므로

$\begin{cases} -3a+4b=-14 \\ -6a-2b=-8 \end{cases}$, 즉 $\begin{cases} -3a+4b=-14 & \cdots\cdots ㉠ \\ 3a+b=4 & \cdots\cdots ㉡ \end{cases}$

㉠+㉡을 하면 $5b=-10$ $\therefore b=-2$

$b=-2$를 ㉡에 대입하면 $3a-2=4$, $3a=6$ $\therefore a=2$

$\therefore a+b=2+(-2)=0$

유형 2 **연립방정식의 해의 조건 또는 조건식이 주어진 경우** 38쪽

(1) 연립방정식의 해를 한 해로 갖는 일차방정식이 주어지면 세 일차방정식 중에서 미지수가 없는 두 일차방정식으로 연립방정식을 세운 후 해를 구한다.

(2) x, y에 대한 조건이 주어지면 다음과 같이 식으로 나타낸다.

① x의 값이 y의 값의 k배이다. ➔ $x=ky$

② x의 값이 y의 값보다 k만큼 크다. ➔ $x=y+k$

③ x와 y의 값의 비가 $m:n$이다. ➔ $x:y=m:n$

➔ $nx=my$

38 답 ④

주어진 연립방정식의 해는 세 일차방정식을 모두 만족시키므로

연립방정식 $\begin{cases} 5x-2y=1 & \cdots\cdots ㉠ \\ 2x-y=1 & \cdots\cdots ㉡ \end{cases}$ 의 해와 같다.

㉠-㉡×2를 하면 $x=-1$

$x=-1$을 ㉡에 대입하면 $-2-y=1$, $-y=3$ $\therefore y=-3$

따라서 $x=-1$, $y=-3$을 $ax+y=-7$에 대입하면

$-a-3=-7$, $-a=-4$ $\therefore a=4$

39 답 ②

y의 값이 x의 값의 3배이므로 $y=3x$

$\begin{cases} 5x-2y=2 & \cdots\cdots ㉠ \\ y=3x & \cdots\cdots ㉡ \end{cases}$

㉡을 ㉠에 대입하면 $5x-6x=2$, $-x=2$ $\therefore x=-2$

$x=-2$를 ㉡에 대입하면 $y=-6$

따라서 $x=-2$, $y=-6$을 $-4x+3y=a-7$에 대입하면

$8-18=a-7$ $\therefore a=-3$

40 답 ①

x와 y의 값의 비가 $2:1$이므로 $x:y=2:1$에서 $x=2y$

$\begin{cases} 3x-4y=4 & \cdots\cdots ㉠ \\ x=2y & \cdots\cdots ㉡ \end{cases}$

㉡을 ㉠에 대입하면 $6y-4y=4$, $2y=4$ $\therefore y=2$

$y=2$를 ㉡에 대입하면 $x=4$

따라서 $x=4$, $y=2$를 $5x+ay=16$에 대입하면

$20+2a=16$, $2a=-4$ $\therefore a=-2$

41 답 -1

$\dfrac{x-2y}{3}=\dfrac{2x-ay-2}{5}=-3$에서

$\begin{cases} \dfrac{x-2y}{3}=-3 \\ \dfrac{2x-ay-2}{5}=-3 \end{cases}$, 즉 $\begin{cases} x-2y=-9 & \cdots\cdots ㉠ \\ 2x-ay=-13 & \cdots\cdots ㉡ \end{cases}$

$x=p$, $y=q$를 ㉠에 대입하면 $p-2q=-9$

$\begin{cases} p-2q=-9 & \cdots\cdots ㉢ \\ 6p-q=1 & \cdots\cdots ㉣ \end{cases}$

㉢-㉣×2를 하면 $-11p=-11$ $\therefore p=1$

$p=1$을 ㉢에 대입하면 $1-2q=-9$, $-2q=-10$ $\therefore q=5$

따라서 $x=1$, $y=5$를 ㉡에 대입하면

$2-5a=-13$, $-5a=-15$ $\therefore a=3$

$\therefore a+p-q=3+1-5=-1$

유형 3 **두 연립방정식의 해가 서로 같을 때, 미지수의 값 구하기** 39쪽

❶ 두 연립방정식에서 미지수가 없는 두 일차방정식으로 연립방정식을 세운 후 해를 구한다.

❷ ❶에서 구한 해를 나머지 두 일차방정식에 대입한다.

42 답 1

$\begin{cases} -x+4y=11 & \cdots\cdots ㉠ \\ 2x+5y=4 & \cdots\cdots ㉡ \end{cases}$

㉠×2+㉡을 하면 $13y=26$ $\therefore y=2$

$y=2$를 ㉠에 대입하면 $-x+8=11$ $\therefore x=-3$

$x=-3$, $y=2$를 $ax+2y=-5$에 대입하면

$-3a+4=-5$, $-3a=-9$ $\quad \therefore a=3$

$x=-3$, $y=2$를 $3x+by=-13$에 대입하면

$-9+2b=-13$, $2b=-4$ $\quad \therefore b=-2$

$\therefore a+b=3+(-2)=1$

43 답 ③

$\begin{cases} 4x+7(y+2)=-3 \\ 3(x+3y)=y-10 \end{cases}$ 에서 $\begin{cases} 4x+7y=-17 & \cdots\cdots \text{㉠} \\ 3x+8y=-10 & \cdots\cdots \text{㉡} \end{cases}$

㉠×3-㉡×4를 하면 $-11y=-11$ $\quad \therefore y=1$

$y=1$을 ㉡에 대입하면

$3x+8=-10$, $3x=-18$ $\quad \therefore x=-6$

$x=-6$, $y=1$을 $ax+5y=-7$에 대입하면

$-6a+5=-7$, $-6a=-12$ $\quad \therefore a=2$

$x=-6$, $y=1$을 $x+by=-1$에 대입하면

$-6+b=-1$ $\quad \therefore b=5$

$\therefore ab=2\times5=10$

44 답 2

$\begin{cases} x-y=3 & \cdots\cdots \text{㉠} \\ x-2y=8 & \cdots\cdots \text{㉡} \end{cases}$

㉠-㉡을 하면 $y=-5$

$y=-5$를 ㉠에 대입하면 $x+5=3$ $\quad \therefore x=-2$

$x=-2$, $y=-5$를 $ax+by=-11$, $ax-by=-1$에 각각 대입하면

$\begin{cases} -2a-5b=-11 & \cdots\cdots \text{㉢} \\ -2a+5b=-1 & \cdots\cdots \text{㉣} \end{cases}$

㉢-㉣을 하면 $-10b=-10$ $\quad \therefore b=1$

$b=1$을 ㉣에 대입하면

$-2a+5=-1$, $-2a=-6$ $\quad \therefore a=3$

$\therefore a-b=3-1=2$

유형 14 계수를 잘못 보고 구한 경우 39쪽

(1) 계수나 상수항을 잘못 본 경우

→ 제대로 본 방정식에 해를 대입하여 계수나 상수를 구한다.

(2) 계수 a, b를 서로 바꾼 경우

→ a를 b, b를 a로 바꾼 연립방정식에 잘못 보고 구한 해를 대입한다.

45 답 $x=2$, $y=1$

$\begin{cases} ax-y=3 & \cdots\cdots \text{㉠} \\ 3x+by=8 & \cdots\cdots \text{㉡} \end{cases}$

지현이는 b를 바르게 보았으므로

$x=4$, $y=-2$를 ㉡에 대입하면

$12-2b=8$, $-2b=-4$ $\quad \therefore b=2$

선미는 a를 바르게 보았으므로

$x=1$, $y=-1$을 ㉠에 대입하면 $a+1=3$ $\quad \therefore a=2$

즉, $\begin{cases} 2x-y=3 & \cdots\cdots \text{㉢} \\ 3x+2y=8 & \cdots\cdots \text{㉣} \end{cases}$

㉢×2+㉣을 하면 $7x=14$ $\quad \therefore x=2$

$x=2$를 ㉢에 대입하면 $4-y=3$ $\quad \therefore y=1$

따라서 처음 연립방정식의 해는 $x=2$, $y=1$이다.

46 답 ②

a, b를 서로 바꾼 연립방정식은 $\begin{cases} bx+ay=1 \\ ax-by=3 \end{cases}$

$x=1$, $y=2$를 위의 연립방정식에 대입하면

$\begin{cases} b+2a=1 \\ a-2b=3 \end{cases}$, 즉 $\begin{cases} 2a+b=1 & \cdots\cdots \text{㉠} \\ a-2b=3 & \cdots\cdots \text{㉡} \end{cases}$

㉠×2+㉡을 하면 $5a=5$ $\quad \therefore a=1$

$a=1$을 ㉠에 대입하면 $2+b=1$ $\quad \therefore b=-1$

$a=1$, $b=-1$을 처음 연립방정식에 대입하면

$\begin{cases} x-y=1 & \cdots\cdots \text{㉢} \\ -x-y=3 & \cdots\cdots \text{㉣} \end{cases}$

㉢+㉣을 하면 $-2y=4$ $\quad \therefore y=-2$

$y=-2$를 ㉢에 대입하면 $x+2=1$ $\quad \therefore x=-1$

따라서 처음 연립방정식의 해는 $x=-1$, $y=-2$이다.

유형 15 해가 특수한 연립방정식의 풀이 40쪽

연립방정식의 한 일차방정식에 적당한 수를 곱하였을 때

(1) 두 일차방정식의 x, y의 계수와 상수항이 각각 같다.

→ 해가 무수히 많다.

(2) 두 일차방정식의 x, y의 계수는 각각 같고, 상수항은 다르다.

→ 해가 없다.

47 답 ④

① $\begin{cases} x+3y=6 \\ 2x+6y=9 \end{cases}$ 에서 $\begin{cases} 2x+6y=12 \\ 2x+6y=9 \end{cases}$

② $\begin{cases} -x+2y=-1 \\ 4x-8y=2 \end{cases}$ 에서 $\begin{cases} 4x-8y=4 \\ 4x-8y=2 \end{cases}$

④ $\begin{cases} 2x-4y=-6 \\ -x+2y=3 \end{cases}$ 에서 $\begin{cases} 2x-4y=-6 \\ 2x-4y=-6 \end{cases}$

⑤ $\begin{cases} x-4y=5 \\ 3x-12y=-10 \end{cases}$ 에서 $\begin{cases} 3x-12y=15 \\ 3x-12y=-10 \end{cases}$

따라서 해가 무수히 많은 것은 ④이다.

다른 풀이

① $\dfrac{1}{2}=\dfrac{3}{6}\neq\dfrac{6}{9}$

② $\dfrac{-1}{4}=\dfrac{2}{-8}\neq\dfrac{-1}{2}$

③ $\dfrac{3}{3}\neq\dfrac{-5}{5}\neq\dfrac{8}{-2}$

④ $\dfrac{2}{-1}=\dfrac{-4}{2}=\dfrac{-6}{3}$

⑤ $\dfrac{1}{3}=\dfrac{-4}{-12}\neq\dfrac{5}{-10}$

참고 연립방정식 $\begin{cases} ax+by=c \\ a'x+b'y=c' \end{cases}$ 에서

(1) $\dfrac{a}{a'}=\dfrac{b}{b'}=\dfrac{c}{c'}$ 이면 → 해가 무수히 많다.

(2) $\dfrac{a}{a'}=\dfrac{b}{b'}\neq\dfrac{c}{c'}$ 이면 → 해가 없다.

48 답 -11

$\begin{cases} ax+2y=-4 \\ 6x-4y=b \end{cases}$, 즉 $\begin{cases} -2ax-4y=8 \\ 6x-4y=b \end{cases}$ 의 해가 무수히 많으므로

$-2a=6$, $8=b$ $\quad \therefore a=-3$, $b=8$

$\therefore a-b=-3-8=-11$

다른 풀이

$\dfrac{a}{6}=\dfrac{2}{-4}=\dfrac{-4}{b}$ 에서 $a=-3$, $b=8$

$\therefore a-b=-3-8=-11$

49 답 ④

$\begin{cases} a(x-3)+y=b \\ 2x+y=10 \end{cases}$, 즉 $\begin{cases} ax+y=3a+b \\ 2x+y=10 \end{cases}$ 의 해가 없으므로

$a=2$, $3a+b\neq10$

$\therefore a=2$, $b\neq4$

다른 풀이

$\dfrac{a}{2}=\dfrac{1}{1}\neq\dfrac{3a+b}{10}$ 에서 $a=2$, $b\neq4$

50 답 10

$\begin{cases} -2x+3y=a \\ 6x+by=3 \end{cases}$, 즉 $\begin{cases} 6x-9y=-3a \\ 6x+by=3 \end{cases}$ 의 해가 무수히 많으므로

$-9=b$, $-3a=3$ $\therefore a=-1$, $b=-9$

따라서 $(a+b+k)x-2k+5=0$, 즉 $(-10+k)x-2k+5=0$

이 해를 갖지 않으려면

$-10+k=0$, $-2k+5\neq0$ $\therefore k=10$

다른 풀이

$\dfrac{-2}{6}=\dfrac{3}{b}=\dfrac{a}{3}$ 에서 $a=-1$, $b=-9$

따라서 $(a+b+k)x-2k+5=0$, 즉 $(-10+k)x-2k+5=0$

이 해를 갖지 않으려면

$-10+k=0$, $-2k+5\neq0$ $\therefore k=10$

참고 x에 대한 방정식 $ax+b=0$에서

(1) 해가 없다. → $a=0$, $b\neq0$

(2) 해가 모든 수이다. → $a=0$, $b=0$

유형 16 수에 대한 연립방정식의 활용 40쪽

(1) 큰 수를 x, 작은 수를 y라 하면

① 두 수의 합이 a이다. → $x+y=a$

두 수의 차가 b이다. → $x-y=b$

② x를 y로 나누면 몫이 q이고 나머지가 r이다.

→ $x=yq+r$ (단, $0\leq r<y$)

(2) 십의 자리의 숫자가 x, 일의 자리의 숫자가 y인 두 자리의 자연수

① 처음 수 → $10x+y$

② 십의 자리의 숫자와 일의 자리의 숫자를 바꾼 수 → $10y+x$

51 답 ⑤

큰 수를 x, 작은 수를 y라 하면

$\begin{cases} x-y=14 \\ 3y-x=8 \end{cases}$, 즉 $\begin{cases} x-y=14 & \cdots\cdots\ \unicode{x1D4D8} \\ -x+3y=8 & \cdots\cdots\ \unicode{x1D4D9} \end{cases}$

$\unicode{x1D4D8}+\unicode{x1D4D9}$을 하면 $2y=22$ $\therefore y=11$

$y=11$을 $\unicode{x1D4D8}$에 대입하면 $x-11=14$ $\therefore x=25$

따라서 두 수의 합은 $25+11=36$

---

52 답 11

$\begin{cases} a=4b+2 \\ b+40=3a+1 \end{cases}$, 즉 $\begin{cases} a=4b+2 & \cdots\cdots\ \unicode{x1D4D8} \\ 3a-b=39 & \cdots\cdots\ \unicode{x1D4D9} \end{cases}$

$\unicode{x1D4D8}$을 $\unicode{x1D4D9}$에 대입하면

$3(4b+2)-b=39$, $11b=33$ $\therefore b=3$

$b=3$을 $\unicode{x1D4D8}$에 대입하면 $a=14$

$\therefore a-b=14-3=11$

53 답 ④

처음 자연수의 십의 자리의 숫자를 x, 일의 자리의 숫자를 y라 하면

$\begin{cases} x+y=7 \\ 10y+x=(10x+y)-9 \end{cases}$, 즉 $\begin{cases} x+y=7 & \cdots\cdots\ \unicode{x1D4D8} \\ x-y=1 & \cdots\cdots\ \unicode{x1D4D9} \end{cases}$

$\unicode{x1D4D8}+\unicode{x1D4D9}$을 하면 $2x=8$ $\therefore x=4$

$x=4$를 $\unicode{x1D4D8}$에 대입하면 $4+y=7$ $\therefore y=3$

따라서 처음 수는 43이다.

유형 17 가격, 개수에 대한 연립방정식의 활용 40쪽

(1) A, B의 한 개의 가격을 알고, 전체 개수와 전체 가격이 주어질 때

→ A, B의 개수를 각각 x, y로 놓고 연립방정식을 세운다.

→ $\begin{cases} (\text{A의 개수})+(\text{B의 개수})=(\text{전체 개수}) \\ (\text{A의 전체 가격})+(\text{B의 전체 가격})=(\text{전체 가격}) \end{cases}$

(2) A, B의 가격 사이의 관계가 주어질 때

→ A, B의 한 개의 가격을 각각 x원, y원으로 놓고 연립방정식을 세운다.

54 답 2명

성인이 x명, 청소년이 y명 입장했다고 하면

$\begin{cases} x+y=7 \\ 2200x+1500y=14000 \end{cases}$

즉, $\begin{cases} x+y=7 & \cdots\cdots\ \unicode{x1D4D8} \\ 22x+15y=140 & \cdots\cdots\ \unicode{x1D4D9} \end{cases}$

$\unicode{x1D4D8}\times15-\unicode{x1D4D9}$을 하면 $-7x=-35$ $\therefore x=5$

$x=5$를 $\unicode{x1D4D8}$에 대입하면 $5+y=7$ $\therefore y=2$

따라서 청소년은 2명이다.

55 답 2500원

참치 김밥 한 줄의 가격을 x원, 샐러드 김밥 한 줄의 가격을 y원이라 하면

$\begin{cases} 2x+3y=11900 & \cdots\cdots\ \unicode{x1D4D8} \\ x=y+200 & \cdots\cdots\ \unicode{x1D4D9} \end{cases}$

$\unicode{x1D4D9}$을 $\unicode{x1D4D8}$에 대입하면

$2(y+200)+3y=11900$, $5y=11500$ $\therefore y=2300$

$y=2300$을 $\unicode{x1D4D9}$에 대입하면 $x=2500$

따라서 참치 김밥 한 줄의 가격은 2500원이다.

56 답 ②

빵 한 개의 가격을 x원, 쿠키 한 개의 가격을 y원이라 하면

$\begin{cases} 3x+4y=3400 \\ 6x+3y=4800 \end{cases}$, 즉 $\begin{cases} 3x+4y=3400 & \cdots\cdots\ \unicode{x1D4D8} \\ 2x+y=1600 & \cdots\cdots\ \unicode{x1D4D9} \end{cases}$

$\unicode{x1D4D8}-\unicode{x1D4D9}\times4$를 하면 $-5x=-3000$ $\therefore x=600$

$x=600$을 ㉡에 대입하면 $1200+y=1600$ $\quad\therefore y=400$

따라서 빵 한 개와 쿠키 한 개의 가격의 합은

$600+400=1000$(원)

57 답 ①

타조를 x마리, 사슴을 y마리 기른다고 하면

$\begin{cases} x+y=60 \\ 2x+4y=200 \end{cases}$, 즉 $\begin{cases} x+y=60 & \cdots\cdots ㉠ \\ x+2y=100 & \cdots\cdots ㉡ \end{cases}$

㉠$-$㉡을 하면 $-y=-40$ $\quad\therefore y=40$

$y=40$을 ㉠에 대입하면 $x+40=60$ $\quad\therefore x=20$

따라서 농장에서 기르는 타조는 20마리이다.

58 답 750000원

선물 세트 A를 x개, 선물 세트 B를 y개 팔았다고 하면

$\begin{cases} 6x+4y=4400 \\ 4x+6y=4100 \end{cases}$, 즉 $\begin{cases} 3x+2y=2200 & \cdots\cdots ㉠ \\ 2x+3y=2050 & \cdots\cdots ㉡ \end{cases}$

㉠$\times 2-$㉡$\times 3$을 하면 $-5y=-1750$ $\quad\therefore y=350$

$y=350$을 ㉠에 대입하면

$3x+700=2200,\ 3x=1500$ $\quad\therefore x=500$

따라서 총 판매 이익은

$800x+1000y=800\times 500+1000\times 350$
$\qquad\qquad\qquad =400000+350000=750000$(원)

유형 18 나이에 대한 연립방정식의 활용 　41쪽

현재 두 사람의 나이를 각각 x살, y살로 놓고 나이에 대한 연립방정식을 세운다.

➡ 현재 x살인 사람의 $\begin{array}{l} a년\ 전의\ 나이: (x-a)살 \\ b년\ 후의\ 나이: (x+b)살 \end{array}$

59 답 ③

현재 누나의 나이를 x살, 동생의 나이를 y살이라 하면

$\begin{cases} x+y=34 \\ x+5=2(y+5)-7 \end{cases}$, 즉 $\begin{cases} x+y=34 & \cdots\cdots ㉠ \\ x-2y=-2 & \cdots\cdots ㉡ \end{cases}$

㉠$-$㉡을 하면 $3y=36$ $\quad\therefore y=12$

$y=12$를 ㉠에 대입하면 $x+12=34$ $\quad\therefore x=22$

따라서 현재 누나의 나이는 22살이다.

60 답 16살

현재 아버지의 나이를 x살, 아들의 나이를 y살이라 하면

$\begin{cases} x=3y \\ x-6=4(y-6)+2 \end{cases}$, 즉 $\begin{cases} x=3y & \cdots\cdots ㉠ \\ x-4y=-16 & \cdots\cdots ㉡ \end{cases}$

㉠을 ㉡에 대입하면 $3y-4y=-16,\ -y=-16$ $\quad\therefore y=16$

$y=16$을 ㉠에 대입하면 $x=48$

따라서 현재 아들의 나이는 16살이다.

유형 19 도형에 대한 연립방정식의 활용 　41쪽

도형의 길이, 넓이 등에 대한 관계가 주어지면 공식을 이용하여 연립방정식을 세운다.

61 답 ⑤

직사각형의 가로의 길이를 x cm, 세로의 길이를 y cm라 하면

$\begin{cases} x=y+10 \\ 2(x+y)=28 \end{cases}$, 즉 $\begin{cases} x=y+10 & \cdots\cdots ㉠ \\ x+y=14 & \cdots\cdots ㉡ \end{cases}$

㉠을 ㉡에 대입하면

$(y+10)+y=14,\ 2y=4$ $\quad\therefore y=2$

$y=2$를 ㉠에 대입하면 $x=12$

따라서 직사각형의 넓이는 $12\times 2=24\ (\text{cm}^2)$

62 답 윗변의 길이 : 6 cm, 아랫변의 길이 : 8 cm

윗변의 길이를 x cm, 아랫변의 길이를 y cm라 하면

$\begin{cases} y=x+2 \\ \dfrac{1}{2}\times(x+y)\times 6=42 \end{cases}$, 즉 $\begin{cases} y=x+2 & \cdots\cdots ㉠ \\ x+y=14 & \cdots\cdots ㉡ \end{cases}$

㉠을 ㉡에 대입하면

$x+(x+2)=14,\ 2x=12$ $\quad\therefore x=6$

$x=6$을 ㉠에 대입하면 $y=8$

따라서 윗변의 길이는 6 cm, 아랫변의 길이는 8 cm이다.

유형 20 비율에 대한 연립방정식의 활용 　42쪽

(1) 전체의 $\dfrac{b}{a}$ ➡ (전체 수)$\times \dfrac{b}{a}$

(2) 전체의 a % ➡ (전체 수)$\times \dfrac{a}{100}$

63 답 14명

남학생 수를 x명, 여학생 수를 y명이라 하면

$\begin{cases} x+y=32 \\ \dfrac{1}{3}x+\dfrac{1}{7}y=8 \end{cases}$, 즉 $\begin{cases} x+y=32 & \cdots\cdots ㉠ \\ 7x+3y=168 & \cdots\cdots ㉡ \end{cases}$

㉠$\times 3-$㉡을 하면 $-4x=-72$ $\quad\therefore x=18$

$x=18$을 ㉠에 대입하면 $18+y=32$ $\quad\therefore y=14$

따라서 이 반의 여학생 수는 14명이다.

64 답 ③

작년 남학생 수를 x명, 여학생 수를 y명이라 하면

$\begin{cases} x+y=1000 \\ -\dfrac{10}{100}x+\dfrac{5}{100}y=-\dfrac{4}{100}\times 1000 \end{cases}$

즉, $\begin{cases} x+y=1000 & \cdots\cdots ㉠ \\ -2x+y=-800 & \cdots\cdots ㉡ \end{cases}$

㉠$-$㉡을 하면 $3x=1800$ $\quad\therefore x=600$

$x=600$을 ㉠에 대입하면 $600+y=1000$ $\quad\therefore y=400$

따라서 올해 여학생 수는

$400+400\times \dfrac{5}{100}=420$(명)

65 답 120개

A 제품을 x개, B 제품을 y개 구입했다고 하면

$\begin{cases} x+y=220 \\ \dfrac{25}{100}\times 600x+\dfrac{20}{100}\times 800y=34200 \end{cases}$

즉, $\begin{cases} x+y=220 & \cdots\cdots ㉠ \\ 15x+16y=3420 & \cdots\cdots ㉡ \end{cases}$

㉠×15−㉡을 하면 $-y=-120$ ∴ $y=120$

$y=120$을 ㉠에 대입하면 $x+120=220$ ∴ $x=100$

따라서 이 가게에서 구입한 B 제품은 120개이다.

유형 21 일에 대한 연립방정식의 활용 42쪽

❶ 전체 일의 양을 1로 놓는다.

❷ 한 사람이 단위 시간 동안에 할 수 있는 일의 양을 미지수 x, y로 놓고 일에 대한 연립방정식을 세운다.

참고 단위 시간 : 1일, 1시간, 1분, … 등

66 답 ⑤

전체 일의 양을 1로 놓고, 주현이와 민수가 하루에 할 수 있는 일의 양을 각각 x, y라 하면

$$\begin{cases} 6x+6y=1 & \cdots\cdots ㉠ \\ 3x+7y=1 & \cdots\cdots ㉡ \end{cases}$$

㉠−㉡×2를 하면 $-8y=-1$ ∴ $y=\dfrac{1}{8}$

$y=\dfrac{1}{8}$을 ㉠에 대입하면 $6x+\dfrac{3}{4}=1$, $6x=\dfrac{1}{4}$ ∴ $x=\dfrac{1}{24}$

따라서 이 일을 주현이가 혼자 하면 24일이 걸린다.

67 답 6시간

욕조를 가득 채울 수 있는 물의 양을 1로 놓고, A, B 호스로 1시간 동안 채울 수 있는 물의 양을 각각 x, y라 하면

$$\begin{cases} 4x+3y=1 & \cdots\cdots ㉠ \\ 2x+6y=1 & \cdots\cdots ㉡ \end{cases}$$

㉠−㉡×2를 하면 $-9y=-1$ ∴ $y=\dfrac{1}{9}$

$y=\dfrac{1}{9}$을 ㉡에 대입하면 $2x+\dfrac{2}{3}=1$, $2x=\dfrac{1}{3}$ ∴ $x=\dfrac{1}{6}$

따라서 A 호스로만 물을 가득 채우려면 6시간이 걸린다.

유형 22 거리, 속력, 시간에 대한 연립방정식의 활용 42쪽

(1) 전체 거리 중 x km는 시속 a km로 걷고, 나머지 y km는 시속 b km로 걸을 때

➡ $$\begin{cases} x+y=(\text{전체 거리}) \\ \dfrac{x}{a}+\dfrac{y}{b}=(\text{전체 걸린 시간}) \end{cases}$$

(2) A가 출발한 지 k분 후에 B가 같은 방향으로 출발하여 두 사람이 만났을 때

➡ $$\begin{cases} (\text{A의 이동 시간})=(\text{B의 이동 시간})+k \\ (\text{A의 이동 거리})=(\text{B의 이동 거리}) \end{cases}$$

68 답 올라갈 때 걸은 거리 : 3 km, 내려올 때 걸은 거리 : 2 km

올라갈 때 걸은 거리를 x km, 내려올 때 걸은 거리를 y km라 하면

$$\begin{cases} y=x-1 \\ \dfrac{x}{3}+\dfrac{y}{5}=1\dfrac{24}{60} \end{cases}, \text{즉} \begin{cases} y=x-1 & \cdots\cdots ㉠ \\ 5x+3y=21 & \cdots\cdots ㉡ \end{cases}$$

㉠을 ㉡에 대입하면

$5x+3(x-1)=21$, $8x=24$ ∴ $x=3$

$x=3$을 ㉠에 대입하면 $y=2$

따라서 올라갈 때 걸은 거리는 3 km, 내려올 때 걸은 거리는 2 km이다.

69 답 ⑤

걸어간 거리를 x m, 뛰어간 거리를 y m라 하면

$$\begin{cases} x+y=2100 \\ \dfrac{x}{30}+\dfrac{y}{60}=45 \end{cases}, \text{즉} \begin{cases} x+y=2100 & \cdots\cdots ㉠ \\ 2x+y=2700 & \cdots\cdots ㉡ \end{cases}$$

㉠−㉡을 하면 $-x=-600$ ∴ $x=600$

$x=600$을 ㉠에 대입하면 $600+y=2100$ ∴ $y=1500$

따라서 수진이가 뛰어간 거리는 1500 m이다.

70 답 1시간

경하가 걸은 거리를 x km, 태연이가 걸은 거리를 y km라 하면

$$\begin{cases} x+y=12 \\ \dfrac{x}{7}=\dfrac{y}{5} \end{cases}, \text{즉} \begin{cases} x+y=12 & \cdots\cdots ㉠ \\ 5x-7y=0 & \cdots\cdots ㉡ \end{cases}$$

㉠×5−㉡을 하면 $12y=60$ ∴ $y=5$

$y=5$를 ㉠에 대입하면 $x+5=12$ ∴ $x=7$

따라서 경하와 태연이가 만날 때까지 걸린 시간은 $\dfrac{7}{7}=1$(시간)

71 답 5분

동생과 형이 만날 때까지 동생이 걸린 시간을 x분, 형이 걸린 시간을 y분이라 하면

$$\begin{cases} x=y+20 \\ 60x=300y \end{cases}, \text{즉} \begin{cases} x=y+20 & \cdots\cdots ㉠ \\ x=5y & \cdots\cdots ㉡ \end{cases}$$

㉠을 ㉡에 대입하면 $y+20=5y$, $-4y=-20$ ∴ $y=5$

$y=5$를 ㉠에 대입하면 $x=25$

따라서 두 사람이 만나는 것은 형이 출발한 지 5분 후이다.

72 답 ④

동균이의 속력을 초속 x m, 윤미의 속력을 초속 y m라 하면

$$\begin{cases} 100x-100y=1200 \\ 50x+50y=1200 \end{cases}, \text{즉} \begin{cases} x-y=12 & \cdots\cdots ㉠ \\ x+y=24 & \cdots\cdots ㉡ \end{cases}$$

㉠+㉡을 하면 $2x=36$ ∴ $x=18$

$x=18$을 ㉡에 대입하면 $18+y=24$ ∴ $y=6$

따라서 동균이의 속력은 초속 18 m이다.

참고 (1) 트랙을 같은 방향으로 돌다 만날 때

(두 사람이 걸은 거리의 차)=(트랙의 길이)

(2) 트랙을 반대 방향으로 돌다 만날 때

(두 사람이 걸은 거리의 합)=(트랙의 길이)

73 답 시속 7 km

정지한 물에서의 배의 속력을 시속 x km, 강물의 속력을 시속 y km라 하면

$$\begin{cases} 4(x-y)=24 \\ 3(x+y)=24 \end{cases}, \text{즉} \begin{cases} x-y=6 & \cdots\cdots ㉠ \\ x+y=8 & \cdots\cdots ㉡ \end{cases}$$

㉠+㉡을 하면 $2x=14$ ∴ $x=7$

$x=7$을 ㉡에 대입하면 $7+y=8$ ∴ $y=1$

따라서 정지한 물에서의 배의 속력은 시속 7 km이다.

참고 정지한 물에서의 배의 속력을 x, 강물의 속력을 y라 하면

(1) (강을 거슬러 올라갈 때의 배의 속력)$=x-y$

(2) (강을 따라 내려올 때의 배의 속력)$=x+y$

74 답 38초

기차의 길이를 x m, 기차의 속력을 초속 y m라 하면

$\begin{cases} x+600=18y & \cdots\cdots \ \bigcirc \\ x+800=23y & \cdots\cdots \ \bigcirc\!\!\bigcirc \end{cases}$

$\bigcirc-\bigcirc\!\!\bigcirc$을 하면 $-200=-5y$ $\quad\therefore y=40$

$y=40$을 $\bigcirc$에 대입하면 $x+600=720$ $\quad\therefore x=120$

따라서 이 기차가 1.4 km, 즉 1400 m 길이의 다리를 완전히 건너는 데 걸리는 시간은

$\dfrac{120+1400}{40}=38(초)$

[참고] 기차가 다리 또는 터널을 완전히 통과할 때

(이동 거리)=(기차의 길이)+(다리 또는 터널의 길이)

[유형] **23** 농도에 대한 연립방정식의 활용   43쪽

(1) (소금의 양)$=\dfrac{(소금물의\ 농도)}{100}\times(소금물의\ 양)$

(2) 농도가 다른 두 소금물 A, B를 섞을 때

→ $\begin{cases} (\text{A 소금물의 양})+(\text{B 소금물의 양})=(\text{전체 소금물의 양}) \\ (\text{A 소금의 양})+(\text{B 소금의 양})=(\text{전체 소금의 양}) \end{cases}$

---

75 답 ②

3 %의 소금물의 양을 x g, 6 %의 소금물의 양을 y g이라 하면

$\begin{cases} x+y=240 \\ \dfrac{3}{100}x+\dfrac{6}{100}y=\dfrac{5}{100}\times240 \end{cases}$, 즉 $\begin{cases} x+y=240 & \cdots\cdots \ \bigcirc \\ x+2y=400 & \cdots\cdots \ \bigcirc\!\!\bigcirc \end{cases}$

$\bigcirc-\bigcirc\!\!\bigcirc$을 하면 $-y=-160$ $\quad\therefore y=160$

$y=160$을 $\bigcirc$에 대입하면 $x+160=240$ $\quad\therefore x=80$

따라서 3 %의 소금물은 80 g을 섞어야 한다.

---

76 답 2 %

A 소금물의 농도를 x %, B 소금물의 농도를 y %라 하면

$\begin{cases} \dfrac{x}{100}\times200+\dfrac{y}{100}\times400=\dfrac{10}{100}\times600 \\ \dfrac{x}{100}\times400+\dfrac{y}{100}\times200=\dfrac{6}{100}\times600 \end{cases}$

즉, $\begin{cases} x+2y=30 & \cdots\cdots \ \bigcirc \\ 2x+y=18 & \cdots\cdots \ \bigcirc\!\!\bigcirc \end{cases}$

$\bigcirc\times2-\bigcirc\!\!\bigcirc$을 하면 $3y=42$ $\quad\therefore y=14$

$y=14$를 $\bigcirc$에 대입하면 $x+28=30$ $\quad\therefore x=2$

따라서 A 소금물의 농도는 2 %이다.

[유형] **24** 식품, 합금에 대한 연립방정식의 활용   43쪽

(1) (영양소의 양)=(영양소의 비율)$\times$(식품의 양)

(2) (금속의 양)=(금속의 비율)$\times$(합금의 양)

---

77 답 200 g

우유와 달걀 1 g 속에 들어 있는 단백질의 양과 열량은 오른쪽 표와 같으므로 우유를 x g, 달걀을 y g 섭취한다고 하면

	우유	달걀
단백질 (g)	$\dfrac{3}{100}$	$\dfrac{12}{100}$
열량 (kcal)	$\dfrac{70}{100}$	$\dfrac{150}{100}$

$\begin{cases} \dfrac{3}{100}x+\dfrac{12}{100}y=30 \\ \dfrac{70}{100}x+\dfrac{150}{100}y=440 \end{cases}$, 즉 $\begin{cases} x+4y=1000 & \cdots\cdots \ \bigcirc \\ 7x+15y=4400 & \cdots\cdots \ \bigcirc\!\!\bigcirc \end{cases}$

$\bigcirc\times7-\bigcirc\!\!\bigcirc$을 하면 $13y=2600$ $\quad\therefore y=200$

$y=200$을 $\bigcirc$에 대입하면 $x+800=1000$ $\quad\therefore x=200$

따라서 달걀은 200 g을 섭취해야 한다.

[오답 피하기]

주어진 표는 100 g 속에 들어 있는 양을 나타내는 것이므로

연립방정식을 $\begin{cases} 3x+12y=30 \\ 70x+150y=440 \end{cases}$ 과 같이 세우지 않도록 한다.

---

78 답 400 g

합금 A를 x g, 합금 B를 y g 녹인다고 하면

$\begin{cases} \dfrac{25}{100}x+\dfrac{40}{100}y=210 \\ \dfrac{30}{100}x+\dfrac{20}{100}y=140 \end{cases}$, 즉 $\begin{cases} 5x+8y=4200 & \cdots\cdots \ \bigcirc \\ 3x+2y=1400 & \cdots\cdots \ \bigcirc\!\!\bigcirc \end{cases}$

$\bigcirc-\bigcirc\!\!\bigcirc\times4$를 하면 $-7x=-1400$ $\quad\therefore x=200$

$x=200$을 $\bigcirc\!\!\bigcirc$에 대입하면

$600+2y=1400,\ 2y=800$ $\quad\therefore y=400$

따라서 합금 B는 400 g 녹여야 한다.

서술형   ◾44쪽~47쪽

01 답 (1) -1 (2) $x=-2$

(1) **채점 기준 1** a의 값 구하기 … 2점

$x=\underline{1},\ y=\underline{-2}$를 $x+ay=3$에 대입하면

$\underline{1}-\underline{2}a=3,\ -2a=\underline{2}$ $\quad\therefore a=\underline{-1}$

(2) **채점 기준 2** 일차방정식 $3ax+1=7$의 해 구하기 … 2점

$a=\underline{-1}$을 $3ax+1=7$에 대입하면

$\underline{-3}x+1=7,\ \underline{-3}x=6$ $\quad\therefore x=\underline{-2}$

01-1 답 (1) 4   (2) $x=-3$

(1) **채점 기준 1** a의 값 구하기 … 2점

$x=3,\ y=3$을 $ax-y=9$에 대입하면

$3a-3=9,\ 3a=12$ $\quad\therefore a=4$

(2) **채점 기준 2** 일차방정식 $4x+7a=16$의 해 구하기 … 2점

$a=4$를 $4x+7a=16$에 대입하면

$4x+28=16,\ 4x=-12$ $\quad\therefore x=-3$

02 답 7

채점 기준 1 $x,\ y$의 값을 각각 구하기 … 4점

y의 값이 x의 값의 3배이므로 $y=\underline{3}x$

$\begin{cases} 7x-3y=-4 & \cdots\cdots \ \bigcirc \\ y=\underline{3}x & \cdots\cdots \ \bigcirc\!\!\bigcirc \end{cases}$

$\bigcirc\!\!\bigcirc$을 $\bigcirc$에 대입하면

$7x-3\times\underline{3}x=-4,\ \underline{-2}x=-4$ $\quad\therefore x=\underline{2}$

$x=\underline{2}$를 $\bigcirc\!\!\bigcirc$에 대입하면 $y=\underline{6}$

채점 기준 2 a의 값 구하기 … 2점

$x=\underline{2}$, $y=\underline{6}$을 $3x-2y=a-13$에 대입하면

$\underline{6}-\underline{12}=a-13$, $\underline{-6}=a-13$ $\therefore a=\underline{7}$

02-1 답 3

채점 기준 1 x, y의 값을 각각 구하기 … 4점

x의 값과 y의 값이 서로 같으므로 $x=y$

$\begin{cases} 8x-5y=9 & \cdots\cdots ㉠ \\ x=y & \cdots\cdots ㉡ \end{cases}$

㉡을 ㉠에 대입하면

$8y-5y=9$, $3y=9$ $\therefore y=3$

$y=3$을 ㉡에 대입하면 $x=3$

채점 기준 2 a의 값 구하기 … 2점

$x=3$, $y=3$을 $-x+2y=a$에 대입하면

$-3+6=a$ $\therefore a=3$

02-2 답 5

채점 기준 1 x, y의 값을 각각 구하기 … 5점

x와 y의 값의 비가 $2 : 3$이므로 $x : y=2 : 3$에서 $3x=2y$

$\begin{cases} 3x+4y=18 & \cdots\cdots ㉠ \\ 3x=2y & \cdots\cdots ㉡ \end{cases}$

㉡을 ㉠에 대입하면

$2y+4y=18$, $6y=18$ $\therefore y=3$

$y=3$을 ㉡에 대입하면 $3x=6$ $\therefore x=2$

채점 기준 2 a의 값 구하기 … 2점

$x=2$, $y=3$을 $ax-y=7$에 대입하면

$2a-3=7$, $2a=10$ $\therefore a=5$

03 답 (1) $\begin{cases} x+y=600 \\ -\dfrac{3}{100}x+\dfrac{5}{100}y=14 \end{cases}$ (2) 420개

(1) **채점 기준 1** 연립방정식 세우기 … 3점

지난달에 생산한 A 제품은 x개, B 제품은 y개이므로

$\begin{cases} x+y=\underline{600} \\ -\dfrac{3}{100}x+\dfrac{5}{100}y=14 \end{cases}$

(2) **채점 기준 2** 이달에 생산한 B 제품은 몇 개인지 구하기 … 4점

위의 식을 정리하면 $\begin{cases} x+y=\underline{600} & \cdots\cdots ㉠ \\ -3x+5y=1400 & \cdots\cdots ㉡ \end{cases}$

㉠×3+㉡을 하면 $8y=3200$ $\therefore y=\underline{400}$

$y=400$을 ㉠에 대입하면 $x+400=600$ $\therefore x=\underline{200}$

따라서 이달에 생산한 B 제품은

$\underline{400}+\underline{400}\times\dfrac{5}{100}=\underline{420}$ (개)

03-1 답 (1) $\begin{cases} x+y=450 \\ \dfrac{5}{100}x-\dfrac{2}{100}y=5 \end{cases}$ (2) 245명

(1) **채점 기준 1** 연립방정식 세우기 … 3점

작년 2학년 남학생 수는 x명, 여학생 수는 y명이므로

$\begin{cases} x+y=450 \\ \dfrac{5}{100}x-\dfrac{2}{100}y=5 \end{cases}$

(2) **채점 기준 2** 올해 2학년 여학생 수 구하기 … 4점

위의 식을 정리하면 $\begin{cases} x+y=450 & \cdots\cdots ㉠ \\ 5x-2y=500 & \cdots\cdots ㉡ \end{cases}$

㉠×2+㉡을 하면 $7x=1400$ $\therefore x=200$

$x=200$을 ㉠에 대입하면 $200+y=450$ $\therefore y=250$

따라서 올해 2학년 여학생 수는

$250-250\times\dfrac{2}{100}=245$(명)

04 답 분속 250 m

채점 기준 1 연립방정식 세우기 … 3점

근수의 속력을 분속 x m, 희정이의 속력을 분속 y m라 하면

$\begin{cases} x+y=\underline{400} \\ \underline{4}\,x-\underline{4}\,y=400 \end{cases}$

채점 기준 2 근수의 속력 구하기 … 4점

위의 식을 정리하면 $\begin{cases} x+y=\underline{400} & \cdots\cdots ㉠ \\ x-y=\underline{100} & \cdots\cdots ㉡ \end{cases}$

㉠+㉡을 하면 $2x=500$ $\therefore x=\underline{250}$

$x=250$을 ㉠에 대입하면 $250+y=400$ $\therefore y=\underline{150}$

따라서 근수의 속력은 분속 $\underline{250}$ m이다.

04-1 답 분속 70 m

채점 기준 1 연립방정식 세우기 … 3점

A의 속력을 분속 x m, B의 속력을 분속 y m라 하면

$\begin{cases} 100x-100y=6000 \\ 30x+30y=6000 \end{cases}$

채점 기준 2 B의 속력 구하기 … 4점

위의 식을 정리하면 $\begin{cases} x-y=60 & \cdots\cdots ㉠ \\ x+y=200 & \cdots\cdots ㉡ \end{cases}$

㉠+㉡을 하면 $2x=260$ $\therefore x=130$

$x=130$을 ㉠에 대입하면 $130-y=60$ $\therefore y=70$

따라서 B의 속력은 분속 70 m이다.

05 답 2

$\begin{cases} 3(x-2y)=2(2x+y) \\ x+y=14 \end{cases}$ 에서 $\begin{cases} x=-8y & \cdots\cdots ㉠ \\ x+y=14 & \cdots\cdots ㉡ \end{cases}$

㉠을 ㉡에 대입하면 $-8y+y=14$, $-7y=14$ $\therefore y=-2$

$y=-2$를 ㉠에 대입하면 $x=16$ $\cdots\cdots ❶$

따라서 $x=16$, $y=-2$를 $ax+4y=24$에 대입하면

$16a-8=24$, $16a=32$ $\therefore a=2$ $\cdots\cdots ❷$

채점 기준	배점
❶ 연립방정식의 해 구하기	4점
❷ a의 값 구하기	2점

06 답 -8

$\begin{cases} (x+2) : (y-3)=2 : 3 \\ -2x+y=7 \end{cases}$ 에서 $\begin{cases} 3(x+2)=2(y-3) \\ -2x+y=7 \end{cases}$

즉, $\begin{cases} 3x-2y=-12 & \cdots\cdots ㉠ \\ -2x+y=7 & \cdots\cdots ㉡ \end{cases}$

㉠+㉡×2를 하면 $-x=2$ $\therefore x=-2$

$x=-2$를 ㉡에 대입하면 $4+y=7$ $\therefore y=3$ $\cdots\cdots ❶$

따라서 $x=-2$, $y=3$을 연립방정식 $\begin{cases} px+qy=6 \\ px-qy=18 \end{cases}$ 에 대입하면

$\begin{cases} -2p+3q=6 & \cdots\cdots © \\ -2p-3q=18 & \cdots\cdots ② \end{cases}$

©+②을 하면 $-4p=24$ $\quad\therefore p=-6$

$p=-6$을 ©에 대입하면

$12+3q=6$, $3q=-6$ $\quad\therefore q=-2$ $\qquad\qquad$ ❷

$\therefore p+q=-6+(-2)=-8$ $\qquad\qquad\qquad$ ❸

채점 기준	배점
❶ 연립방정식 $\begin{cases} (x+2):(y-3)=2:3 \\ -2x+y=7 \end{cases}$ 의 해 구하기	3점
❷ p, q의 값을 각각 구하기	3점
❸ $p+q$의 값 구하기	1점

07 답 25

$\dfrac{3x+y}{2}=3x=\dfrac{2y+5}{3}$에서

$\begin{cases} \dfrac{3x+y}{2}=3x \\ 3x=\dfrac{2y+5}{3} \end{cases}$, 즉 $\begin{cases} y=3x & \cdots\cdots ㉠ \\ 9x-2y=5 & \cdots\cdots ㉡ \end{cases}$

㉠을 ㉡에 대입하면

$9x-6x=5$, $3x=5$ $\quad\therefore x=\dfrac{5}{3}$

$x=\dfrac{5}{3}$를 ㉠에 대입하면 $y=5$ $\qquad\qquad$ ❶

따라서 $a=\dfrac{5}{3}$, $b=5$이므로 $\qquad\qquad\qquad$ ❷

$3ab=3\times\dfrac{5}{3}\times5=25$ $\qquad\qquad\qquad$ ❸

채점 기준	배점
❶ 방정식의 해 구하기	4점
❷ a, b의 값을 각각 구하기	1점
❸ $3ab$의 값 구하기	1점

08 답 2

$\begin{cases} 4x+y=4 & \cdots\cdots ㉠ \\ 2x-y=8 & \cdots\cdots ㉡ \end{cases}$

㉠+㉡을 하면 $6x=12$ $\quad\therefore x=2$

$x=2$를 ㉠에 대입하면

$8+y=4$ $\quad\therefore y=-4$ $\qquad\qquad\qquad$ ❶

$x=2$, $y=-4$를 $3x+ay=2$에 대입하면

$6-4a=2$, $-4a=-4$ $\quad\therefore a=1$

$x=2$, $y=-4$를 $bx+3y=-10$에 대입하면

$2b-12=-10$, $2b=2$ $\quad\therefore b=1$ $\qquad\qquad$ ❷

$\therefore a+b=1+1=2$ $\qquad\qquad\qquad$ ❸

채점 기준	배점
❶ 두 연립방정식의 해 구하기	3점
❷ a, b의 값을 각각 구하기	2점
❸ $a+b$의 값 구하기	1점

09 답 8

$y=1$을 $3x-2y=10$에 대입하면

$3x-2=10$, $3x=12$ $\quad\therefore x=4$ $\qquad\qquad$ ❶

$x=4$, $y=1$을 $x+4y=a$에 대입하면

$4+4=a$ $\quad\therefore a=8$ $\qquad\qquad\qquad$ ❷

채점 기준	배점
❶ 잘못 보고 푼 해의 x의 값 구하기	3점
❷ a의 값 구하기	3점

10 답 $x=-1$, $y=1$

$\begin{cases} x+3y=2 \\ ax+by=6 \end{cases}$, 즉 $\begin{cases} 3x+9y=6 \\ ax+by=6 \end{cases}$ 의 해가 무수히 많으므로

$3=a$, $9=b$ $\quad\therefore a=3$, $b=9$ $\qquad\qquad$ ❶

따라서 $a=3$, $b=9$를 연립방정식 $\begin{cases} -2x+y=3 \\ bx+ay=-6 \end{cases}$ 에 대입하면

$\begin{cases} -2x+y=3 \\ 9x+3y=-6 \end{cases}$, 즉 $\begin{cases} -2x+y=3 & \cdots\cdots ㉠ \\ 3x+y=-2 & \cdots\cdots ㉡ \end{cases}$

㉠-㉡을 하면 $-5x=5$ $\quad\therefore x=-1$

$x=-1$을 ㉠에 대입하면

$2+y=3$ $\quad\therefore y=1$ $\qquad\qquad\qquad$ ❷

채점 기준	배점
❶ a, b의 값을 각각 구하기	3점
❷ 연립방정식 $\begin{cases} -2x+y=3 \\ bx+ay=-6 \end{cases}$ 의 해 구하기	3점

11 답 26

처음 자연수의 십의 자리의 숫자를 x, 일의 자리의 숫자를 y라 하면

$\begin{cases} x+y=8 \\ 10y+x=2(10x+y)+10 \end{cases}$ $\qquad\qquad$ ❶

즉, $\begin{cases} x+y=8 & \cdots\cdots ㉠ \\ -19x+8y=10 & \cdots\cdots ㉡ \end{cases}$

㉠×8-㉡을 하면 $27x=54$ $\quad\therefore x=2$

$x=2$를 ㉠에 대입하면

$2+y=8$ $\quad\therefore y=6$ $\qquad\qquad\qquad$ ❷

따라서 처음 수는 26이다. $\qquad\qquad\qquad$ ❸

채점 기준	배점
❶ 연립방정식 세우기	3점
❷ 연립방정식의 해 구하기	2점
❸ 처음 수 구하기	1점

12 답 (1) 40명 (2) 1400원

(1) 학급의 전체 학생 수를 x명, 전체 입장료를 y원이라 하면

$\begin{cases} 1000x+16000=y & \cdots\cdots ㉠ \\ 2000x-24000=y & \cdots\cdots ㉡ \end{cases}$ $\qquad$ ❶

㉡을 ㉠에 대입하면

$1000x+16000=2000x-24000$, $-1000x=-40000$

$\therefore x=40$

$x=40$을 ㉠에 대입하면

$40000+16000=y$ $\quad\therefore y=56000$ $\qquad$ ❷

따라서 학급의 전체 학생 수는 40명이다. ······ **③**

(2) 한 학생의 입장료는 $\dfrac{56000}{40}=1400$(원) ······ **④**

채점 기준	배점
❶ 연립방정식 세우기	2점
❷ 연립방정식의 해 구하기	2점
❸ 학급의 전체 학생 수 구하기	1점
❹ 한 학생의 입장료 구하기	2점

13 답 14

예림이가 이긴 횟수를 x, 수영이가 이긴 횟수를 y라 하면 예림이가 진 횟수는 y, 수영이가 진 횟수는 x이므로

$$\begin{cases} 2x-y=12 & \cdots\cdots ㉠ \\ -x+2y=15 & \cdots\cdots ㉡ \end{cases} \qquad \cdots\cdots ❶$$

㉠$\times2+$㉡을 하면 $3x=39$ ∴ $x=13$

$x=13$을 ㉠에 대입하면

$26-y=12,\ -y=-14$ ∴ $y=14$ ······ **②**

따라서 수영이가 이긴 횟수는 14이다. ······ **③**

채점 기준	배점
❶ 연립방정식 세우기	3점
❷ 연립방정식의 해 구하기	2점
❸ 수영이가 이긴 횟수 구하기	1점

14 답 4일

전체 일의 양을 1로 놓고, 도영이와 재현이가 하루에 할 수 있는 일의 양을 각각 x, y라 하면

$$\begin{cases} 3x+3y=1 & \cdots\cdots ㉠ \\ 2x+6y=1 & \cdots\cdots ㉡ \end{cases} \qquad \cdots\cdots ❶$$

㉠$\times2-$㉡을 하면 $4x=1$ ∴ $x=\dfrac{1}{4}$

$x=\dfrac{1}{4}$을 ㉡에 대입하면

$\dfrac{1}{2}+6y=1,\ 6y=\dfrac{1}{2}$ ∴ $y=\dfrac{1}{12}$ ······ **②**

따라서 도영이가 혼자 하면 4일이 걸린다. ······ **③**

채점 기준	배점
❶ 연립방정식 세우기	3점
❷ 연립방정식의 해 구하기	2점
❸ 도영이가 혼자 하면 며칠이 걸리는지 구하기	1점

15 답 1 km

걸은 거리를 x km, 달린 거리를 y km라 하면

$$\begin{cases} x+y=3 \\ \dfrac{x}{3}+\dfrac{y}{6}=\dfrac{40}{60} \end{cases} \qquad \cdots\cdots ❶$$

즉, $\begin{cases} x+y=3 & \cdots\cdots ㉠ \\ 2x+y=4 & \cdots\cdots ㉡ \end{cases}$

㉠$-$㉡을 하면 $-x=-1$ ∴ $x=1$

$x=1$을 ㉠에 대입하면 $1+y=3$ ∴ $y=2$ ······ **②**

따라서 주현이가 시속 3 km로 걸은 거리는 1 km이다. ······ **③**

채점 기준	배점
❶ 연립방정식 세우기	3점
❷ 연립방정식의 해 구하기	2점
❸ 주현이가 시속 3 km로 걸은 거리 구하기	1점

16 답 A 식품 : 300 g, B 식품 : 500 g

A 식품을 x g, B 식품을 y g 섭취한다고 하면

$$\begin{cases} \dfrac{120}{100}x+\dfrac{300}{100}y=1860 \\ \dfrac{20}{100}x+\dfrac{30}{100}y=210 \end{cases} \qquad \cdots\cdots ❶$$

즉, $\begin{cases} 2x+5y=3100 & \cdots\cdots ㉠ \\ 2x+3y=2100 & \cdots\cdots ㉡ \end{cases}$

㉠$-$㉡을 하면 $2y=1000$ ∴ $y=500$

$y=500$을 ㉠에 대입하면

$2x+2500=3100,\ 2x=600$ ∴ $x=300$ ······ **②**

따라서 A 식품은 300 g, B 식품은 500 g을 섭취해야 한다. ······ **③**

채점 기준	배점
❶ 연립방정식 세우기	3점
❷ 연립방정식의 해 구하기	3점
❸ 섭취해야 하는 A, B 식품의 양을 각각 구하기	1점

실전 중단원 학교 시험 1회 ────48쪽~51쪽

01 ⑤	02 ④	03 ④	04 ②	05 ①
06 ④	07 ②	08 ②	09 ③	10 ⑤
11 ⑤	12 ⑤	13 ②	14 ④	15 ②
16 ⑤	17 ①	18 ⑤	19 5	20 1
21 1782	22 180 cm²		23 10 km, 2 km

01 답 ⑤ 〔유형 **01**〕

④ $2x(1+y)=2xy-1$에서 $2x+1=0$이므로 미지수가 2개인 일차방정식이 아니다.

⑤ $3(x^2+y)=x(3x+2)$에서 $3y-2x=0$이므로 미지수가 2개인 일차방정식이다.

따라서 미지수가 2개인 일차방정식인 것은 ⑤이다.

02 답 ④ 〔유형 **02**〕

$3x+y=10$에 순서쌍 $(x,\ y)$를 각각 대입하면

① $3\times(-3)+19=10$ (참)

② $3\times0+10=10$ (참)

③ $3\times2+4=10$ (참)

④ $3\times4+2=14\neq10$ (거짓)

⑤ $3\times5+(-5)=10$ (참)

따라서 일차방정식 $3x+y=10$의 해가 아닌 것은 ④이다.

03 답 ④ 〔유형 **03**〕

$x=1,\ y=-1$을 $6x+by=7$에 대입하면

$6-b=7,\ -b=1$ ∴ $b=-1$

$x=a$, $y=5$를 $6x-y=7$에 대입하면

$6a-5=7$, $6a=12$ ∴ $a=2$

∴ $a-b=2-(-1)=3$

04 답 ② 유형 05

$x=3$, $y=1$을 주어진 연립방정식에 각각 대입하면

① $\begin{cases} 3+1=4 \ (참) \\ 3-1=2\neq3 \ (거짓) \end{cases}$

② $\begin{cases} 3-2\times1=1 \ (참) \\ 3\times3-1=8 \ (참) \end{cases}$

③ $\begin{cases} 2\times3+3\times1=9\neq-4 \ (거짓) \\ 3+1=4\neq3 \ (거짓) \end{cases}$

④ $\begin{cases} 3\times3+1=10\neq1 \ (거짓) \\ 3+2\times1=5 \ (참) \end{cases}$

⑤ $\begin{cases} 4\times3-1=11\neq2 \ (거짓) \\ 3\times3-2\times1=7 \ (참) \end{cases}$

따라서 $x=3$, $y=1$을 해로 갖는 것은 ②이다.

05 답 ① 유형 06

$x=2$, $y=1$을 $x+y=a$에 대입하면 $a=3$

$x=2$, $y=1$을 $3x+by=4$에 대입하면

$6+b=4$ ∴ $b=-2$

∴ $a+b=3+(-2)=1$

06 답 ④ 유형 07

㉠을 ㉡에 대입하면

$3x-2(4-2x)=6$, $3x-8+4x=6$, $7x=14$

∴ $a=7$

07 답 ② 유형 08

$\begin{cases} 4x-y=7 & \cdots\cdots ㉠ \\ x+2y=4 & \cdots\cdots ㉡ \end{cases}$

㉠$\times2+$㉡을 하면 $9x=18$ ∴ $x=2$

$x=2$를 ㉠에 대입하면

$8-y=7$, $-y=-1$ ∴ $y=1$

08 답 ② 유형 09

$\begin{cases} \dfrac{x}{2}+\dfrac{y}{3}=\dfrac{1}{6} & \cdots\cdots ㉠ \\ 0.5x-0.2y=0.7 & \cdots\cdots ㉡ \end{cases}$

㉠$\times6$, ㉡$\times10$을 하면 $\begin{cases} 3x+2y=1 & \cdots\cdots ㉢ \\ 5x-2y=7 & \cdots\cdots ㉣ \end{cases}$

㉢$+$㉣을 하면 $8x=8$ ∴ $x=1$

$x=1$을 ㉢에 대입하면

$3+2y=1$, $2y=-2$ ∴ $y=-1$

따라서 $m=1$, $n=-1$이므로

$mn=1\times(-1)=-1$

09 답 ③ 유형 10

$2x-3y=3x-y=7$에서

$\begin{cases} 2x-3y=7 & \cdots\cdots ㉠ \\ 3x-y=7 & \cdots\cdots ㉡ \end{cases}$

㉠$-$㉡$\times3$을 하면 $-7x=-14$ ∴ $x=2$

$x=2$를 ㉠에 대입하면

$4-3y=7$, $-3y=3$ ∴ $y=-1$

∴ $x+2y=2+2\times(-1)=0$

10 답 ⑤ 유형 11

$x=2$, $y=1$을 주어진 연립방정식에 대입하면

$\begin{cases} 2a+b=7 \\ 2b+a=5 \end{cases}$, 즉 $\begin{cases} 2a+b=7 & \cdots\cdots ㉠ \\ a+2b=5 & \cdots\cdots ㉡ \end{cases}$

㉠$-$㉡$\times2$를 하면 $-3b=-3$ ∴ $b=1$

$b=1$을 ㉠에 대입하면

$2a+1=7$, $2a=6$ ∴ $a=3$

11 답 ⑤ 유형 12

x의 값이 y의 값의 3배이므로 $x=3y$

$\begin{cases} x+2y=5 & \cdots\cdots ㉠ \\ x=3y & \cdots\cdots ㉡ \end{cases}$

㉡을 ㉠에 대입하면 $5y=5$ ∴ $y=1$

$y=1$을 ㉡에 대입하면 $x=3$

따라서 $x=3$, $y=1$을 $2(x-y)+3y=a+5$에 대입하면

$2\times2+3=a+5$ ∴ $a=2$

12 답 ⑤ 유형 14

$ax+y=x+by=10$에서

$\begin{cases} ax+y=10 & \cdots\cdots ㉠ \\ x+by=10 & \cdots\cdots ㉡ \end{cases}$

연우는 b를 바르게 보았으므로

$x=1$, $y=3$을 ㉡에 대입하면

$1+3b=10$, $3b=9$ ∴ $b=3$

세아는 a를 바르게 보았으므로

$x=3$, $y=4$를 ㉠에 대입하면

$3a+4=10$, $3a=6$ ∴ $a=2$

∴ $a+b=2+3=5$

13 답 ② 유형 15

$\begin{cases} x-2y=3 \\ 2x+ay=5 \end{cases}$, 즉 $\begin{cases} 2x-4y=6 \\ 2x+ay=5 \end{cases}$의 해가 없으므로 $a=-4$

다른 풀이

$\dfrac{1}{2}=\dfrac{-2}{a}\neq\dfrac{3}{5}$에서 $a=-4$

14 답 ④ 유형 17

모둠원이 2명인 조를 x개, 4명인 조를 y개라 하면

$\begin{cases} x+y=10 \\ 2x+4y=28 \end{cases}$, 즉 $\begin{cases} x+y=10 & \cdots\cdots ㉠ \\ x+2y=14 & \cdots\cdots ㉡ \end{cases}$

㉠$-$㉡을 하면 $-y=-4$ ∴ $y=4$

$y=4$를 ㉠에 대입하면 $x+4=10$ ∴ $x=6$

따라서 모둠원이 2명인 조는 6개이다.

15 답 ② 유형 18

현재 어머니의 나이를 x살, 아들의 나이를 y살이라 하면

$\begin{cases} x=y+25 \\ x+10=3y+9 \end{cases}$, 즉 $\begin{cases} x=y+25 & \cdots\cdots ㉠ \\ x-3y=-1 & \cdots\cdots ㉡ \end{cases}$

㉠을 ㉡에 대입하면

$y+25-3y=-1$, $-2y=-26$ ∴ $y=13$

$y=13$을 ㉠에 대입하면 $x=38$

따라서 현재 어머니의 나이는 38살이다.

16 답 ⑤ 유형 ⑰

합격품을 x개, 불량품을 y개라 하면

$\begin{cases} x+y=600 \\ 80x-120y=36000 \end{cases}$, 즉 $\begin{cases} x+y=600 & \cdots\cdots \text{㉠} \\ 2x-3y=900 & \cdots\cdots \text{㉡} \end{cases}$

㉠ $\times 2$ㅡ㉡을 하면 $5y=300$ ∴ $y=60$

$y=60$을 ㉠에 대입하면 $x+60=600$ ∴ $x=540$

따라서 합격품은 540개이다.

17 답 ① 유형 ⑳

1반의 남학생 수를 x명, 여학생 수를 y명이라 하면

$\begin{cases} x+y=40 \\ \frac{1}{5}x+\frac{1}{3}y=40 \times \frac{1}{4} \end{cases}$, 즉 $\begin{cases} x+y=40 & \cdots\cdots \text{㉠} \\ 3x+5y=150 & \cdots\cdots \text{㉡} \end{cases}$

㉠ $\times 3$ㅡ㉡을 하면 $-2y=-30$ ∴ $y=15$

$y=15$를 ㉠에 대입하면 $x+15=40$ ∴ $x=25$

따라서 1반의 여학생 수는 15명이다.

18 답 ⑤ 유형 ㉑

욕조를 가득 채울 수 있는 물의 양을 1로 놓고, A, B 호스로 1시간 동안 채울 수 있는 물의 양을 각각 x, y라 하면

$\begin{cases} 4x+2y=1 & \cdots\cdots \text{㉠} \\ 2x+3y=1 & \cdots\cdots \text{㉡} \end{cases}$

㉠ㅡ㉡$\times 2$를 하면 $-4y=-1$ ∴ $y=\frac{1}{4}$

$y=\frac{1}{4}$을 ㉠에 대입하면

$4x+\frac{1}{2}=1$, $4x=\frac{1}{2}$ ∴ $x=\frac{1}{8}$

따라서 A 호스로만 물을 가득 채우려면 8시간이 걸린다.

19 답 5 유형 ⑫

x, y가 자연수일 때, 일차방정식 $x+6y=27$의 해는
$(21, 1)$, $(15, 2)$, $(9, 3)$, $(3, 4)$의 4개이므로 $a=4$ $\cdots\cdots$ ❶

x, y가 자연수일 때, 일차방정식 $3x+4y=18$의 해는
$(2, 3)$의 1개이므로 $b=1$ $\cdots\cdots$ ❷

∴ $a+b=4+1=5$ $\cdots\cdots$ ❸

채점 기준	배점
❶ a의 값 구하기	1.5점
❷ b의 값 구하기	1.5점
❸ $a+b$의 값 구하기	1점

20 답 1 유형 ⑨

$\begin{cases} 0.\dot{2}x-1.\dot{3}y=1.\dot{1} \\ 0.3x+\frac{1}{5}y=0.5 \end{cases}$ 에서 $\begin{cases} \frac{2}{9}x-\frac{4}{3}y=\frac{10}{9} & \cdots\cdots \text{㉠} \\ 0.3x+\frac{1}{5}y=0.5 & \cdots\cdots \text{㉡} \end{cases}$

㉠ $\times 9$, ㉡ $\times 10$을 하면

$\begin{cases} 2x-12y=10 \\ 3x+2y=5 \end{cases}$, 즉 $\begin{cases} x-6y=5 & \cdots\cdots \text{㉢} \\ 3x+2y=5 & \cdots\cdots \text{㉣} \end{cases}$

㉢+㉣$\times 3$을 하면 $10x=20$ ∴ $x=2$

$x=2$를 ㉣에 대입하면

$6+2y=5$, $2y=-1$ ∴ $y=-\frac{1}{2}$ $\cdots\cdots$ ❶

따라서 $x=2$, $y=-\frac{1}{2}$을 $ax-2y=3$에 대입하면

$2a+1=3$, $2a=2$ ∴ $a=1$ $\cdots\cdots$ ❷

채점 기준	배점
❶ 연립방정식의 해 구하기	4점
❷ a의 값 구하기	2점

21 답 1782 유형 ⑯

세 번째 숫자를 x, 네 번째 숫자를 y라 하면

$\begin{cases} 1+7+x+y=18 \\ x=4y \end{cases}$ $\cdots\cdots$ ❶

즉 $\begin{cases} x+y=10 & \cdots\cdots \text{㉠} \\ x=4y & \cdots\cdots \text{㉡} \end{cases}$

㉡을 ㉠에 대입하면 $4y+y=10$, $5y=10$ ∴ $y=2$

$y=2$를 ㉡에 대입하면 $x=8$ $\cdots\cdots$ ❷

따라서 자동차 번호는 1782이다. $\cdots\cdots$ ❸

채점 기준	배점
❶ 연립방정식 세우기	3점
❷ 연립방정식의 해 구하기	2점
❸ 자동차 번호 구하기	1점

22 답 180 cm² 유형 ⑲

종이 1장의 가로의 길이를 x cm, 세로의 길이를 y cm라 하면
(단, $x<y$)

$\begin{cases} 5x=4y \\ 2\{5x+(y+x)\}=58 \end{cases}$ $\cdots\cdots$ ❶

즉 $\begin{cases} 5x-4y=0 & \cdots\cdots \text{㉠} \\ 6x+y=29 & \cdots\cdots \text{㉡} \end{cases}$

㉠+㉡$\times 4$를 하면 $29x=116$ ∴ $x=4$

$x=4$를 ㉠에 대입하면

$20-4y=0$, $-4y=-20$ ∴ $y=5$ $\cdots\cdots$ ❷

따라서 종이 한 장의 넓이는 $4 \times 5=20$ (cm²)이므로 9장의 넓이는 $20 \times 9=180$ (cm²) $\cdots\cdots$ ❸

채점 기준	배점
❶ 연립방정식 세우기	3점
❷ 연립방정식의 해 구하기	2점
❸ 직사각형 ABCD의 넓이 구하기	2점

23 답 10 km, 2 km 유형 ㉒

자전거로 간 거리를 x km, 걸어간 거리를 y km라 하면

$\begin{cases} x+y=12 \\ \frac{x}{20}+\frac{y}{3}=\frac{70}{60} \end{cases}$ $\cdots\cdots$ ❶

즉 $\begin{cases} x+y=12 & \cdots\cdots \text{㉠} \\ 3x+20y=70 & \cdots\cdots \text{㉡} \end{cases}$

㉠ $\times 3$ㅡ㉡을 하면 $-17y=-34$ ∴ $y=2$

$y=2$를 ㉠에 대입하면 $x+2=12$ ∴ $x=10$ $\cdots\cdots$ ❷

따라서 자전거로 간 거리는 10 km, 걸어간 거리는 2 km이다. $\cdots\cdots$ ❸

채점 기준	배점
❶ 연립방정식 세우기	3점
❷ 연립방정식의 해 구하기	3점
❸ 자전거로 간 거리와 걸어간 거리를 각각 구하기	1점

학교 시험 2회

52쪽~55쪽

01 ⑤	02 ③	03 ②	04 ③	05 ⑤
06 ④	07 ④	08 ③	09 ②	10 ①
11 ④	12 ②	13 ①	14 ⑤	15 ①
16 ③	17 ⑤	18 ②	19 3	20 $-\dfrac{1}{2}$
21 134	22 1000원	23 5000원		

01 답 ⑤ 유형 01

① $4x+2y=18$ ② $x+y=9$ ③ $x+y=32$

④ $5x+8y=75$ ⑤ $xy=48$

따라서 미지수가 2개인 일차방정식으로 나타내어지지 않는 것은
⑤이다.

02 답 ③ 유형 02

$x+4y=15$에 $y=1$, 2, 3, $\cdots$을 차례대로 대입하면

x	11	7	3	-1	$\cdots$
y	1	2	3	4	$\cdots$

따라서 x, y가 자연수일 때, 일차방정식 $x+4y=15$를 만족시
키는 순서쌍 $(x,\ y)$는 $(11,\ 1)$, $(7,\ 2)$, $(3,\ 3)$의 3개이다.

03 답 ② 유형 03

$x=a$, $y=3$을 $5x+2y=16$에 대입하면

$5a+6=16$, $5a=10$ $\therefore a=2$

$x=6$, $y=b$를 $5x+2y=16$에 대입하면

$30+2b=16$, $2b=-14$ $\therefore b=-7$

$\therefore a+2b=2+2\times(-7)=-12$

04 답 ③ 유형 06

$x=b$, $y=1$을 $x+3y=5$에 대입하면

$b+3=5$ $\therefore b=2$

따라서 $x=2$, $y=1$을 $ax-y=7$에 대입하면

$2a-1=7$, $2a=8$ $\therefore a=4$

$\therefore a-b=4-2=2$

05 답 ⑤ 유형 07

$\begin{cases} y=x-2 & \cdots\cdots\ \bigcirc \\ y=-2x+10 & \cdots\cdots\ \bigcirc\!\!\!\!\bigcirc \end{cases}$

$\bigcirc$을 $\bigcirc\!\!\!\!\bigcirc$에 대입하면

$x-2=-2x+10$, $3x=12$ $\therefore x=4$

$x=4$를 $\bigcirc$에 대입하면 $y=2$

따라서 $a=4$, $b=2$이므로 $a+b=4+2=6$

06 답 ④ 유형 08

$\bigcirc\times3$, $\bigcirc\!\!\!\!\bigcirc\times5$를 하면

$\begin{cases} 18x-15y=24 & \cdots\cdots\ \boxdot \\ 10x+15y=60 & \cdots\cdots\ \boxdot\!\!\!\!\boxdot \end{cases}$

$\boxdot+\boxdot\!\!\!\!\boxdot$을 하면 $28x=84$

따라서 y를 없애기 위해 필요한 식은 $\bigcirc\times3+\bigcirc\!\!\!\!\bigcirc\times5$이다.

07 답 ④ 유형 09

$\begin{cases} 3(x-y)+5y=19 \\ 2(x-3y)+y=-19 \end{cases}$ 에서 $\begin{cases} 3x+2y=19 & \cdots\cdots\ \bigcirc \\ 2x-5y=-19 & \cdots\cdots\ \bigcirc\!\!\!\!\bigcirc \end{cases}$

$\bigcirc\times2-\bigcirc\!\!\!\!\bigcirc\times3$을 하면 $19y=95$ $\therefore y=5$

$y=5$를 $\bigcirc$에 대입하면

$3x+10=19$, $3x=9$ $\therefore x=3$

08 답 ③ 유형 09

$\begin{cases} (x+1):(y-1)=3:5 \\ 3x-2y=-6 \end{cases}$ 에서 $\begin{cases} 5(x+1)=3(y-1) \\ 3x-2y=-6 \end{cases}$

즉, $\begin{cases} 5x-3y=-8 & \cdots\cdots\ \bigcirc \\ 3x-2y=-6 & \cdots\cdots\ \bigcirc\!\!\!\!\bigcirc \end{cases}$

$\bigcirc\times3-\bigcirc\!\!\!\!\bigcirc\times5$를 하면 $y=6$

$y=6$을 $\bigcirc$에 대입하면

$5x-18=-8$, $5x=10$ $\therefore x=2$

주어진 연립방정식을 각각 풀면

① $x=1$, $y=1$ ② $x=-2$, $y=2$

③ $x=2$, $y=6$ ④ $x=-1$, $y=3$

⑤ $x=1$, $y=4$

따라서 해가 같은 연립방정식은 ③이다.

09 답 ② 유형 10

$\dfrac{x-y}{3}=\dfrac{2x-1}{5}=\dfrac{y-5}{4}$ 에서

$\begin{cases} \dfrac{x-y}{3}=\dfrac{2x-1}{5} & \cdots\cdots\ \bigcirc \\ \dfrac{2x-1}{5}=\dfrac{y-5}{4} & \cdots\cdots\ \bigcirc\!\!\!\!\bigcirc \end{cases}$

$\bigcirc\times15$, $\bigcirc\!\!\!\!\bigcirc\times20$을 하면 $\begin{cases} 5(x-y)=3(2x-1) \\ 4(2x-1)=5(y-5) \end{cases}$

즉, $\begin{cases} x+5y=3 & \cdots\cdots\ \boxdot \\ 8x-5y=-21 & \cdots\cdots\ \boxdot\!\!\!\!\boxdot \end{cases}$

$\boxdot+\boxdot\!\!\!\!\boxdot$을 하면 $9x=-18$ $\therefore x=-2$

$x=-2$를 $\boxdot$에 대입하면

$-2+5y=3$, $5y=5$ $\therefore y=1$

따라서 $a=-2$, $b=1$이므로 $a+b=-2+1=-1$

10 답 ① 유형 12

주어진 연립방정식의 해는 세 일차방정식을 모두 만족시키므로

연립방정식 $\begin{cases} x-3y=5 & \cdots\cdots\ \bigcirc \\ 5x+2y=8 & \cdots\cdots\ \bigcirc\!\!\!\!\bigcirc \end{cases}$ 의 해와 같다.

$\bigcirc\times5-\bigcirc\!\!\!\!\bigcirc$을 하면 $-17y=17$ $\therefore y=-1$

$y=-1$을 $\bigcirc$에 대입하면 $x+3=5$ $\therefore x=2$

따라서 $x=2$, $y=-1$을 $-3x-ky=-2$에 대입하면

$-6+k=-2$ $\therefore k=4$

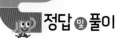

11 답 ④ 유형⑬

$$\begin{cases} x+3y=-1 & \cdots\cdots \text{㉠} \\ 3x-y=7 & \cdots\cdots \text{㉡} \end{cases}$$

㉠×3－㉡을 하면 $10y=-10$ ∴ $y=-1$

$y=-1$을 ㉠에 대입하면 $x-3=-1$ ∴ $x=2$

$x=2,\ y=-1$을 $ax+y=-3$에 대입하면

$2a-1=-3,\ 2a=-2$ ∴ $a=-1$

$x=2,\ y=-1$을 $3x+by=8$에 대입하면

$6-b=8,\ -b=2$ ∴ $b=-2$

∴ $a-b=-1-(-2)=1$

12 답 ② 유형⑭

$a,\ b$를 서로 바꾼 연립방정식은 $\begin{cases} ax+by=6 \\ bx-ay=-2 \end{cases}$

$x=2,\ y=-1$을 위의 연립방정식에 대입하면

$\begin{cases} 2a-b=6 \\ 2b+a=-2 \end{cases}$, 즉 $\begin{cases} 2a-b=6 & \cdots\cdots \text{㉠} \\ a+2b=-2 & \cdots\cdots \text{㉡} \end{cases}$

㉠－㉡×2를 하면 $-5b=10$ ∴ $b=-2$

$b=-2$를 ㉠에 대입하면 $2a+2=6,\ 2a=4$ ∴ $a=2$

따라서 $a=2,\ b=-2$를 처음 연립방정식에 대입하면

$\begin{cases} -2x+2y=6 \\ 2x+2y=-2 \end{cases}$, 즉 $\begin{cases} -x+y=3 & \cdots\cdots \text{㉢} \\ x+y=-1 & \cdots\cdots \text{㉣} \end{cases}$

㉢＋㉣을 하면 $2y=2$ ∴ $y=1$

$y=1$을 ㉢에 대입하면 $-x+1=3$ ∴ $x=-2$

따라서 처음 연립방정식의 해는 $x=-2,\ y=1$이다.

13 답 ① 유형⑮

$\begin{cases} 3x-y=-5 \\ ax+y=b \end{cases}$, 즉 $\begin{cases} -3x+y=5 \\ ax+y=b \end{cases}$의 해가 무수히 많으므로

$a=-3,\ b=5$

∴ $a-b=-3-5=-8$

다른 풀이

$\dfrac{3}{a}=\dfrac{-1}{1}=\dfrac{-5}{b}$에서 $a=-3,\ b=5$

∴ $a-b=-3-5=-8$

14 답 ⑤ 유형⑰

300원짜리 우표를 x장, 500원짜리 우표를 y장 샀다고 하면

$\begin{cases} x+y=10 \\ 300x+500y=3600 \end{cases}$, 즉 $\begin{cases} x+y=10 & \cdots\cdots \text{㉠} \\ 3x+5y=36 & \cdots\cdots \text{㉡} \end{cases}$

㉠×3－㉡을 하면 $-2y=-6$ ∴ $y=3$

$y=3$을 ㉠에 대입하면 $x+3=10$ ∴ $x=7$

따라서 300원짜리 우표는 7장을 샀다.

15 답 ① 유형⑲

정삼각형의 한 변의 길이를 $x\,\text{cm}$, 정사각형의 한 변의 길이를 $y\,\text{cm}$라 하면

$\begin{cases} 3x=4y & \cdots\cdots \text{㉠} \\ x=y+2 & \cdots\cdots \text{㉡} \end{cases}$

㉡을 ㉠에 대입하면

$3(y+2)=4y,\ 3y+6=4y$ ∴ $y=6$

$y=6$을 ㉡에 대입하면 $x=8$

따라서 정사각형의 한 변의 길이는 6 cm이다.

16 답 ③ 유형⑳

작년 남학생 수를 x명, 여학생 수를 y명이라 하면

$\begin{cases} x+y=780 \\ -\dfrac{6}{100}x+\dfrac{5}{100}y=-5 \end{cases}$, 즉 $\begin{cases} x+y=780 & \cdots\cdots \text{㉠} \\ 6x-5y=500 & \cdots\cdots \text{㉡} \end{cases}$

㉠×5＋㉡을 하면 $11x=4400$ ∴ $x=400$

$x=400$을 ㉠에 대입하면

$400+y=780$ ∴ $y=380$

따라서 올해 남학생 수는

$400-400\times\dfrac{6}{100}=376(명)$

17 답 ⑤ 유형㉒

동생의 속력을 분속 $x\,\text{m}$, 형의 속력을 분속 $y\,\text{m}$라 하면

$\begin{cases} 12y-12x=1800 \\ x:y=100:300 \end{cases}$, 즉 $\begin{cases} -x+y=150 & \cdots\cdots \text{㉠} \\ 3x=y & \cdots\cdots \text{㉡} \end{cases}$

㉡을 ㉠에 대입하면 $-x+3x=150,\ 2x=150$ ∴ $x=75$

$x=75$를 ㉡에 대입하면 $y=225$

따라서 형의 속력은 분속 225 m이다.

18 답 ② 유형㉓

9 %의 설탕물의 양을 $x\,\text{g}$, 6 %의 설탕물의 양을 $y\,\text{g}$이라 하면

$\begin{cases} x+y=360 \\ \dfrac{9}{100}x+\dfrac{6}{100}y=\dfrac{8}{100}\times360 \end{cases}$

즉, $\begin{cases} x+y=360 & \cdots\cdots \text{㉠} \\ 3x+2y=960 & \cdots\cdots \text{㉡} \end{cases}$

㉠×2－㉡을 하면 $-x=-240$ ∴ $x=240$

$x=240$을 ㉠에 대입하면 $240+y=360$ ∴ $y=120$

따라서 6 %의 설탕물의 양은 120 g이다.

19 답 3 유형⑪＋유형⑫

$(2a-5)x^2+bx-3=-bx^2+x-y$에서

$(2a-5+b)x^2+(b-1)x+y-3=0$

이 등식이 미지수가 2개인 일차방정식이 되려면

$2a-5+b=0,\ b-1\neq0$ ……❶

$2a+b=5$를 만족시키는 자연수 $a,\ b$의 순서쌍 $(a,\ b)$는

$(1,\ 3),\ (2,\ 1)$이고 $b\neq1$이어야 하므로

$a=1,\ b=3$이어야 한다. ……❷

∴ $ab=1\times3=3$ ……❸

채점 기준	배점
❶ 미지수가 2개인 일차방정식이 되기 위한 조건 구하기	3점
❷ $a,\ b$의 값을 각각 구하기	2점
❸ ab의 값 구하기	1점

20 답 $-\dfrac{1}{2}$ 유형⑥

$x=2a,\ y=b$를 $x+2y=a$에 대입하면

$2a+2b=a,\ 2b=-a$ ∴ $b=-\dfrac{a}{2}$

$x=2a,\ y=-\dfrac{a}{2}$를 $3x-4y=-8$에 대입하면

$6a+2a=-8,\ 8a=-8$ ∴ $a=-1$ ……❶

$$\therefore b=-\dfrac{a}{2}=\dfrac{1}{2} \qquad \cdots\cdots ❷$$

$$\therefore a+b=-1+\dfrac{1}{2}=-\dfrac{1}{2} \qquad \cdots\cdots ❸$$

채점 기준	배점
❶ a의 값 구하기	2점
❷ b의 값 구하기	1점
❸ $a+b$의 값 구하기	1점

21 답 134   유형 ⑯

처음 자연수의 십의 자리의 숫자를 x, 일의 자리의 숫자를 y라 하면

$$\begin{cases} 1+x+y=8 \\ 100+10y+x=(100+10x+y)+9 \end{cases} \qquad \cdots\cdots ❶$$

즉, $\begin{cases} x+y=7 & \cdots\cdots ㉠ \\ x-y=-1 & \cdots\cdots ㉡ \end{cases}$

㉠+㉡을 하면 $2x=6$ $\therefore x=3$

$x=3$을 ㉠에 대입하면 $3+y=7$ $\therefore y=4$ $\cdots\cdots ❷$

따라서 처음 수는 134이다. $\cdots\cdots ❸$

채점 기준	배점
❶ 연립방정식 세우기	3점
❷ 연립방정식의 해 구하기	3점
❸ 처음 수 구하기	1점

22 답 1000원   유형 ⑰

어른 한 명의 입장료를 x원, 아이 한 명의 입장료를 y원이라 하면

$$\begin{cases} 4x+5y=11400 & \cdots\cdots ㉠ \\ 2x=3y+200 & \cdots\cdots ㉡ \end{cases} \qquad \cdots\cdots ❶$$

㉡을 ㉠에 대입하면

$2(3y+200)+5y=11400,\ 11y=11000$ $\therefore y=1000$

$y=1000$을 ㉡에 대입하면

$2x=3200$ $\therefore x=1600$ $\cdots\cdots ❷$

따라서 아이 한 명의 입장료는 1000원이다. $\cdots\cdots ❸$

채점 기준	배점
❶ 연립방정식 세우기	3점
❷ 연립방정식의 해 구하기	2점
❸ 아이 한 명의 입장료 구하기	1점

23 답 5000원   유형 ⑳

귤 한 박스의 원가를 x원, 토마토 한 박스의 원가를 y원이라 하면

$$\begin{cases} x+y=10000 \\ \left(1+\dfrac{25}{100}\right)\left(1-\dfrac{40}{100}\right)x+\left(1+\dfrac{35}{100}\right)\left(1-\dfrac{40}{100}\right)y=7800 \end{cases} \qquad \cdots\cdots ❶$$

즉, $\begin{cases} x+y=10000 & \cdots\cdots ㉠ \\ 25x+27y=260000 & \cdots\cdots ㉡ \end{cases}$

㉠×25−㉡을 하면 $-2y=-10000$ $\therefore y=5000$

$y=5000$을 ㉠에 대입하면

$x+5000=10000$ $\therefore x=5000$ $\cdots\cdots ❷$

따라서 귤 한 박스의 원가는 5000원이다. $\cdots\cdots ❸$

채점 기준	배점
❶ 연립방정식 세우기	3점
❷ 연립방정식의 해 구하기	3점
❸ 귤 한 박스의 원가 구하기	1점

교과서 속 특이 문제   ○ 56쪽~57쪽

01 답 $x=2,\ y=5$

그림에서 주어진 연산을 식으로 나타내면

$$\begin{cases} x+y=7 & \cdots\cdots ㉠ \\ -2x+3y=11 & \cdots\cdots ㉡ \end{cases}$$

㉠×2+㉡을 하면 $5y=25$ $\therefore y=5$

$y=5$를 ㉠에 대입하면 $x+5=7$ $\therefore x=2$

02 답 해가 무수히 많은 경우 : Ⓐ와 Ⓔ, 해가 없는 경우 : Ⓑ와 Ⓓ

5장의 카드에 적혀 있는 일차방정식의 x의 계수가 모두 2가 되도록 식을 변형하면

Ⓐ $x+2y=8$에서 $2x+4y=16$

Ⓑ $2x+2y=8$

Ⓒ $\dfrac{1}{3}x+\dfrac{1}{2}y=2$에서 $2x+3y=12$

Ⓓ $\dfrac{1}{2}x+\dfrac{1}{2}y=1$에서 $2x+2y=4$

Ⓔ $\dfrac{1}{4}x+\dfrac{1}{2}y=2$에서 $2x+4y=16$

이때 Ⓐ와 Ⓔ는 두 일차방정식의 x, y의 계수와 상수항이 각각 같으므로 두 식으로 연립방정식을 만들면 해가 무수히 많다.

또, Ⓑ와 Ⓓ는 두 일차방정식의 x, y의 계수는 각각 같으나 상수항이 다르므로 두 식으로 연립방정식을 만들면 해가 없다.

따라서 해가 무수히 많게 되는 경우는 Ⓐ와 Ⓔ이고, 해가 없는 경우는 Ⓑ와 Ⓓ이다.

03 답 15명

남학생 수를 x명, 여학생 수를 y명이라 하면

$$\begin{cases} x+y=25 \\ 14(x+y)=12x+17y \end{cases},\ 즉 \begin{cases} x+y=25 & \cdots\cdots ㉠ \\ 2x-3y=0 & \cdots\cdots ㉡ \end{cases}$$

㉠×2−㉡을 하면 $5y=50$ $\therefore y=10$

$y=10$을 ㉠에 대입하면 $x+10=25$ $\therefore x=15$

따라서 1반의 남학생 수는 15명이다.

04 답 13 cm

직사각형 모양의 블록의 긴 변의 길이를 x cm, 짧은 변의 길이를 y cm라 하면

$$\begin{cases} 2x-3y=11 & \cdots\cdots ㉠ \\ x+2y=16 & \cdots\cdots ㉡ \end{cases}$$

㉠−㉡×2를 하면 $-7y=-21$ $\therefore y=3$

$y=3$을 ㉡에 대입하면 $x+6=16$ $\therefore x=10$

따라서 긴 변의 길이는 10 cm, 짧은 변의 길이는 3 cm이므로 그 합은 $10+3=13\ (\text{cm})$

05 답 동규 : 9개, 민호 : 3개

동규가 옮겨야 하는 상자를 x개, 민호가 옮겨야 하는 상자를 y

개라 하면 동규의 상자 1개를 민호에게 주면 동규의 상자의 개수가 민호의 상자의 개수의 2배가 되므로 $x-1=2(y+1)$

또, 민호의 상자 1개를 동규에게 주면 동규의 상자의 개수가 민호의 상자의 개수의 5배가 되므로 $x+1=5(y-1)$

즉, $\begin{cases} x-1=2(y+1) \\ x+1=5(y-1) \end{cases}$에서 $\begin{cases} x-2y=3 & \cdots\cdots \text{㉠} \\ x-5y=-6 & \cdots\cdots \text{㉡} \end{cases}$

㉠-㉡을 하면 $3y=9$ $\quad \therefore y=3$

$y=3$을 ㉠에 대입하면 $x-6=3$ $\quad \therefore x=9$

따라서 동규는 9개, 민호는 3개의 상자를 옮겨야 한다.

06 답 19명

입구에서 정상까지 가는 편도 탑승권을 구매한 승객을 x명이라 하면 처음 탑승한 승객이 40명이므로 왕복 탑승권을 구매한 승객은 $(40-x)$명이다.

정상에서 입구까지 가는 편도 탑승권을 구매한 승객을 y명이라 하면

$\begin{cases} (40-x)+y=35 \\ 7000x+5000y+10000(40-x)=399000 \end{cases}$

즉, $\begin{cases} x-y=5 & \cdots\cdots \text{㉠} \\ -3x+5y=-1 & \cdots\cdots \text{㉡} \end{cases}$

㉠×3+㉡을 하면 $2y=14$ $\quad \therefore y=7$

$y=7$을 ㉠에 대입하면 $x-7=5$ $\quad \therefore x=12$

따라서 이날 편도 탑승권을 구매한 승객은 $12+7=19$(명)

07 답 6개

방송 시간이 60분인 라디오의 전체 광고 시간은

$60\times\dfrac{15}{100}=9$(분), 즉 540초이다.

광고 시간이 20초인 상품을 x개, 30초인 상품을 y개라 하면

$\begin{cases} x+y=20 \\ 20x+30y=540 \end{cases}$, 즉 $\begin{cases} x+y=20 & \cdots\cdots \text{㉠} \\ 2x+3y=54 & \cdots\cdots \text{㉡} \end{cases}$

㉠×2-㉡을 하면 $-y=-14$ $\quad \therefore y=14$

$y=14$를 ㉠에 대입하면 $x+14=20$ $\quad \therefore x=6$

따라서 광고 시간이 20초인 상품은 6개이다.

08 답 12

윤경이가 구입한 딸기 맛 아이스크림을 x개, 녹차 맛 아이스크림을 y개라 하고 영수증의 번진 부분을 채우면 다음과 같다.

품목	단가(원)	수량(개)	금액(원)
초코 맛	500	8	4000
딸기 맛	700	x	$700x$
커피 맛	800	6	4800
녹차 맛	1000	y	$1000y$
합계		25	17700

아이스크림 전체 개수와 금액에 대한 연립방정식을 세우면

$\begin{cases} 8+x+6+y=25 \\ 4000+700x+4800+1000y=17700 \end{cases}$

즉, $\begin{cases} x+y=11 & \cdots\cdots \text{㉠} \\ 7x+10y=89 & \cdots\cdots \text{㉡} \end{cases}$

㉠×10-㉡을 하면 $3x=21$ $\quad \therefore x=7$

$x=7$을 ㉠에 대입하면 $7+y=11$ $\quad \therefore y=4$

따라서 가장 많이 구입한 아이스크림은 초코 맛 아이스크림으로 8개이고, 가장 적게 구입한 아이스크림은 녹차 맛 아이스크림으로 4개이므로 그 합은 $8+4=12$

1 일차함수와 그래프

개념 check

1 답 (1) 4, 8, 12, 16 (2) y는 x의 함수이다.

(1)
x	1	2	3	4	$\cdots$
y	4	8	12	16	$\cdots$

(2) x의 값 하나에 y의 값이 하나씩 정해지므로 y는 x의 함수이다.

2 답 (1) 6 (2) -6

(1) $f(2)=3\times2=6$ (2) $f(2)=-\dfrac{12}{2}=-6$

3 답 ㄱ, ㄴ, ㄷ

ㄷ. $y+x=1-x$에서 $y=-2x+1$이므로 y는 x에 대한 일차함수이다.

ㄹ. $\dfrac{5}{x}$는 일차식이 아니므로 y는 x에 대한 일차함수가 아니다.

따라서 일차함수인 것은 ㄱ, ㄴ, ㄷ이다.

4 답 (1) $y=5x+3$ (2) $y=-\dfrac{2}{3}x-1$

5 답 (1) x절편: 2, y절편: -2

(2) x절편: 6, y절편: 10

(1) $y=0$일 때, $0=x-2$, $x=2$이므로 x절편은 2이다.

$x=0$일 때, $y=-2$이므로 y절편은 -2이다.

(2) $y=0$일 때, $0=-\dfrac{5}{3}x+10$, $x=6$이므로 x절편은 6이다.

$x=0$일 때, $y=10$이므로 y절편은 10이다.

6 답 (1) $\dfrac{5}{2}$ (2) $\dfrac{5}{4}$

(1) (기울기)$=\dfrac{(y\text{의 값의 증가량})}{(x\text{의 값의 증가량})}=\dfrac{5}{2}$

(2) (기울기)$=\dfrac{8-3}{6-2}=\dfrac{5}{4}$

7 답 (1) $a<0$, $b>0$ (2) $a<0$, $b<0$

(3) $a>0$, $b>0$ (4) $a>0$, $b<0$

(1) 그래프가 오른쪽 아래로 향하므로 $a<0$, y축과 양의 부분에서 만나므로 $b>0$

(2) 그래프가 오른쪽 아래로 향하므로 $a<0$, y축과 음의 부분에서 만나므로 $b<0$

(3) 그래프가 오른쪽 위로 향하므로 $a>0$, y축과 양의 부분에서 만나므로 $b>0$

(4) 그래프가 오른쪽 위로 향하므로 $a>0$, y축과 음의 부분에서 만나므로 $b<0$

8 답 (1) ㄱ과 ㄷ (2) ㄴ과 ㄹ

(2) ㄹ. $y=\dfrac{1}{4}(2x-4)$에서 $y=\dfrac{1}{2}x-1$이므로 ㄴ과 ㄹ은 일치한다.

9 답 (1) $y=5x+4$ (2) $y=-4x+9$

(3) $y=-x+1$ (4) $y=-\dfrac{1}{2}x-1$

(2) 기울기가 -4이므로 일차함수의 식을 $y=-4x+b$라 하고
$x=2$, $y=1$을 대입하면 $1=-8+b$ $\therefore b=9$
$\therefore y=-4x+9$

(3) (기울기)$=\dfrac{-3-2}{4-(-1)}=-1$

일차함수의 식을 $y=-x+b$라 하고
$x=-1$, $y=2$를 대입하면 $2=1+b$ $\therefore b=1$
$\therefore y=-x+1$

(4) 두 점 $(-2,\ 0)$, $(0,\ -1)$을 지나므로

(기울기)$=\dfrac{-1-0}{0-(-2)}=-\dfrac{1}{2}$

y절편이 -1이므로 $y=-\dfrac{1}{2}x-1$

10 답 (1) $y=4x+15$ (2) $23\ \mathrm{cm}$

(1) 무게가 $x\ \mathrm{kg}$인 물체를 매달면 용수철의 길이는 처음보다
$4x\ \mathrm{cm}$ 늘어나므로
$y=4x+15$

(2) $y=4x+15$에 $x=2$를 대입하면
$y=4\times2+15=23$
따라서 무게가 $2\ \mathrm{kg}$인 물체를 매달았을 때 용수철의 길이는
$23\ \mathrm{cm}$이다.

기출 유형

◑ 62쪽~71쪽

유형 01 함수   62쪽

(1) x의 값이 변함에 따라 y의 값이 하나씩 정해질 때
→ y는 x의 함수이다.
(2) x의 값이 변함에 따라 y의 값이 정해지지 않거나 두 개 이상
정해질 때 → y는 x의 함수가 아니다.

01 답 ③, ⑤

① $x=3$일 때, $y=1$, 2로 x의 값 하나에 y의 값이 하나씩 정해
지지 않으므로 y는 x의 함수가 아니다.

② $x=1$일 때, $y=-1$, 1로 x의 값 하나에 y의 값이 하나씩 정
해지지 않으므로 y는 x의 함수가 아니다.

④ x의 값 하나에 y의 값이 하나씩 정해지지 않으므로 y는 x의
함수가 아니다.
따라서 y가 x의 함수인 것은 ③, ⑤이다.

02 답 ㄴ, ㄹ

ㄴ. $x=1.5$일 때, $y=1$, 2로 x의 값 하나에 y의 값이 하나씩 정
해지지 않으므로 y는 x의 함수가 아니다.

ㄹ. $x=4$일 때, 밑변의 길이가 $4\ \mathrm{cm}$인 직각삼각형에서

높이가 $1\ \mathrm{cm}$이면 넓이는 $\dfrac{1}{2}\times4\times1=2(\mathrm{cm}^2)$

높이가 $2\ \mathrm{cm}$이면 넓이는 $\dfrac{1}{2}\times4\times2=4(\mathrm{cm}^2)$

즉, x의 값 하나에 y의 값이 하나씩 정해지지 않으므로 y는
x의 함수가 아니다.
따라서 y가 x의 함수가 아닌 것은 ㄴ, ㄹ이다.

유형 02 함숫값   62쪽

함수 $y=f(x)$에서 $f(a)$의 값 → $x=a$일 때 함숫값
→ $x=a$일 때 y의 값
→ $f(x)$에 x 대신 a를 대입한 값

03 답 ②

① $f(-3)=-3\times(-3)=9$

② $f(-3)=-\dfrac{1}{3}\times(-3)=1$

③ $f(-3)=\dfrac{1}{3}\times(-3)=-1$

④ $f(-3)=\dfrac{3}{-3}=-1$

⑤ $f(-3)=3\times(-3)=-9$

따라서 $f(-3)=1$인 것은 ②이다.

04 답 ④

$f(-1)=\dfrac{6}{-1}=-6$, $f(3)=\dfrac{6}{3}=2$

$\therefore \dfrac{1}{2}f(-1)+4f(3)=\dfrac{1}{2}\times(-6)+4\times2=-3+8=5$

05 답 ①

$f(2)=-\dfrac{10}{2}=-5$ $\therefore a=-5$

$f(b)=-\dfrac{10}{b}=5$ $\therefore b=-2$

$\therefore a+b=-5+(-2)=-7$

06 답 ⑤

$f(1)=3\times1-2=1$ $\therefore a=1$

$\therefore g(a)=g(1)=\dfrac{5}{1}=5$

07 답 15

4로 나누었을 때의 나머지 0, 1, 2, 3 중에서
나머지가 0인 것은 4, 8, 12, $\cdots$이므로
$f(4)=f(8)=0$
나머지가 1인 것은 1, 5, 9, 13, $\cdots$이므로
$f(1)=f(5)=f(9)=1$
나머지가 2인 것은 2, 6, 10, 14, $\cdots$이므로
$f(2)=f(6)=f(10)=2$
나머지가 3인 것은 3, 7, 11, $\cdots$이므로
$f(3)=f(7)=3$
$\therefore f(1)+f(2)+f(3)+\cdots+f(10)$
$=0\times2+1\times3+2\times3+3\times2=15$

참고 함수가 $f(x)=(x$에 대한 조건) 꼴인 경우 $f(a)$의 값은 조건
에 x 대신 a를 대입할 때, 조건을 만족시키는 값이다.

유형 03 일차함수   63쪽

y를 포함한 항은 좌변, 나머지 항은 우변으로 이항하여 정리하였
을 때, $y=(x$에 대한 일차식) 으로 나타내어진다.
→ y는 x에 대한 일차함수이다.

08 답 ④

① $x+y=0$에서 $y=-x$

③ $\frac{1}{2}(x-3)-y=0$에서 $y=\frac{1}{2}x-\frac{3}{2}$

④ $x(1+x)+2y=0$에서 $y=-\frac{1}{2}x^2-\frac{1}{2}x$

⑤ $-x^2+y=x(1-x)$에서 $y=x$

따라서 일차함수가 아닌 것은 ④이다.

09 답 ㄷ, ㄹ, ㅁ

ㄱ. $y=\frac{x(x-3)}{2}$ ㄴ. $y=x^2$ ㄷ. $y=2\pi x$

ㄹ. $y=5000-900x$ ㅁ. $y=\frac{1}{10}x$

따라서 일차함수인 것은 ㄷ, ㄹ, ㅁ이다.

10 답 ⑤

주어진 식이 x에 대한 일차함수가 되려면 x^2의 계수는 0이어야
하고, x의 계수는 0이 아니어야 한다.

즉, $a-1=0$, $b\neq0$에서 $a=1$, $b\neq0$

유형 04 일차함수의 함숫값 63쪽

일차함수 $f(x)=ax+b$에서 $x=k$일 때의 함숫값

→ $f(x)$에 $x=k$를 대입한 값

→ $f(k)=ak+b$

11 답 ①

$f(-3)=\frac{2}{3}\times(-3)+1=-1$, $f(3)=\frac{2}{3}\times3+1=3$

∴ $f(-3)-f(3)=-1-3=-4$

12 답 ①

$f(a)=3a-4=2a$ ∴ $a=4$

13 답 ②

$f(x)=5x+k$에서 $f(2)=-1$이므로

$5\times2+k=-1$ ∴ $k=-11$

따라서 $f(x)=5x-11$이므로 $f(3)=5\times3-11=4$

14 답 4

$f(-1)=6$에서 $a+3=6$ ∴ $a=3$

$g(1)=2$에서 $\frac{5}{2}+b=2$ ∴ $b=-\frac{1}{2}$

즉, $f(x)=-3x+3$, $g(x)=\frac{5}{2}x-\frac{1}{2}$이므로

$f(2)=-3\times2+3=-3$, $g(3)=\frac{5}{2}\times3-\frac{1}{2}=7$

∴ $f(2)+g(3)=-3+7=4$

유형 05 일차함수의 그래프 위의 점 64쪽

점 (p, q)가 일차함수 $y=ax+b$의 그래프 위의 점이다.

→ 일차함수 $y=ax+b$의 그래프가 점 (p, q)를 지난다.

→ $y=ax+b$에 $x=p$, $y=q$를 대입하면 등식이 성립한다.

→ $q=ap+b$

15 답 ④

④ $6\neq2\times\frac{3}{2}+4=7$

따라서 $y=2x+4$의 그래프 위의 점이 아닌 것은 ④이다.

16 답 ④

$y=3x-5$에 $x=a$, $y=-2a$를 대입하면

$-2a=3a-5$, $5a=5$ ∴ $a=1$

17 답 ①

$y=-\frac{1}{2}x+k$에 $x=-4$, $y=3$을 대입하면

$3=2+k$ ∴ $k=1$

즉, $y=-\frac{1}{2}x+1$에 $x=-\frac{a}{2}+4$, $y=a+2$를 대입하면

$a+2=-\frac{1}{2}\left(-\frac{a}{2}+4\right)+1$, $\frac{3}{4}a=-3$ ∴ $a=-4$

∴ $a+k=-4+1=-3$

18 답 ①

$y=ax-2$에 $x=1$, $y=2$를 대입하면

$2=a-2$ ∴ $a=4$

$y=-4x+b$에 $x=1$, $y=2$를 대입하면

$2=-4+b$ ∴ $b=6$

∴ $a-b=4-6=-2$

유형 06 일차함수의 그래프의 평행이동 64쪽

$y=ax+b$ $\xrightarrow[\;p만큼\;평행이동\;]{y축의\;방향으로}$ $y=ax+b+p$

19 답 ④, ⑤

④ $y=5x$의 그래프를 y축의 방향으로 -1만큼 평행이동하면
$y=5x-1$의 그래프와 겹쳐진다.

⑤ $y=5x$의 그래프를 y축의 방향으로 2만큼 평행이동하면
$y=5x+2$의 그래프와 겹쳐진다.

20 답 ①

$y=ax+1$의 그래프를 y축의 방향으로 -4만큼 평행이동하면

$y=ax+1-4$, 즉 $y=ax-3$

따라서 $a=-3$, $b=-3$이므로

$a+b=-3+(-3)=-6$

21 답 -2

$y=-\frac{1}{2}x-6$의 그래프를 y축의 방향으로 k만큼 평행이동하면

$y=-\frac{1}{2}x-6+k$ ······ ㉠

$y=2ax$의 그래프를 y축의 방향으로 2만큼 평행이동하면

$y=2ax+2$ ······ ㉡

㉠, ㉡이 서로 같으므로

$-\frac{1}{2}=2a$, $-6+k=2$에서 $a=-\frac{1}{4}$, $k=8$

∴ $ak=-\frac{1}{4}\times8=-2$

유형 07 평행이동한 그래프 위의 점 64쪽

일차함수 $y=f(x)$의 그래프를 y축의 방향으로 b만큼 평행이동
한 그래프가 점 (p,q)를 지난다.
→ $y=f(x)+b$에 $x=p$, $y=q$를 대입하면 등식이 성립한다.
→ $q=f(p)+b$

22 답 ②

$y=\dfrac{3}{4}x$의 그래프를 y축의 방향으로 1만큼 평행이동하면

$y=\dfrac{3}{4}x+1$

① $2\neq\dfrac{3}{4}\times(-4)+1=-2$ ② $-\dfrac{1}{2}=\dfrac{3}{4}\times(-2)+1$

③ $-1\neq\dfrac{3}{4}\times0+1=1$ ④ $\dfrac{9}{4}\neq\dfrac{3}{4}\times1+1=\dfrac{7}{4}$

⑤ $\dfrac{9}{2}\neq\dfrac{3}{4}\times6+1=\dfrac{11}{2}$

따라서 $y=\dfrac{3}{4}x+1$의 그래프 위의 점은 ②이다.

23 답 ⑤

$y=-3x$의 그래프를 y축의 방향으로 5만큼 평행이동하면
$y=-3x+5$
이 그래프가 점 $(k,-1)$을 지나므로
$-1=-3k+5$, $3k=6$ ∴ $k=2$

24 답 3

$y=-2x-8$의 그래프를 y축의 방향으로 k만큼 평행이동하면
$y=-2x-8+k$
이 그래프가 점 $(2,3)$을 지나므로
$3=-4-8+k$ ∴ $k=15$
즉, $y=-2x+7$의 그래프가 점 $(a,1)$을 지나므로
$1=-2a+7$, $2a=6$ ∴ $a=3$

25 답 ②

$y=ax+5$의 그래프를 y축의 방향으로 b만큼 평행이동하면
$y=ax+5+b$
$y=ax+5+b$의 그래프가 점 $(-2,8)$을 지나므로
$8=-2a+5+b$, $-2a+b=3$ ……㉠
$y=ax+5+b$의 그래프가 점 $(3,-2)$를 지나므로
$-2=3a+5+b$, $3a+b=-7$ ……㉡
㉠, ㉡을 연립하여 풀면 $a=-2$, $b=-1$
∴ $a+b=-2+(-1)=-3$

유형 08 일차함수의 그래프의 x절편과 y절편 65쪽

일차함수 $y=ax+b$의 그래프에서
(1) x절편 → $y=0$일 때의 x의 값
$\quad\to -\dfrac{b}{a}$
(2) y절편 → $x=0$일 때의 y의 값
$\quad\to b$

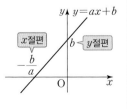

26 답 ②

① $y=0$일 때, $0=-2x+6$, $x=3$이므로 x절편은 3이다.

② $y=0$일 때, $0=\dfrac{1}{3}x-\dfrac{1}{9}$, $x=\dfrac{1}{3}$이므로 x절편은 $\dfrac{1}{3}$이다.

③ $y=0$일 때, $0=x-3$, $x=3$이므로 x절편은 3이다.

④ $y=0$일 때, $0=-\dfrac{1}{3}x+1$, $x=3$이므로 x절편은 3이다.

⑤ $y=0$일 때, $0=5x-15$, $x=3$이므로 x절편은 3이다.

따라서 x절편이 나머지 넷과 다른 하나는 ②이다.

27 답 ④

① $y=0$일 때, $0=x-1$, $x=1$이므로 x절편은 1이다.
$\quad x=0$일 때, $y=-1$이므로 y절편은 -1이다.

② $y=0$일 때, $0=2x+4$, $x=-2$이므로 x절편은 -2이다.
$\quad x=0$일 때, $y=4$이므로 y절편은 4이다.

③ $y=0$일 때, $0=-\dfrac{1}{2}x+2$, $x=4$이므로 x절편은 4이다.
$\quad x=0$일 때, $y=2$이므로 y절편은 2이다.

④ $y=0$일 때, $0=-x+3$, $x=3$이므로 x절편은 3이다.
$\quad x=0$일 때, $y=3$이므로 y절편은 3이다.

⑤ $y=0$일 때, $0=\dfrac{2}{3}x-\dfrac{2}{3}$, $x=1$이므로 x절편은 1이다.

$\quad x=0$일 때, $y=-\dfrac{2}{3}$이므로 y절편은 $-\dfrac{2}{3}$이다.

따라서 x절편과 y절편이 서로 같은 것은 ④이다.

28 답 ①

$y=4x-1$의 그래프를 y축의 방향으로 -5만큼 평행이동하면
$y=4x-6$

$y=0$일 때, $0=4x-6$, $x=\dfrac{3}{2}$이므로 x절편은 $\dfrac{3}{2}$이다.

$x=0$일 때, $y=-6$이므로 y절편은 -6이다.

따라서 $a=\dfrac{3}{2}$, $b=-6$이므로 $2a+b=2\times\dfrac{3}{2}+(-6)=-3$

29 답 $\dfrac{11}{2}$

$y=2x-m$의 그래프의 x절편이 4이므로
$y=2x-m$에 $x=4$, $y=0$을 대입하면
$0=8-m$ ∴ $m=8$
즉, $y=2x-8$의 그래프가 점 $(a,3)$을 지나므로
$3=2a-8$, $2a=11$ ∴ $a=\dfrac{11}{2}$

30 답 6

$y=2x+12$의 그래프의 y절편이 12이므로 $y=x-2a$의 그래프
의 x절편은 12이다.
$y=x-2a$에 $x=12$, $y=0$을 대입하면
$0=12-2a$, $2a=12$ ∴ $a=6$

31 답 ②

$y=5x+10$에서 $y=0$일 때, $0=5x+10$, $x=-2$이므로 x절편
은 -2이다.
이때 $y=5x+10$의 그래프와 $y=ax-4$의 그래프가 x축 위에서 만나므로 $y=ax-4$의 그래프의 x절편도 -2이다.
즉, $y=ax-4$에 $x=-2$, $y=0$을 대입하면

$0=-2a-4$ $\therefore a=-2$

참고 두 그래프가 x축 위에서 만난다. → 두 그래프의 x절편이 같다.

유형 09 일차함수의 그래프의 기울기 66쪽

(1) 일차함수 $y=ax+b$의 그래프의 기울기

→ $\dfrac{(y \text{의 값의 증가량})}{(x \text{의 값의 증가량})}=a$

(2) 두 점 (a, b), (c, d)를 지나는 일차함수의 그래프의 기울기

→ $\dfrac{d-b}{c-a}=\dfrac{b-d}{a-c}$ (단, $a\neq c$)

---

32 답 ②

$(\text{기울기})=\dfrac{-2}{5}=-\dfrac{2}{5}$

33 답 ①

$(\text{기울기})=\dfrac{k-(-3)}{-3}=-4$이므로 $k+3=12$ $\therefore k=9$

34 답 ①

$(\text{기울기})=\dfrac{5-a}{3-(-2)}=2$이므로 $5-a=10$ $\therefore a=-5$

35 답 -6

$(\text{기울기})=\dfrac{-1-2}{1-(-3)}=-\dfrac{3}{4}$이므로 $a=-\dfrac{3}{4}$

즉, $y=-\dfrac{3}{4}x+b$의 그래프가 점 $(4, 1)$을 지나므로

$1=-3+b$ $\therefore b=4$

$\therefore 2ab=2\times\left(-\dfrac{3}{4}\right)\times4=-6$

36 답 ⑤

$y=f(x)$의 그래프가 두 점 $(1, 2)$, $(-1, 0)$을 지나므로

$(\text{기울기})=\dfrac{0-2}{-1-1}=1$ $\therefore m=1$

$y=g(x)$의 그래프가 두 점 $(1, 2)$, $(2, 0)$을 지나므로

$(\text{기울기})=\dfrac{0-2}{2-1}=-2$ $\therefore n=-2$

$\therefore m-2n=1-2\times(-2)=5$

37 답 7

세 점 $(1, 2)$, $(3, 4)$, $(6, k)$가 한 직선 위에 있으므로 세 점 중 어떤 두 점을 택해도 기울기는 모두 같다.

즉, $\dfrac{4-2}{3-1}=\dfrac{k-4}{6-3}$이므로

$1=\dfrac{k-4}{3}$, $k-4=3$ $\therefore k=7$

참고 서로 다른 세 점 A, B, C가 한 직선 위에 있으면
(직선 AB의 기울기) = (직선 BC의 기울기)
= (직선 AC의 기울기)

유형 10 일차함수의 그래프 그리기 66쪽

일차함수 $y=ax+b$의 그래프는 다음과 같은 방법으로 그릴 수 있다.

[방법 1] x절편, y절편 이용

x절편이 $-\dfrac{b}{a}$, y절편이 b이므로 두 점 $\left(-\dfrac{b}{a}, 0\right)$, $(0, b)$를 직선으로 연결한다.

[방법 2] 기울기와 y절편 이용

기울기가 a이고 y절편이 b이므로 점 $(0, b)$와 이 점에서 x의 값이 1만큼, y의 값이 a만큼 증가한 점을 직선으로 연결한다.

---

38 답 ③

$y=-\dfrac{1}{2}x+5$의 그래프의 x절편은 10, y절편은 5이므로 그 그래프는 ③이다.

39 답 ⑤

⑤ $y=-4x+2$의 그래프의 x절편은 $\dfrac{1}{2}$, y절편은 2이므로 오른쪽 그림과 같이 제3사분면을 지나지 않는다.

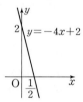

40 답 16

$y=-2x+8$의 그래프의 x절편은 4, y절편은 8이므로 그 그래프는 오른쪽 그림과 같다. 따라서 구하는 넓이는

$\dfrac{1}{2}\times4\times8=16$

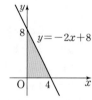

41 답 $\dfrac{3}{4}$

$y=-x+6$의 그래프의 x절편은 6, y절편은 6이고, $y=ax+6$의 그래프의 x절편은 $-\dfrac{6}{a}$, y절편은 6이므로 오른쪽 그림과 같다. 이때 색칠한 부분의 넓이가 42이므로

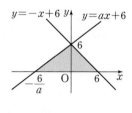

$\dfrac{1}{2}\times\left(\dfrac{6}{a}+6\right)\times6=42$, $\dfrac{6}{a}+6=14$ $\therefore a=\dfrac{3}{4}$

유형 11 일차함수 $y=ax+b$의 그래프의 성질 67쪽

(1) a의 부호 : 그래프의 방향 결정
 ① $a>0$: 오른쪽 위로 향하는 직선(╱)
 ② $a<0$: 오른쪽 아래로 향하는 직선(╲)
(2) b의 부호 : 그래프가 y축과 만나는 부분 결정
 ① $b>0$: y축과 양의 부분에서 만난다.
 ② $b<0$: y축과 음의 부분에서 만난다.

---

42 답 ③

기울기의 절댓값이 작을수록 x축에 가깝다.

$\left|\dfrac{2}{3}\right| < \left|-\dfrac{3}{4}\right| < |1| < |2| < |-3|$이므로 그래프가 x축에 가장 가까운 것은 ③이다.

> **참고** 일차함수 $y=ax+b$의 그래프는 a의 절댓값이 클수록 y축에 가깝고, a의 절댓값이 작을수록 x축에 가깝다.

43 답 ⑤

③ $-2 = -\dfrac{1}{3} \times 3 - 1$이므로 점 $(3, -2)$를 지난다.

⑤ 일차함수 $y = -\dfrac{1}{3}x$의 그래프를 y축의 방향으로 -1만큼 평행 이동한 것이다.

따라서 옳지 않은 것은 ⑤이다.

44 답 ④

④ x축과 점 $\left(-\dfrac{b}{a}, 0\right)$에서 만나고, y축과 점 $(0, b)$에서 만난다.

따라서 옳지 않은 것은 ④이다.

> **유형 2** 일차함수 $y=ax+b$의 그래프에서 a, b의 부호   67쪽
>
> 일차함수 $y=ax+b$의 그래프가
> (1) 오른쪽 위로 향하면 $a>0$
>   오른쪽 아래로 향하면 $a<0$
> (2) y축과 양의 부분에서 만나면 $b>0$
> y축과 음의 부분에서 만나면 $b<0$

45 답 ㄷ

ㄱ. $a<0$, $b>0$이므로 제1, 2, 4사분면을 지난다.

ㄴ. $a<0$, $-b<0$이므로 제2, 3, 4사분면을 지난다.

ㄷ. $-a>0$, $b>0$이므로 제1, 2, 3사분면을 지난다.

ㄹ. $-a>0$, $-b<0$이므로 제1, 3, 4사분면을 지난다.

따라서 제4사분면을 지나지 않는 것은 ㄷ이다.

> **참고** 일차함수 $y=ax+b$의 그래프에서
> ① $a>0$, $b>0$이면 제1, 2, 3사분면을 지난다.
> ② $a>0$, $b<0$이면 제1, 3, 4사분면을 지난다.
> ③ $a<0$, $b>0$이면 제1, 2, 4사분면을 지난다.
> ④ $a<0$, $b<0$이면 제2, 3, 4사분면을 지난다.

46 답 ①

오른쪽 위로 향하는 직선이므로 $a>0$

y축과 음의 부분에서 만나므로 $-b<0$, 즉 $b>0$

47 답 제2사분면

주어진 그래프가 오른쪽 아래로 향하는 직선이므로 $a<0$이고, y축과 양의 부분에서 만나므로 $b>0$이다.

따라서 $b>0$, $a<0$이므로 일차함수 $y=bx+a$의 그래프는 오른쪽 그림과 같이 제2사분면을 지나지 않는다.

48 답 ⑤

주어진 그래프가 오른쪽 위로 향하는 직선이므로 $ab>0$이고, y축과 양의 부분에서 만나므로 $a+b>0$이다.

즉, $a>0$, $b>0$에서 $a>0$, $-ab<0$이므로 일차함수 $y=ax-ab$의 그래프는 오른쪽 그림과 같다.

따라서 $y=ax-ab$의 그래프로 알맞은 것은 ⑤이다.

> **유형 3** 일차함수의 그래프의 평행과 일치   68쪽
>
> (1) 두 일차함수 $y=ax+b$와 $y=cx+d$의 그래프가 서로 평행하다.
> → 기울기가 같고 y절편이 다르다. 즉, $a=c$, $b \neq d$
> (2) 두 일차함수 $y=ax+b$와 $y=cx+d$의 그래프가 일치한다.
> → 기울기가 같고 y절편도 같다. 즉, $a=c$, $b=d$

49 답 ④

주어진 그래프는 두 점 $(4, 0)$, $(0, -3)$을 지나므로

$(\text{기울기}) = \dfrac{-3-0}{0-4} = \dfrac{3}{4}$, $(y\text{절편}) = -3$

따라서 주어진 그래프와 평행한 것은 ④이다.

> **오답 피하기**
> 두 그래프가 서로 평행하려면 기울기가 같고, y절편은 달라야 한다.
> ③ $y = \dfrac{3}{4}x - 3$의 그래프는 주어진 그래프와 기울기가 같고, y절편도 같아 일치하므로 기울기만 보고 평행하다고 생각하지 않도록 주의한다.

50 답 -1

$y=ax+3$의 그래프가 $y=5x+2$의 그래프와 평행하므로 기울기가 같다.   ∴ $a=5$

즉, $y=5x+3$의 그래프가 점 $(k, -2)$를 지나므로

$-2 = 5k+3$, $5k = -5$ ∴ $k = -1$

51 답 10

두 점 $(-3, a-5)$, $(4, 2a-1)$을 지나는 직선의 기울기가 2이어야 하므로

$\dfrac{2a-1-(a-5)}{4-(-3)} = 2$, $\dfrac{a+4}{7} = 2$ ∴ $a = 10$

> **오답 피하기**
> 일차함수 $y=2x-5$의 그래프와 평행하므로 두 점 $(-3, a-5)$, $(4, 2a-1)$은 일차함수 $y=2x-5$의 그래프 위의 점이 아님에 주의한다.

52 답 ㄱ, ㄹ

주어진 그래프는 두 점 $(0, 5)$, $(3, 1)$을 지나므로

$(\text{기울기}) = \dfrac{1-5}{3-0} = -\dfrac{4}{3}$, $(y\text{절편}) = 5$

보기에서 주어진 각 직선의 기울기와 y절편은 다음과 같다.

ㄱ. 기울기 : $\dfrac{4}{3}$, y절편 : 2

ㄴ. 기울기 : $\dfrac{-1-3}{3-0} = -\dfrac{4}{3}$, y절편 : 3

ㄷ. 기울기 : $\dfrac{4-8}{3-0} = -\dfrac{4}{3}$, y절편 : 8

ㄹ. 기울기 : $\dfrac{0-(-4)}{3-0}=\dfrac{4}{3}$, y절편 : -4

따라서 주어진 그래프와 평행하지 않은 직선은 ㄱ, ㄹ이다.

53 답 -5

$y=ax+3$의 그래프를 y축의 방향으로 -5만큼 평행이동하면

$y=ax+3-5$, 즉 $y=ax-2$

이 그래프와 $y=-3x+b$의 그래프가 일치하므로

$a=-3$, $b=-2$

$\therefore a+b=-3+(-2)=-5$

유형 14 **기울기와 y절편이 주어질 때, 일차함수의 식 구하기** 69쪽

기울기가 a이고 y절편이 b인 직선을 그래프로 하는 일차함수의 식

→ $y=ax+b$

54 답 $y=-\dfrac{2}{3}x+5$

$(기울기)=\dfrac{2}{-2-1}=-\dfrac{2}{3}$

y절편이 5이므로 $y=-\dfrac{2}{3}x+5$

55 답 -7

$(기울기)=\dfrac{3-(-3)}{4-(-2)}=1$

y절편이 7이므로 $y=x+7$

따라서 $y=0$일 때, $0=x+7$, $x=-7$이므로 x절편은 -7이다.

56 답 ②

$y=ax+b$의 그래프는 두 점 $(4, 0)$, $(0, 5)$를 지나는 직선과 평행하므로

$(기울기)=\dfrac{5-0}{0-4}=-\dfrac{5}{4}$ $\therefore a=-\dfrac{5}{4}$

또, $y=2x-\dfrac{7}{4}$의 그래프와 y축 위에서 만나므로 y절편은 $-\dfrac{7}{4}$

이다. $\therefore b=-\dfrac{7}{4}$

$\therefore a+b=-\dfrac{5}{4}+\left(-\dfrac{7}{4}\right)=-3$

유형 15 **기울기와 한 점이 주어질 때, 일차함수의 식 구하기** 69쪽

❶ 기울기가 a인 직선을 그래프로 하는 일차함수의 식을

  $y=ax+b$로 놓는다.

❷ 한 점의 좌표를 $y=ax+b$에 대입하여 b의 값을 구한다.

57 답 $y=-\dfrac{2}{5}x+5$

기울기가 $-\dfrac{2}{5}$이므로 일차함수의 식을 $y=-\dfrac{2}{5}x+b$라 하면

이 그래프가 점 $(5, 3)$을 지나므로

$3=-2+b$ $\therefore b=5$

$\therefore y=-\dfrac{2}{5}x+5$

58 답 ②

$y=2x-4$의 그래프와 평행하므로 일차함수의 식을 $y=2x+b$

라 하면 이 그래프가 점 $(-1, 4)$를 지나므로

$4=-2+b$ $\therefore b=6$

$\therefore y=2x+6$

② $2=2\times(-2)+6$

따라서 $y=2x+6$의 그래프 위의 점은 ②이다.

59 답 ④

주어진 그래프는 두 점 $(2, 0)$, $(0, 4)$를 지나므로

$(기울기)=\dfrac{4-0}{0-2}=-2$

일차함수의 식을 $y=-2x+b$라 하면 이 그래프가 점 $\left(\dfrac{1}{2}, 0\right)$을

지나므로

$0=-1+b$ $\therefore b=1$

따라서 $y=-2x+1$에서 $x=0$일 때, $y=1$이므로 y절편은 1이다.

60 답 2

$(기울기)=\dfrac{2}{6}=\dfrac{1}{3}$이므로 일차함수의 식을 $y=\dfrac{1}{3}x+b$라 하면

이 그래프가 점 $(2, -2)$를 지나므로

$-2=\dfrac{2}{3}+b$ $\therefore b=-\dfrac{8}{3}$

즉, $y=\dfrac{1}{3}x-\dfrac{8}{3}$의 그래프가 점 $(2a+1, a-3)$을 지나므로

$a-3=\dfrac{1}{3}(2a+1)-\dfrac{8}{3}$, $\dfrac{1}{3}a=\dfrac{2}{3}$ $\therefore a=2$

오답 피하기

y의 값은 -2만큼 감소한다.

→ $(y$의 값의 증가량$)=-(-2)=2$

이므로 $(y$의 값의 증가량$)=-2$가 아님에 주의한다.

유형 16 **서로 다른 두 점이 주어질 때, 일차함수의 식 구하기** 70쪽

❶ 두 점의 좌표를 이용하여 기울기 a를 구하고, 일차함수의 식

  을 $y=ax+b$로 놓는다.

❷ 한 점의 좌표를 $y=ax+b$에 대입하여 b의 값을 구한다.

61 답 ⑤

두 점 $(-1, 3)$, $(2, 12)$를 지나므로

$(기울기)=\dfrac{12-3}{2-(-1)}=3$ $\therefore a=3$

즉, $y=3x+b$의 그래프가 점 $(-1, 3)$을 지나므로

$3=-3+b$ $\therefore b=6$

$\therefore a+b=3+6=9$

62 답 ③

주어진 그래프는 두 점 $(-4, 4)$, $(0, -3)$을 지나므로

$(기울기)=\dfrac{-3-4}{0-(-4)}=-\dfrac{7}{4}$

y절편이 -3이므로 $f(x)=-\dfrac{7}{4}x-3$

$$\therefore f(8)=-\frac{7}{4}\times8-3=-17$$

63 답 2

두 점 $(2, 5)$, $(-2, -3)$을 지나므로

$$(\text{기울기})=\frac{-3-5}{-2-2}=2$$

일차함수의 식을 $y=2x+b$라 하면 이 그래프가 점 $(2, 5)$를 지나므로

$5=4+b$ ∴ $b=1$ ∴ $y=2x+1$

$y=2x+1$의 그래프를 y축의 방향으로 -4만큼 평행이동하면

$y=2x+1-4$, 즉 $y=2x-3$

이 그래프가 점 $(m, 1)$을 지나므로

$1=2m-3$ ∴ $m=2$

64 답 6

지혜가 그린 그래프의 기울기는 $\frac{9-4}{3-2}=5$이므로 일차함수의 식을 $y=5x+p$라 하면 이 그래프가 점 $(2, 4)$를 지나므로

$4=10+p$ ∴ $p=-6$

즉, 지혜가 그린 그래프의 식은 $y=5x-6$이므로 $b=-6$

혜린이가 그린 그래프의 기울기는 $\frac{1-(-3)}{0-(-2)}=2$

이때 y절편이 1이므로 혜린이가 그린 그래프의 식은

$y=2x+1$이다. ∴ $a=2$

따라서 $y=2x-6$의 그래프가 점 $(k, 6)$을 지나므로

$6=2k-6$ ∴ $k=6$

17 x절편과 y절편이 주어질 때, 일차함수의 식 구하기 70쪽

x절편이 m, y절편이 n인 일차함수의 그래프

→ 두 점 $(m, 0)$, $(0, n)$을 지난다.

→ 기울기가 $-\frac{n}{m}$이므로 $y=-\frac{n}{m}x+n$

65 답 ④

주어진 그래프는 두 점 $(-5, 0)$, $(0, 3)$을 지나므로

$$(\text{기울기})=\frac{3-0}{0-(-5)}=\frac{3}{5}$$

y절편이 3이므로 $y=\frac{3}{5}x+3$

66 답 ④

두 점 $(-3, 0)$, $(0, -1)$을 지나므로

$$(\text{기울기})=\frac{-1-0}{0-(-3)}=-\frac{1}{3}$$

y절편이 -1이므로 $y=-\frac{1}{3}x-1$

$y=-\frac{1}{3}x-1$의 그래프를 y축의 방향으로 3만큼 평행이동하면

$y=-\frac{1}{3}x-1+3$, 즉 $y=-\frac{1}{3}x+2$

따라서 $y=0$일 때, $0=-\frac{1}{3}x+2$, $x=6$이므로 x절편은 6이다.

67 답 $y=-3x+6$

$y=-x+2$의 그래프의 x절편은 2이고, $y=\frac{3}{4}x+6$의 그래프의 y절편은 6이므로 구하는 일차함수의 그래프는 두 점 $(2, 0)$, $(0, 6)$을 지난다.

따라서 $(\text{기울기})=\frac{6-0}{0-2}=-3$이고, y절편은 6이므로

구하는 일차함수의 식은 $y=-3x+6$

68 답 12

주어진 그래프는 두 점 $(-4, 0)$, $(0, -6)$을 지나므로

$$(\text{기울기})=\frac{-6-0}{0-(-4)}=-\frac{3}{2}$$

y절편이 -6이므로 $y=-\frac{3}{2}x-6$

이 그래프가 점 $(a, -2a)$를 지나므로

$-2a=-\frac{3}{2}a-6$, $-\frac{a}{2}=-6$ ∴ $a=12$

18 일차함수의 활용 71쪽

❶ 두 변수 x, y를 정한다.

❷ x와 y 사이의 관계를 일차함수 $y=ax+b$로 나타낸다.

❸ 함수의 식이나 그래프를 이용하여 문제를 푸는 데 필요한 값을 구한다.

❹ 구한 답이 문제의 뜻에 맞는지 확인한다.

69 답 30 ℃

기온이 x ℃일 때의 소리의 속력을 초속 y m라 하면

$y=331+0.5x$

$y=331+0.5x$에 $y=346$을 대입하면

$346=331+0.5x$ ∴ $x=30$

따라서 소리의 속력이 초속 346 m일 때의 기온은 30 ℃이다.

70 답 ①

100 m 높아질 때마다 기온이 0.6 ℃씩 내려가므로

1 m 높아지면 기온이 $0.6\times\frac{1}{100}=0.006$(℃)씩 내려간다.

지면으로부터 높이가 x m인 지점의 기온을 y ℃라 하면

$y=4-0.006x$

$y=4-0.006x$에 $y=-8$을 대입하면

$-8=4-0.006x$ ∴ $x=2000$

따라서 기온이 -8 ℃인 지점의 지면으로부터의 높이는 2000 m이다.

71 답 ②

길이가 3분에 4 cm씩 짧아지므로 1분에 $\frac{4}{3}$ cm씩 짧아진다.

불을 붙인 지 x분 후에 남은 양초의 길이를 y cm라 하면

$y=30-\frac{4}{3}x$

$y=30-\frac{4}{3}x$에 $x=12$를 대입하면

$y=30-\frac{4}{3}\times12=14$

따라서 불을 붙인 지 12분 후에 남은 양초의 길이는 14 cm이다.

Ⅲ-1. 일차함수와 그래프 **45**

72 답 (1) $y=60-\dfrac{1}{15}x$ (2) 40 L

(1) 1 km를 달리는 데 $\dfrac{1}{15}$ L의 경유가 필요하므로

$$y=60-\dfrac{1}{15}x$$

(2) $y=60-\dfrac{1}{15}x$에 $x=300$을 대입하면

$$y=60-\dfrac{1}{15}\times300=40$$

따라서 300 km를 달린 후에 남아 있는 경유의 양은 40 L이다.

73 답 5분

x분 후의 윤수와 은지네 집 사이의 거리를 y m라 하면

$$y=1500-180x$$

$y=1500-180x$에 $y=600$을 대입하면

$$600=1500-180x, \ 180x=900 \quad \therefore x=5$$

따라서 윤수가 은지네 집에서 600 m 떨어진 지점을 통과하는 것은 출발한 지 5분 후이다.

74 답 (1) $y=2x+1$ (2) 32개

(1) 1개의 정삼각형을 만들 때 필요한 성냥개비는 3개이고, 정삼각형이 1개 늘어날 때 성냥개비는 2개씩 더 필요하므로

$$y=3+2(x-1)=2x+1$$

(2) $y=2x+1$에 $y=65$를 대입하면

$$65=2x+1 \quad \therefore x=32$$

따라서 성냥개비 65개로 만들 수 있는 정삼각형은 32개이다.

75 답 25초

점 P가 점 A를 출발한 지 x초 후의 사다리꼴 PBCD의 넓이를 y cm²라 하면 점 P가 초속 0.3 cm로 움직이므로 x초 후의 변 PB의 길이는 $(12-0.3x)$ cm이다.

즉, $y=\dfrac{1}{2}\times\{12+(12-0.3x)\}\times8=-1.2x+96$

$y=-1.2x+96$에 $y=66$을 대입하면

$$66=-1.2x+96 \quad \therefore x=25$$

따라서 넓이가 66 cm²가 되는 것은 점 P가 점 A를 출발한 지 25초 후이다.

76 답 15 ℃

주어진 그래프가 두 점 $(60, 0)$, $(0, 100)$을 지나므로

$$(기울기)=\dfrac{100-0}{0-60}=-\dfrac{5}{3}$$

y절편이 100이므로 $y=-\dfrac{5}{3}x+100$

$y=-\dfrac{5}{3}x+100$에 $x=51$을 대입하면

$$y=-\dfrac{5}{3}\times51+100=15$$

따라서 51분 후의 물의 온도는 15 ℃이다.

서술형

□72쪽~75쪽

01 답 (1) $a=-4$, $b=-1$ (2) -5

(1) **채점 기준 1** a, b의 값을 각각 구하기 … 4점

$f(1)=-1$이므로

$f(1)=a\times\underline{1}+3=-1$에서 $a=\underline{-4}$

$\therefore f(x)=ax+3=\underline{-4}x+3$

이때 $f(b)=7$이므로

$f(b)=\underline{-4}\times b+3=7$에서 $b=\underline{-1}$

(2) **채점 기준 2** $g(a)$의 값 구하기 … 2점

$b=\underline{-1}$이므로 $g(x)=x+b=x-\underline{1}$

이때 $a=\underline{-4}$이므로

$g(a)=g(\underline{-4})=\underline{-4}-\underline{1}=\underline{-5}$

01-1 답 (1) $a=-6$, $b=1$ (2) 9

(1) **채점 기준 1** a, b의 값을 각각 구하기 … 4점

$f(2)=-7$이므로

$f(2)=2a+5=-7$에서 $2a=-12$ $\quad \therefore a=-6$

$\therefore f(x)=-6x+5$

이때 $f(b)=-1$이므로

$f(b)=-6b+5=-1$에서 $-6b=-6$ $\quad \therefore b=1$

(2) **채점 기준 2** $g(a)$의 값 구하기 … 2점

$b=1$이므로 $g(x)=-x+3$

이때 $a=-6$이므로

$g(a)=g(-6)=-(-6)+3=9$

02 답 $\dfrac{3}{2}$

채점 기준 1 평행이동한 그래프를 나타내는 식 구하기 … 2점

$y=ax+3$의 그래프를 y축의 방향으로 b만큼 평행이동하면

$y=\underline{ax+3+b}$

채점 기준 2 a, b의 값을 각각 구하기 … 3점

$y=\underline{ax+3+b}$에 $x=-1$, $y=4$를 대입하면

$\underline{4}=a\times(\underline{-1})+3+b, \ -a+b=\underline{1}$ …… ㉠

$y=\underline{ax+3+b}$에 $x=2$, $y=-5$를 대입하면

$\underline{-5}=a\times\underline{2}+3+b, \ \underline{2}a+b=\underline{-8}$ …… ㉡

㉠, ㉡을 연립하여 풀면 $a=\underline{-3}$, $b=\underline{-2}$

채점 기준 3 $\dfrac{a}{b}$의 값 구하기 … 1점

$$\dfrac{a}{b}=(\underline{-3})\div(\underline{-2})=\dfrac{3}{2}$$

02-1 답 11

채점 기준 1 평행이동한 그래프를 나타내는 식 구하기 … 2점

$y=ax-2$의 그래프를 y축의 방향으로 b만큼 평행이동하면

$y=ax-2+b$

채점 기준 2 a, b의 값을 각각 구하기 … 3점

$y=ax-2+b$에 $x=3$, $y=1$을 대입하면

$1=3a-2+b, \ 3a+b=3$ …… ㉠

$y=ax-2+b$에 $x=4$, $y=-3$을 대입하면

$-3=4a-2+b, \ 4a+b=-1$ …… ㉡

㉠, ㉡을 연립하여 풀면 $a=-4$, $b=15$

채점 기준 3 $a+b$의 값 구하기 … 1점

$a+b=-4+15=11$

03 답 $y=2x-5$

채점 기준 1 기울기 구하기 ··· 3점

$$(\text{기울기})=\frac{1-(\boxed{-5})}{\boxed{4}-1}=\underline{2}$$

채점 기준 2 일차함수의 식 구하기 ··· 3점

일차함수의 식을 $y=\underline{2}x+b$라 하고 $x=2$, $y=\underline{-1}$을 대입하면
$\underline{-1}=\underline{4}+b$ ∴ $b=\underline{-5}$
따라서 일차함수의 식은 $y=2x-5$

03-1 답 $y=-3x+2$

채점 기준 1 기울기 구하기 ··· 3점

$$(\text{기울기})=\frac{-7-(-4)}{3-2}=-3$$

채점 기준 2 일차함수의 식 구하기 ··· 3점

일차함수의 식을 $y=-3x+b$라 하고 $x=-1$, $y=5$를 대입하면
$5=3+b$ ∴ $b=2$
따라서 일차함수의 식은 $y=-3x+2$

03-2 답 $\dfrac{81}{10}$

채점 기준 1 일차함수의 식 구하기 ··· 4점

$$(\text{기울기})=\frac{9-(-1)}{4-2}=5$$

일차함수의 식을 $y=5x+b$라 하고 $x=1$, $y=-4$를 대입하면
$-4=5+b$ ∴ $b=-9$
즉, 일차함수의 식은 $y=5x-9$

채점 기준 2 도형의 넓이 구하기 ··· 3점

$y=5x-9$의 그래프와 x축, y축으로 둘러
싸인 도형은 오른쪽 그림과 같으므로 구하는
도형의 넓이는

$$\frac{1}{2}\times\frac{9}{5}\times9=\frac{81}{10}$$

04 답 (1) $y=360-20x$ (2) 18분

(1) **채점 기준 1** x와 y 사이의 관계를 식으로 나타내기 ··· 4점

매분 20 L의 물이 흘러 나가므로 x분 동안 흘러 나가는 물의
양은 $\underline{20x}$ L이다.
∴ $y=\underline{360-20x}$

(2) **채점 기준 2** 물이 모두 흘러 나가는 데 걸리는 시간 구하기 ··· 2점

$y=\underline{360-20x}$에 $y=0$을 대입하면
$0=\underline{360-20x}$ ∴ $x=\underline{18}$
따라서 물통의 물이 모두 흘러 나가는 데 $\underline{18}$분이 걸린다.

04-1 답 (1) $y=450-30x$ (2) 13분

(1) **채점 기준 1** x와 y 사이의 관계를 식으로 나타내기 ··· 4점

매분 30 L의 물이 흘러 나가므로 x분 동안 흘러 나가는 물의
양은 $30x$ L이다.
∴ $y=450-30x$

(2) **채점 기준 2** 물이 60 L 남는 데 걸리는 시간 구하기 ··· 2점

$y=450-30x$에 $y=60$을 대입하면

$60=450-30x$ ∴ $x=13$
따라서 물통의 물이 60 L 남는 데 13분이 걸린다.

05 답 $a=0$, $b\neq2$

$y=x(ax-2)+bx+3=ax^2+(b-2)x+3$이 x에 대한 일차
함수가 되려면 x^2의 계수가 0이고, x의 계수가 0이 아니어야 한
다.   ······ ❶

즉, $a=0$이고 $b-2\neq0$에서 $b\neq2$ ······ ❷

채점 기준	배점
❶ 일차함수가 되기 위한 조건 알기	2점
❷ 상수 a, b의 조건 구하기	2점

06 답 4

x절편이 4이므로
$y=ax-8$에 $x=4$, $y=0$을 대입하면
$0=4a-8$ ∴ $a=2$ ······ ❶
$y=2x-8$의 그래프가 점 $(5, b)$를 지나므로
$b=10-8=2$ ······ ❷
∴ $a+b=2+2=4$ ······ ❸

채점 기준	배점
❶ a의 값 구하기	3점
❷ b의 값 구하기	2점
❸ $a+b$의 값 구하기	1점

07 답 4

$y=2x+b$의 그래프를 y축의 방향으로 -2만큼 평행이동하면
$y=2x+b-2$ ······ ❶

$y=0$일 때, $0=2x+b-2$, $x=\dfrac{2-b}{2}$이므로 x절편은 $\dfrac{2-b}{2}$이다.

$x=0$일 때, $y=b-2$이므로 y절편은 $b-2$이다.   ······ ❷
이때 x절편과 y절편의 합이 1이므로

$$\frac{2-b}{2}+b-2=1,\ \frac{1}{2}b=2\quad\therefore b=4$$ ······ ❸

채점 기준	배점
❶ 평행이동한 그래프를 나타내는 일차함수의 식 구하기	2점
❷ x절편, y절편을 각각 구하기	3점
❸ b의 값 구하기	1점

08 답 2

세 점 $(-2, -1)$, $(2, 1)$, $(5k, k+3)$이 한 직선 위에 있으므
로 세 점 중 어떤 두 점을 택해도 기울기는 모두 같다.   ······ ❶

즉, $\dfrac{1-(-1)}{2-(-2)}=\dfrac{k+3-1}{5k-2}$이므로   ······ ❷

$$\frac{1}{2}=\frac{k+2}{5k-2},\ 2k+4=5k-2\quad\therefore k=2$$ ······ ❸

채점 기준	배점
❶ 세 점 중 어떤 두 점을 택해도 기울기가 모두 같음을 알기	2점
❷ 기울기 구하는 식 세우기	2점
❸ k의 값 구하기	2점

정답 풀이

09 답 $\dfrac{1}{3}$

$y=-x+2$의 그래프의 x절편은 2, y절편은 2이므로

$A(0,2)$, $C(2,0)$ ...... ❶

$\triangle ABC$의 넓이가 8이므로

$\dfrac{1}{2}\times\overline{BC}\times2=8$ ∴ $\overline{BC}=8$

즉, $B(-6,0)$이므로 ...... ❷

$y=ax+2$에 $x=-6$, $y=0$을 대입하면

$0=-6a+2$ ∴ $a=\dfrac{1}{3}$ ...... ❸

채점 기준	배점
❶ 두 점 A, C의 좌표를 각각 구하기	2점
❷ 점 B의 좌표 구하기	3점
❸ a의 값 구하기	2점

10 답 제2사분면

주어진 일차함수의 그래프는 오른쪽 아래로 향하는 직선이므로

$a<0$ ...... ❶

또, y축과 음의 부분에서 만나므로

$b<0$ ...... ❷

따라서 $-a>0$, $b<0$이므로 $y=-ax+b$의 그래프는 오른쪽 그림과 같이 제2사분면을 지나지 않는다. ...... ❸

채점 기준	배점
❶ a의 부호 구하기	2점
❷ b의 부호 구하기	2점
❸ $y=-ax+b$의 그래프가 지나지 않는 사분면 구하기	2점

11 답 -3

주어진 그래프가 두 점 $(-2,0)$, $(0,4)$를 지나므로

(기울기)$=\dfrac{4-0}{0-(-2)}=2$ ∴ $a=2$ ...... ❶

$y=-2x+5$의 그래프의 x절편이 $\dfrac{5}{2}$이므로

$y=2x+b$에 $x=\dfrac{5}{2}$, $y=0$을 대입하면

$0=5+b$ ∴ $b=-5$ ...... ❷

∴ $a+b=2+(-5)=-3$ ...... ❸

채점 기준	배점
❶ a의 값 구하기	2점
❷ b의 값 구하기	3점
❸ $a+b$의 값 구하기	1점

12 답 $y=x$

두 점 $(-2,3a-5)$, $(2,a+1)$을 지나는 직선의 기울기가 $y=x-1$의 그래프의 기울기와 같으므로

$\dfrac{a+1-(3a-5)}{2-(-2)}=1$에서

$\dfrac{-2a+6}{4}=1$, $-2a+6=4$ ∴ $a=1$ ...... ❶

일차함수의 식을 $y=x+b$라 하면

이 그래프가 점 $(2,2)$를 지나므로

$2=2+b$ ∴ $b=0$

따라서 구하는 일차함수의 식은 $y=x$이다. ...... ❷

채점 기준	배점
❶ a의 값 구하기	3점
❷ 일차함수의 식 구하기	3점

13 답 $\dfrac{1}{6}\le a\le3$

$y=ax+2$의 그래프가 두 점 $(1,5)$, $(6,3)$을 이은 선분과 만나는 것은 오른쪽 그림과 같다.

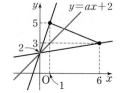

(i) $y=ax+2$의 그래프가 점 $(6,3)$을 지날 때

$3=6a+2$ ∴ $a=\dfrac{1}{6}$ ...... ❶

(ii) $y=ax+2$의 그래프가 점 $(1,5)$를 지날 때

$5=a+2$ ∴ $a=3$ ...... ❷

(i), (ii)에서 $y=ax+2$의 그래프가 두 점 $(1,5)$, $(6,3)$을 이은 선분과 만나기 위한 상수 a의 값의 범위는

$\dfrac{1}{6}\le a\le3$ ...... ❸

채점 기준	배점
❶ 점 $(6,3)$을 지날 때 a의 값 구하기	2점
❷ 점 $(1,5)$를 지날 때 a의 값 구하기	2점
❸ 상수 a의 값의 범위 구하기	3점

14 답 (1) $y=2x+20$ (2) $50\,℃$

(1) 온도가 2분마다 $4\,℃$씩 올라가므로 1분마다 $2\,℃$씩 올라간다.

∴ $y=2x+20$ ...... ❶

(2) $y=2x+20$에 $x=15$를 대입하면

$y=2\times15+20=50$

따라서 15분 후의 물의 온도는 $50\,℃$이다. ...... ❷

채점 기준	배점
❶ x와 y 사이의 관계를 식으로 나타내기	4점
❷ 15분 후의 물의 온도 구하기	2점

15 답 60분

열차가 분속 $5\,km$로 달리므로 x분 동안 달린 거리는 $5x\,km$이다.

∴ $y=450-5x$ ...... ❶

$y=450-5x$에 $y=150$을 대입하면

$150=450-5x$ ∴ $x=60$

따라서 열차가 B 역까지 $150\,km$ 남은 지점을 통과하는 것은 A 역을 출발한 지 60분 후이다. ...... ❷

채점 기준	배점
❶ x와 y 사이의 관계를 식으로 나타내기	4점
❷ 열차가 B 역까지 $150\,km$ 남은 지점을 통과하는 것은 A 역을 출발한 지 몇 분 후인지 구하기	2점

16 답 2초

점 P가 점 B를 출발한 지 x초 후의 △APC의 넓이를 $y\,\text{cm}^2$라 하면 x초 후의 변 BP의 길이는 $2x\,\text{cm}$이므로

$$y=\frac{1}{2}\times(8-2x)\times12=48-12x \qquad \cdots\cdots \text{❶}$$

$y=48-12x$에 $y=24$를 대입하면

$$24=48-12x \qquad \therefore x=2$$

따라서 △APC의 넓이가 $24\,\text{cm}^2$가 되는 것은 점 P가 점 B를 출발한 지 2초 후이다. $\qquad \cdots\cdots \text{❷}$

채점 기준	배점
❶ x와 y 사이의 관계를 식으로 나타내기	5점
❷ △APC의 넓이가 $24\,\text{cm}^2$가 되는 것은 점 P가 점 B를 출발한 지 몇 초 후인지 구하기	2점

실력 중단원 학교 시험 ①회

76쪽~79쪽

01 ②	**02** ②	**03** ④	**04** ③	**05** ⑤
06 ④	**07** ⑤	**08** ①	**09** ④	**10** ③
11 ⑤	**12** ④	**13** ⑤	**14** ⑤	**15** ③
16 ⑤	**17** ②	**18** ③	**19** 3	**20** 15
21 8	**22** 16	**23** (1) $y=2000x+3000$ (2) 15000원		

01 답 ② · 유형 **01**

ㄱ. $x=2$일 때, $y=2,\ 4,\ 6,\ \cdots$으로 x의 값 하나에 y의 값이 하나씩 정해지지 않으므로 y는 x의 함수가 아니다.

ㄹ. x의 값 하나에 y의 값이 하나씩 정해지지 않으므로 y는 x의 함수가 아니다.

따라서 y가 x의 함수인 것은 ㄴ, ㄷ의 2개이다.

02 답 ② · 유형 **03**

① $y=-\dfrac{1}{4}x(x+1)=-\dfrac{1}{4}x^2-\dfrac{1}{4}x$이므로 y는 x에 대한 일차함수가 아니다.

② $y=2x-(x-4)=x+4$이므로 y는 x에 대한 일차함수이다.

③ $y=x(x-3)=x^2-3x$이므로 y는 x에 대한 일차함수가 아니다.

따라서 y가 x에 대한 일차함수인 것은 ②이다.

03 답 ④ · 유형 **03**

$y=ax+7(2-x)=(a-7)x+14$가 x에 대한 일차함수가 되려면 x의 계수가 0이 아니어야 한다.

즉, $a-7\neq0$이어야 하므로 $a\neq7$

04 답 ③ · 유형 **04**

$$f(6)=-\frac{5}{3}\times6+a=-4 \qquad \therefore a=6$$

따라서 $f(x)=-\dfrac{5}{3}x+6$이므로 $f(3)=-\dfrac{5}{3}\times3+6=1$

05 답 ⑤ · 유형 **07**

$y=5x+k$의 그래프를 y축의 방향으로 -3만큼 평행이동하면

$$y=5x+k-3$$

이 그래프가 점 $(1,\ 5)$를 지나므로

$$5=5+k-3 \qquad \therefore k=3$$

06 답 ④ · 유형 **08**

$y=-\dfrac{2}{3}x+2$의 그래프와 x축 위에서 만나려면 x절편이 같아야 한다.

$y=0$일 때, $0=-\dfrac{2}{3}x+2$, $x=3$이므로 $y=-\dfrac{2}{3}x+2$의 그래프의 x절편은 3이다.

보기에서 주어진 일차함수의 그래프의 x절편은 각각 다음과 같다.

① -3 ② 12 ③ 7 ④ 3 ⑤ -4

따라서 $y=-\dfrac{2}{3}x+2$의 그래프와 x축 위에서 만나는 것은 ④이다.

07 답 ⑤ · 유형 **08**

$y=5x+a$의 그래프의 x절편이 -2이므로

$y=5x+a$에 $x=-2$, $y=0$을 대입하면

$$0=-10+a \qquad \therefore a=10$$

따라서 $y=5x+10$의 그래프의 y절편은 10이다.

08 답 ① · 유형 **09**

$$(\text{기울기})=\frac{4}{-1-1}=-2$$

09 답 ④ · 유형 **08** + 유형 **09**

$y=3x-1$의 그래프를 y축의 방향으로 4만큼 평행이동하면

$y=3x-1+4$, 즉 $y=3x+3$

$y=3x+3$의 기울기는 3, x절편은 -1, y절편은 3이므로

$p=3$, $q=-1$, $r=3$

$$\therefore p+q+r=3+(-1)+3=5$$

10 답 ③ · 유형 **10**

두 함수의 그래프의 y절편이 같으므로

$b=-9$

$y=ax-9$의 그래프의 x절편은 $\dfrac{9}{a}$이므로 $\text{B}\left(\dfrac{9}{a},\ 0\right)$

이때 △ABC의 넓이가 36이므로

$$\frac{1}{2}\times\overline{\text{AB}}\times\overline{\text{OC}}=36에서$$

$$\frac{1}{2}\times\left(\frac{9}{a}+3\right)\times9=36,\ \frac{9}{a}=5 \qquad \therefore a=\frac{9}{5}$$

$$\therefore 5a+b=5\times\frac{9}{5}+(-9)=0$$

11 답 ⑤ · 유형 **11**

② $2=-\dfrac{1}{2}\times2+3$이므로 점 $(2,\ 2)$를 지난다.

③ $y=0$일 때, $0=-\dfrac{1}{2}x+3$, $x=6$이므로 x절편은 6이다.

$x=0$일 때, $y=3$이므로 y절편은 3이다.

④ 기울기가 $-\dfrac{1}{2}$이므로 x의 값이 4만큼 증가할 때, y의 값은 2만큼 감소한다.

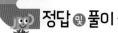

⑤ 그래프는 제1, 2, 4사분면을 지난다.
따라서 옳지 않은 것은 ⑤이다.

12 답 ④   유형 12

오른쪽 아래로 향하는 직선이므로
$-a<0$, 즉 $a>0$
y축과 음의 부분에서 만나므로 $b<0$

13 답 ⑤   유형 13

⑤ $y=3x-6$의 그래프는 $y=3x-1$의 그래프와 기울기가 같고
y절편이 다르므로 평행하다.

14 답 ⑤   유형 15

기울기가 -2이므로 일차함수의 식을 $y=-2x+b$라 하면
이 그래프가 점 $(1, 5)$를 지나므로
$5=-2+b$ $\therefore b=7$
즉, $y=-2x+7$의 그래프가 점 $(2a, -2-a)$를 지나므로
$-2-a=-4a+7$, $3a=9$ $\therefore a=3$

15 답 ③   유형 16

주어진 그래프가 두 점 $(-1, 2)$, $(0, 6)$을 지나므로
$(기울기)=\dfrac{6-2}{0-(-1)}=4$
y절편이 6이므로 $y=4x+6$
$y=4x+6$에서 $y=0$일 때, $0=4x+6$, $x=-\dfrac{3}{2}$이므로
$y=4x+6$의 그래프의 x절편은 $-\dfrac{3}{2}$이다.

16 답 ⑤   유형 10 + 유형 16

(i) $y=ax+3$의 그래프가 점 $A(1, 5)$를 지날 때
　　$5=a+3$ $\therefore a=2$
(ii) $y=ax+3$의 그래프가 점 $B(6, 4)$를 지날 때
　　$4=6a+3$ $\therefore a=\dfrac{1}{6}$
(i), (ii)에서 $\dfrac{1}{6}\le a\le2$이므로 $p=\dfrac{1}{6}$, $q=2$
$\therefore p+q=\dfrac{1}{6}+2=\dfrac{13}{6}$

17 답 ②   유형 18

엘리베이터가 84 m의 높이에서 출발하여 1초에 1.2 m씩 내려
오므로 $y=84-1.2x$
$y=84-1.2x$에 $x=60$을 대입하면
$y=84-1.2\times60=12$
따라서 출발한 지 60초 후, 즉 1분 후의 엘리베이터의 지상으로
부터의 높이는 12 m이다.

18 답 ③   유형 18

점 P가 점 B를 출발한 지 x초 후의 △ABP와 △DPC의 넓이
의 합을 y cm²라 하면 점 P는 점 B를 출발하여 변 BC를 따라
점 C까지 매초 1 cm씩 움직이므로
x초 후 $\overline{BP}=x$ cm, $\overline{PC}=(5-x)$ cm이다.
즉, $y=\dfrac{1}{2}\times x\times2+\dfrac{1}{2}\times(5-x)\times3=-\dfrac{1}{2}x+\dfrac{15}{2}$
$y=-\dfrac{1}{2}x+\dfrac{15}{2}$에 $y=6$을 대입하면

$6=-\dfrac{1}{2}x+\dfrac{15}{2}$, $\dfrac{1}{2}x=\dfrac{3}{2}$ $\therefore x=3$
따라서 △ABP와 △DPC의 넓이의 합이 6 cm²가 되는 것은
점 P가 점 B를 출발한 지 3초 후이다.

19 답 3 유형 07

$y=3(x-2)$의 그래프를 y축의 방향으로 4만큼 평행이동하면
$y=3(x-2)+4$, 즉 $y=3x-2$ ……❶
이 그래프가 점 $(k, 7)$을 지나므로
$7=3k-2$, $3k=9$ $\therefore k=3$ ……❷

채점 기준	배점
❶ 평행이동한 그래프를 나타내는 식 구하기	2점
❷ k의 값 구하기	2점

20 답 15 유형 13

$y=ax-2$의 그래프를 y축의 방향으로 b만큼 평행이동하면
$y=ax-2+b$ ……❶
이 그래프가 $y=\dfrac{1}{4}x+3$의 그래프와 일치하므로
$a=\dfrac{1}{4}$, $-2+b=3$에서 $b=5$ ……❷
$\therefore 40a+b=40\times\dfrac{1}{4}+5=15$ ……❸

채점 기준	배점
❶ 평행이동한 그래프를 나타내는 식 구하기	2점
❷ a, b의 값을 각각 구하기	2점
❸ $40a+b$의 값 구하기	2점

21 답 8 유형 13

$y=-4x-8$의 그래프와 $y=mx+n$의 그래프가 서로 평행하
므로 $m=-4$, $n\ne-8$ ……❶
$y=-4x-8$의 그래프의 x절편은 -2이므로 $A(-2, 0)$
$y=-4x+n$의 그래프의 x절편은 $\dfrac{n}{4}$이므로 $B\left(\dfrac{n}{4}, 0\right)$
이때 $\overline{AB}=5$이고 $\dfrac{n}{4}>0$이므로
$\dfrac{n}{4}-(-2)=5$ $\therefore n=12$ ……❷
$\therefore m+n=-4+12=8$ ……❸

채점 기준	배점
❶ m의 값 구하기	2점
❷ n의 값 구하기	4점
❸ $m+n$의 값 구하기	1점

22 답 16 유형 16

다미가 그린 그래프는 두 점 $(1, -6)$, $(2, -4)$를 지나므로
$(기울기)=\dfrac{-4-(-6)}{2-1}=2$
일차함수의 식을 $y=2x+p$라 하면 이 그래프가 점 $(1, -6)$을
지나므로
$-6=2+p$ $\therefore p=-8$
즉, 다미가 그린 그래프의 식은 $y=2x-8$이므로 $b=-8$ ……❶

나라가 그린 그래프는 두 점 $(-3, 4)$, $(0, 8)$을 지나므로

$(기울기) = \dfrac{8-4}{0-(-3)} = \dfrac{4}{3}$

이때 y절편이 8이므로 나라가 그린 그래프의 식은 $y = \dfrac{4}{3}x + 8$

이다.　　　∴ $a = \dfrac{4}{3}$　　　　　…… ❷

따라서 $y = \dfrac{4}{3}x - 8$의 그래프가 점 $(18, k)$를 지나므로

$k = 24 - 8 = 16$　　　　　…… ❸

채점 기준	배점
❶ b의 값 구하기	3점
❷ a의 값 구하기	3점
❸ k의 값 구하기	1점

23 답 (1) $y = 2000x + 3000$　(2) 15000원　　유형 ⑱

(1) 주어진 그래프가 두 점 $(0, 3000)$, $(3, 9000)$을 지나므로

　　$(기울기) = \dfrac{9000 - 3000}{3 - 0} = 2000$

　　y절편이 3000이므로

　　$y = 2000x + 3000$　　　　　…… ❶

(2) $y = 2000x + 3000$에 $x = 6$을 대입하면

　　$y = 2000 \times 6 + 3000 = 15000$

　　따라서 무게가 6 kg인 물건의 배송 가격은 15000원이다.

　　　　　　　…… ❷

채점 기준	배점
❶ x와 y 사이의 관계를 식으로 나타내기	4점
❷ 무게가 6 kg인 물건의 배송 가격 구하기	2점

실전 중단원 U 학교 시험 ②회

80쪽~83쪽

01 ③, ④	02 ⑤	03 ④	04 ②	05 ④
06 ④	07 ③	08 ③	09 ④	10 ①
11 ④	12 ②	13 ③	14 ④	15 ③
16 ④	17 ②	18 ⑤		

19 기울기 : -2, x절편 : $\dfrac{5}{2}$, y절편 : 5　**20** 12

21 $y = -\dfrac{2}{3}x + 3$　　　**22** 45 L　　**23** 10 L

01 답 ③, ④　　유형 ③

① $y = x + 10$　　② $y = 5x$　　③ $y = 4\pi x^2$

④ $y = \dfrac{20}{x}$　　⑤ $y = 2x$

따라서 y가 x에 대한 일차함수가 아닌 것은 ③, ④이다.

02 답 ⑤　　유형 ④

$f(2) = 5 \times 2 - 2 = 8$, $g(3) = -\dfrac{1}{3} \times 3 = -1$

∴ $f(2) + 2g(3) = 8 + 2 \times (-1) = 6$

03 답 ④　　유형 ⑤

① $10 \neq -3 \times (-3) + 7 = 16$

② $9 \neq -3 \times (-1) + 7 = 10$

③ $-2 \neq -3 \times 0 + 7 = 7$

④ $1 = -3 \times 2 + 7$

⑤ $-2 \neq -3 \times 4 + 7 = -5$

따라서 $y = -3x + 7$의 그래프 위의 점은 ④이다.

04 답 ②　　유형 ⑤

$y = ax + b$의 그래프가 점 $(1, -1)$을 지나므로

$-1 = a + b$　　…… ㉠

$y = ax + b$의 그래프가 점 $(-1, 3)$을 지나므로

$3 = -a + b$　　…… ㉡

㉠, ㉡을 연립하여 풀면 $a = -2$, $b = 1$

∴ $ab = -2 \times 1 = -2$

05 답 ④　　유형 ⑦

$y = -2x + 4$의 그래프를 y축의 방향으로 k만큼 평행이동하면

$y = -2x + 4 + k$

이 그래프가 점 $(-2, 3)$을 지나므로

$3 = 4 + 4 + k$　　∴ $k = -5$

06 답 ④　　유형 ⑧

$y = -4x + 4$의 그래프와 y축 위에서 만나려면 y절편이 같아야 한다.

$y = -4x + 4$의 그래프의 y절편은 4이므로 $y = -4x + 4$의 그래프와 y축 위에서 만나는 것은 ④이다.

07 답 ③　　유형 ⑧

$y = 3x + k$의 그래프를 y축의 방향으로 -3만큼 평행이동하면

$y = 3x + k - 3$

이때 x절편이 $3k$이므로

$y = 3x + k - 3$에 $x = 3k$, $y = 0$을 대입하면

$0 = 9k + k - 3$, $10k = 3$　　∴ $k = \dfrac{3}{10}$

08 답 ③　　유형 ⑨

주어진 그래프에서 x축은 시간, y축은 거리를 나타내고, 기울기가 나타내는 것은 속력이다.

열차 A, B, C, D가 일정한 속력으로 달린 거리를 나타낸 그래프에서 기울기를 각각 구하면

A : $\dfrac{500}{2} = 250$, B : $\dfrac{300}{2} = 150$, C : $\dfrac{400}{4} = 100$,

D : $\dfrac{200}{1} = 200$

이때 기울기가 큰 것, 즉 속력이 빠른 것부터 순서대로 나열하면

A, D, B, C

따라서 옳은 것은 ③이다.

09 답 ④　　유형 ⑨

$y = -3ax + \dfrac{14}{a}$의 그래프의 기울기가 6이므로

$-3a = 6$에서 $a = -2$　　∴ $y = 6x - 7$

① $-13 = 6 \times (-1) - 7$　　② $-7 = 6 \times 0 - 7$

③ $-1 = 6 \times 1 - 7$　　④ $10 \neq 6 \times 3 - 7 = 11$

⑤ $17=6 \times 4 - 7$
따라서 $y=6x-7$의 그래프 위의 점이 아닌 것은 ④이다.

10 답 ①   유형 **09**

세 점 $(-5, 1)$, $\left(\dfrac{5}{3}, a\right)$, $(5, -5)$가 한 직선 위에 있으므로

세 점 중 어떤 두 점을 택해도 기울기는 모두 같다.

즉, $\dfrac{-5-1}{5-(-5)} = \dfrac{-5-a}{5-\dfrac{5}{3}}$이므로

$-\dfrac{3}{5} = \dfrac{-5-a}{\dfrac{10}{3}}$, $-5-a=-2$ $\therefore a=-3$

11 답 ④   유형 **10**

$y=-2x+6$의 그래프의 x절편은 3, y절편은 6이므로 그 그래프는 ④이다.

12 답 ②   유형 **11** + 유형 **12**

② y축과 점 $(0, b)$에서 만난다.
따라서 옳지 않은 것은 ②이다.

13 답 ③   유형 **12**

$ab<0$에서 $a>0$, $b<0$ 또는 $a<0$, $b>0$
$a-b<0$에서 $a<b$이므로 $a<0$, $b>0$
따라서 $a<0$, $-b<0$이므로 $y=ax-b$의 그래프로 알맞은 것은 ③이다.

14 답 ④   유형 **14**

주어진 그래프는 두 점 $(-3, 0)$, $(0, 5)$를 지나므로

$(기울기) = \dfrac{5-0}{0-(-3)} = \dfrac{5}{3}$

y절편이 2이므로 $y=\dfrac{5}{3}x+2$

15 답 ③   유형 **15**

$(기울기) = \dfrac{3}{4-2} = \dfrac{3}{2}$ $\therefore a=\dfrac{3}{2}$

즉, $y=\dfrac{3}{2}x+b$의 그래프가 점 $(1, 3)$을 지나므로

$3=\dfrac{3}{2}+b$ $\therefore b=\dfrac{3}{2}$

$\therefore a-b=\dfrac{3}{2}-\dfrac{3}{2}=0$

16 답 ④   유형 **17**

두 점 $(3, 0)$, $(0, -2)$를 지나므로

$(기울기) = \dfrac{-2-0}{0-3} = \dfrac{2}{3}$

y절편이 -2이므로 $y=\dfrac{2}{3}x-2$

이 그래프가 점 $(3k, k)$를 지나므로

$k=2k-2$ $\therefore k=2$

17 답 ②   유형 **18**

지면으로부터의 높이가 x km인 지점의 기온을 y °C라 하면
$y=-6x+15$
$y=-6x+15$에 $y=-6$을 대입하면

$-6=-6x+15$ $\therefore x=\dfrac{7}{2}$

따라서 기온이 -6 °C인 지점의 지면으로부터의 높이는

$\dfrac{7}{2}$ km, 즉 3.5 km이다.

18 답 ⑤   유형 **18**

$0<x<6$일 때, $y=\dfrac{1}{2}\times 2x \times 8=8x$

$6\leq x<10$일 때, $y=\dfrac{1}{2}\times 8 \times 12=48$

$10\leq x<16$일 때, $y=\dfrac{1}{2}\times 8 \times (32-2x)=128-8x$

① $y=8x$에 $x=4$를 대입하면 $y=32$
③ $y=128-8x$에 $x=12$를 대입하면 $y=32$
④ $0<x<6$일 때, $y=8x$에서 $16=8x$ $\therefore x=2$
     $10\leq x<16$일 때, $y=128-8x$에서
     $16=128-8x$, $8x=112$ $\therefore x=14$
⑤ $0<x<6$일 때, $y=8x$에서 $40=8x$ $\therefore x=5$
     $10\leq x<16$일 때, $y=128-8x$에서
     $40=128-8x$, $8x=88$ $\therefore x=11$

따라서 옳지 않은 것은 ⑤이다.

19 답 기울기 : -2, x절편 : $\dfrac{5}{2}$, y절편 : 5   유형 **08** + 유형 **09**

$y=-2x+5$의 그래프의 기울기는 -2이다.   …… ❶
$y=-2x+5$에 $y=0$을 대입하면

$0=-2x+5$, $2x=5$ $\therefore x=\dfrac{5}{2}$

따라서 x절편은 $\dfrac{5}{2}$이다.   …… ❷

또, $y=-2x+5$에 $x=0$을 대입하면 $y=5$이므로
y절편은 5이다.   …… ❸

채점 기준	배점
❶ 기울기 구하기	1점
❷ x절편 구하기	2점
❸ y절편 구하기	1점

20 답 12   유형 **10**

$y=\dfrac{1}{2}x+3$의 그래프의 x절편은 -6이고 y절편은 3이므로
$\mathrm{B}(-6, 0)$, $\mathrm{C}(0, 3)$
$y=ax+b$의 그래프의 y절편은 b이므로 $\mathrm{A}(0, b)$
이때 $\triangle \mathrm{ABC}$의 넓이가 15이고, $b>3$이므로

$\dfrac{1}{2}\times(b-3)\times 6=15$ $\therefore b=8$ …… ❶

즉, $y=ax+b$의 그래프가 두 점 $(-6, 0)$, $(0, 8)$을 지나므로

$a=\dfrac{8-0}{0-(-6)}=\dfrac{4}{3}$ …… ❷

$\therefore 3a+b=3\times\dfrac{4}{3}+8=12$ …… ❸

채점 기준	배점
❶ b의 값 구하기	4점
❷ a의 값 구하기	2점
❸ $3a+b$의 값 구하기	1점

21 답 $y=-\dfrac{2}{3}x+3$　　　　　유형 ⑮

$y=-\dfrac{2}{3}x+2$의 그래프와 평행하므로 구하는 일차함수의 그래

프의 기울기는 $-\dfrac{2}{3}$이다. .... ❶

일차함수의 식을 $y=-\dfrac{2}{3}x+b$라 하면 이 그래프가 점 $(-3, 5)$

를 지나므로 $5=2+b$　　∴ $b=3$

따라서 구하는 일차함수의 식은 $y=-\dfrac{2}{3}x+3$이다. .... ❷

채점 기준	배점
❶ 기울기 구하기	2점
❷ 일차함수의 식 구하기	4점

22 답 45 L　　　　　유형 ⑱

1 km를 달릴 때 필요한 휘발유의 양은 $\dfrac{1}{12}$ L이다.

50 L의 휘발유를 넣고 x km 달린 후에 남아 있는 휘발유의 양

을 y L라 하면 $y=50-\dfrac{1}{12}x$ .... ❶

$y=50-\dfrac{1}{12}x$에 $x=60$을 대입하면

$y=50-\dfrac{1}{12}\times 60=45$

따라서 60 km 달린 후에 남아 있는 휘발유의 양은 45 L이다.

.... ❷

채점 기준	배점
❶ x와 y 사이의 관계를 식으로 나타내기	4점
❷ 60 km 달린 후에 남아 있는 휘발유의 양 구하기	2점

23 답 10 L　　　　　유형 ⑱

5분 동안 물의 양이 20 L만큼 늘어났으므로 1분마다 4 L씩 물

의 양이 늘어난다.

x분 후에 물통에 들어 있는 물의 양을 y L라 하면 x분 후에

$4x$ L만큼 물의 양이 늘어나므로

처음 물통에 들어 있던 물의 양을 a L라 하면

$y=a+4x$ .... ❶

$y=a+4x$에 $x=5$, $y=30$을 대입하면

$30=a+4\times 5$　　∴ $a=10$

따라서 처음 물통에 들어 있던 물의 양은 10 L이다. .... ❷

채점 기준	배점
❶ x와 y 사이의 관계를 식으로 나타내기	4점
❷ 처음 물통에 들어 있던 물의 양 구하기	3점

교과서 속 특이 문제

●84쪽

01 답 15

경사도가 10 %인 도로에서 자동차 B의 수직 거리를 x m라 하면

$\dfrac{x-3}{30}\times 100=10$, $x-3=3$　　∴ $x=6$

즉, 자동차 B의 수직 거리는 6 m이다.

또, 경사도가 20 %인 도로에서 두 자동차 사이의 수평 거리가

k m이므로

$\dfrac{6-3}{k}\times 100=20$, $20k=300$　　∴ $k=15$

02 답 $\dfrac{1}{2}\leq a\leq 3$

(ⅰ) 그래프의 기울기가 가장 클 때는 점 $C(0, 3)$을 지날 때이고,

이때 그래프는 두 점 $(-2, -3)$, $(0, 3)$을 지나므로

$a=\dfrac{3-(-3)}{0-(-2)}=3$

(ⅱ) 그래프의 기울기가 가장 작을 때는 점 $A(4, 0)$을 지날 때이

고, 이때 그래프는 두 점 $(-2, -3)$, $(4, 0)$을 지나므로

$a=\dfrac{0-(-3)}{4-(-2)}=\dfrac{1}{2}$

(ⅰ), (ⅱ)에서 $y=ax+b$의 그래프가 사각형 OABC와 만나도록

하는 상수 a의 값의 범위는 $\dfrac{1}{2}\leq a\leq 3$

03 답 174 cm

[x단계] 도형의 둘레의 길이를 y cm라 하자.

[1단계] 도형은 3 cm짜리 변이 4개 있고, 한 단계 지날 때마다

3 cm짜리 변이 6개씩 더 생기므로 둘레의 길이는

$3\times 6=18$ (cm) 늘어난다.

이때 [1단계] 도형의 둘레의 길이는 12 cm이므로

$y=12+18(x-1)=18x-6$

$y=18x-6$에 $x=10$을 대입하면

$y=18\times 10-6=174$

따라서 [10단계] 도형의 둘레의 길이는 174 cm이다.

04 답 $-\dfrac{9}{8}$

직선 DE는 y절편이 9인 일차함수의 그래프이므로

$y=ax+9$라 하고 △ODE의 넓이를 S라 하면

오각형 ABCDE의 넓이는 $3S$이므로 정사각형 OABC의 넓이

는 $4S$이다.

이때 정사각형 OABC의 넓이가 $12\times 12=144$이므로

$4S=144$　　∴ $S=36$

즉, $\dfrac{1}{2}\times 9\times\overline{OE}=36$에서 $\overline{OE}=8$　　∴ $E(8, 0)$

$y=ax+9$의 그래프의 x절편이 8이므로

$y=ax+9$에 $x=8$, $y=0$을 대입하면

$8a+9=0$　　∴ $a=-\dfrac{9}{8}$

따라서 직선 DE의 기울기는 $-\dfrac{9}{8}$이다.

2 일차함수와 일차방정식의 관계   Ⅲ. 일차함수

86쪽

개념 check

1 답 (1) $y=-\dfrac{1}{2}x+2$ (2) $y=\dfrac{4}{3}x-1$

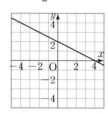   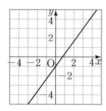

2 답 (1) $y=3$ (2) $x=-2$

3 답 $x=1$, $y=1$

두 일차방정식의 그래프의 교점의 좌표가 $(1, 1)$이므로 연립방정식의 해는 $x=1$, $y=1$이다.

4 답 (1) $x=-2$, $y=0$ (2) 해가 무수히 많다.   (3) 해가 없다.

(1) $\begin{cases} -x+2y=2 \\ x-y=-2 \end{cases}$ 에서 $\begin{cases} y=\dfrac{1}{2}x+1 \\ y=x+2 \end{cases}$

각 일차방정식의 그래프는 오른쪽 그림과 같이 점 $(-2, 0)$에서 만나므로 연립방정식의 해는 $x=-2$, $y=0$이다.

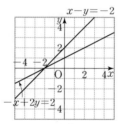

(2) $\begin{cases} x+y=3 \\ 2x+2y=6 \end{cases}$ 에서 $\begin{cases} y=-x+3 \\ y=-x+3 \end{cases}$

각 일차방정식의 그래프는 오른쪽 그림과 같이 일치하므로 연립방정식의 해가 무수히 많다.

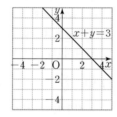

(3) $\begin{cases} 3x-y=-1 \\ 6x-2y=-12 \end{cases}$ 에서

$\begin{cases} y=3x+1 \\ y=3x+6 \end{cases}$

각 일차방정식의 그래프는 오른쪽 그림과 같이 평행하므로 연립방정식의 해가 없다.

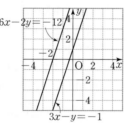

기출 유형

◎87쪽~91쪽

◎87쪽~91쪽

유형 01 일차함수와 일차방정식   87쪽

a, b, c가 상수이고 $a\neq0$, $b\neq0$일 때, 일차방정식 $ax+by+c=0$의 그래프와 일차함수 $y=-\dfrac{a}{b}x-\dfrac{c}{b}$의 그래프는 같다.

$\underset{\text{기울기}}{\leftarrow}$ $\underset{y\text{절편}}{}$

01 답 ③

$3x+2y=6$에서 $y=-\dfrac{3}{2}x+3$

따라서 $y=-\dfrac{3}{2}x+3$의 그래프의 x절편은 2, y절편은 3이므로 그래프는 ③이다.

02 답 ②, ④

$4x-3y-9=0$에서 $y=\dfrac{4}{3}x-3$

① y절편은 -3이다.

③ $4\times3-3\times(-1)-9=6\neq0$

이므로 점 $(3, -1)$을 지나지 않는다.

⑤ 두 일차함수 $y=\dfrac{4}{3}x-3$과 $y=-\dfrac{4}{3}x$의 그래프는 기울기가 같지 않으므로 평행하지 않다.

따라서 옳은 것은 ②, ④이다.

03 답 ①

$5x-2y+10=0$에서 $y=\dfrac{5}{2}x+5$

이므로 기울기는 $\dfrac{5}{2}$, x절편은 -2이다.

따라서 $a=\dfrac{5}{2}$, $b=-2$이므로

$ab=\dfrac{5}{2}\times(-2)=-5$

유형 02 일차방정식의 그래프 위의 점   87쪽

일차방정식 $ax+by+c=0$의 그래프가 점 (p, q)를 지난다.

→ $ax+by+c=0$에 $x=p$, $y=q$를 대입하면 등식이 성립한다.

→ $ap+bq+c=0$

04 답 ④

$4x-y-3=0$에 주어진 점을 각각 대입하면

① $4\times(-2)-(-11)-3=0$

② $4\times\left(-\dfrac{3}{2}\right)-(-9)-3=0$

③ $4\times0-(-3)-3=0$

④ $4\times\dfrac{5}{4}-(-2)-3=4\neq0$

⑤ $4\times1-1-3=0$

따라서 일차방정식 $4x-y-3=0$의 그래프 위의 점이 아닌 것은 ④이다.

05 답 ③

$3x+2y+12=0$의 그래프가 점 $(-2, a)$를 지나므로

$-6+2a+12=0$ ∴ $a=-3$

06 답 -17

$x-3y=8$에 $x=-1$, $y=a$를 대입하면

$-1-3a=8$, $-3a=9$ ∴ $a=-3$

$x-3y=8$에 $x=b$, $y=2$를 대입하면

$b-6=8$ ∴ $b=14$

∴ $a-b=-3-14=-17$

유형 03 일차방정식의 미지수 구하기   87쪽

(1) 일차방정식의 그래프 위의 점의 좌표가 주어지면
→ 일차방정식에 점의 좌표를 대입하여 미지수를 구한다.
(2) 일차방정식의 그래프의 기울기와 y절편이 주어지면
 ❶ $ax+by+c=0$을 $y=-\dfrac{a}{b}x-\dfrac{c}{b}$ 꼴로 고친다.
 ❷ 계수를 비교하여 미지수를 구한다.

07 답 ①

$ax+3y-5=0$에 $x=-1$, $y=3$을 대입하면
$-a+9-5=0$ $\therefore a=4$

즉, $4x+3y-5=0$에서 $y=-\dfrac{4}{3}x+\dfrac{5}{3}$이므로 이 그래프의 기울기는 $-\dfrac{4}{3}$이다.

08 답 -12

주어진 그래프가 두 점 $(3, 0)$, $(0, -4)$를 지나므로
$ax+by+12=0$에 $x=3$, $y=0$을 대입하면
$3a+12=0$ $\therefore a=-4$
$ax+by+12=0$에 $x=0$, $y=-4$를 대입하면
$-4b+12=0$ $\therefore b=3$
$\therefore ab=-4\times3=-12$

다른 풀이

$ax+by+12=0$에서 $y=-\dfrac{a}{b}x-\dfrac{12}{b}$

$(기울기)=\dfrac{-4-0}{0-3}=\dfrac{4}{3}$, $(y절편)=-4$이므로

$-\dfrac{a}{b}=\dfrac{4}{3}$, $-\dfrac{12}{b}=-4$에서 $a=-4$, $b=3$

$\therefore ab=-4\times3=-12$

09 답 ④

$2x+ay-1=0$에 $x=-2$, $y=5$를 대입하면
$-4+5a-1=0$, $5a=5$ $\therefore a=1$
$2x+y-1=0$에 $x=b$, $y=2$를 대입하면
$2b+2-1=0$, $2b=-1$ $\therefore b=-\dfrac{1}{2}$

$\therefore a+b=1+\left(-\dfrac{1}{2}\right)=\dfrac{1}{2}$

유형 04 일차방정식 $ax+by+c=0$의 그래프와 a, b, c의 부호   88쪽

일차방정식 $ax+by+c=0$, 즉 $y=-\dfrac{a}{b}x-\dfrac{c}{b}$의 그래프가

(1) 오른쪽 위로 향하면 $\underset{기울기가 양수}{\longrightarrow}$ $-\dfrac{a}{b}>0$

　　오른쪽 아래로 향하면 $\underset{기울기가 음수}{\longrightarrow}$ $-\dfrac{a}{b}<0$

(2) y축과 양의 부분에서 만나면 $\underset{y절편이 양수}{\longrightarrow}$ $-\dfrac{c}{b}>0$

　　y축과 음의 부분에서 만나면 $\underset{y절편이 음수}{\longrightarrow}$ $-\dfrac{c}{b}<0$

10 답 ②

$ax+y-b=0$에서 $y=-ax+b$
주어진 그래프에서 $-a>0$, $b>0$이므로 $a<0$, $b>0$

11 답 제2사분면

$ax+by-c=0$에서 $y=-\dfrac{a}{b}x+\dfrac{c}{b}$

이때 $-\dfrac{a}{b}>0$, $\dfrac{c}{b}<0$이므로 $ax+by-c=0$
의 그래프는 오른쪽 그림과 같이 제2사분면
을 지나지 않는다.

12 답 ②, ④

$ax+by+c=0$에서 $y=-\dfrac{a}{b}x-\dfrac{c}{b}$

이때 $-\dfrac{a}{b}>0$, $-\dfrac{c}{b}<0$이므로

$a>0$, $b<0$, $c<0$ 또는 $a<0$, $b>0$, $c>0$

$y=\dfrac{c}{a}x+b$의 그래프에서

(i) $a>0$, $b<0$, $c<0$일 때

　　$(기울기)=\dfrac{c}{a}<0$, $(y절편)=b<0$

(ii) $a<0$, $b>0$, $c>0$일 때

　　$(기울기)=\dfrac{c}{a}<0$, $(y절편)=b>0$

(i), (ii)에서 $y=\dfrac{c}{a}x+b$의 그래프로 알맞은 것은 ②, ④이다.

유형 05 직선의 방정식   88쪽

(1) 기울기가 a이고 y절편이 b인 직선의 방정식 → $y=ax+b$
(2) 기울기가 a이고 점 (x_1, y_1)을 지나는 직선의 방정식
→ $y-y_1=a(x-x_1)$
(3) 두 점 (x_1, y_1), (x_2, y_2)를 지나는 직선의 방정식
→ $y-y_1=\dfrac{y_2-y_1}{x_2-x_1}(x-x_1)$ (단, $x_1\neq x_2$)

13 답 ⑤

주어진 직선이 두 점 $(0, 3)$, $(5, -1)$을 지나므로

$(기울기)=\dfrac{-1-3}{5-0}=-\dfrac{4}{5}$

y절편이 3이므로 $y=-\dfrac{4}{5}x+3$, 즉 $4x+5y-15=0$

14 답 5

기울기가 $-\dfrac{3}{2}$이므로 직선의 방정식을 $y=-\dfrac{3}{2}x+k$라 하면
이 직선이 점 $(4, -5)$를 지나므로
$-5=-\dfrac{3}{2}\times4+k$ $\therefore k=1$

따라서 $y=-\dfrac{3}{2}x+1$, 즉 $3x+2y=2$이므로 $a=3$, $b=2$
$\therefore a+b=3+2=5$

15 답 ④

두 점 $(-2, -8)$, $(4, 1)$을 지나는 직선의 기울기는

$$\frac{1-(-8)}{4-(-2)}=\frac{3}{2}$$

따라서 이 직선과 평행하고 점 $(0, 5)$를 지나는 직선, 즉 y절편이 5인 직선의 방정식은 $y=\frac{3}{2}x+5$

$\therefore 3x-2y+10=0$

유형 **06** 좌표축에 평행한 직선의 방정식   89쪽

0이 아닌 상수 m, n에 대하여

(1) 방정식 $x=m$의 그래프 : y축에 평행한 직선
　　　　　　　　　　　→ x축에 수직인

(2) 방정식 $y=n$의 그래프 : x축에 평행한 직선
　　　　　　　　　　　→ y축에 수직인

(3) 두 점 (m, y_1), (m, y_2)를 지나는 직선의 방정식 → $x=m$

(4) 두 점 (x_1, n), (x_2, n)을 지나는 직선의 방정식 → $y=n$

---

16 답 ①

x축에 수직이고 점 $(-4, 5)$를 지나는 직선은 x의 값이 -4로 항상 같으므로 $x=-4$

17 답 ②

y축에 평행한 직선 위의 점은 x좌표가 모두 같으므로
$8+2a=a-2$　　$\therefore a=-10$

18 답 $-\frac{1}{3}$

주어진 그래프는 x축에 평행하고 점 $(0, -3)$을 지나므로 그 그래프의 식은 $y=-3$

$y=-3$에서 $y+3=0$, $\frac{1}{3}y+1=0$

이 식이 $ax+by+1=0$과 같으므로 $a=0$, $b=\frac{1}{3}$

$\therefore a-b=0-\frac{1}{3}=-\frac{1}{3}$

19 답 18

네 직선 $x=-3$, $x=\frac{3}{2}$, $y=-2$,

$y=2$는 오른쪽 그림과 같다.
따라서 구하는 도형의 넓이는

$$\left(\frac{3}{2}+3\right)\times(2+2)=18$$

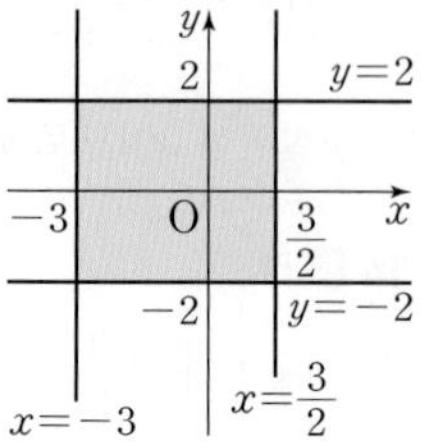

참고 네 직선 $x=a$, $x=b$, $y=c$, $y=d$로 둘러싸인 도형의 넓이$(a<b, c<d)$
→ $(b-a)\times(d-c)$

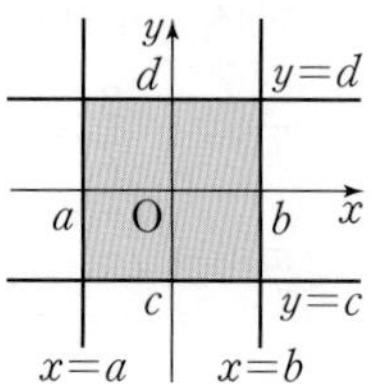

유형 **07** 연립방정식의 해와 그래프의 교점   89쪽

두 일차방정식 $ax+by+c=0$, $a'x+b'y+c'=0$의 그래프의 교점의 좌표가 (p, q)이다.

→ 연립방정식 $\begin{cases} ax+by+c=0 \\ a'x+b'y+c'=0 \end{cases}$의 해가 $x=p$, $y=q$이다.

→ 각 일차방정식에 $x=p$, $y=q$를 대입하면 등식이 성립한다.

---

20 답 ③

연립방정식 $\begin{cases} x+2y=1 \\ 3x-y=-11 \end{cases}$을 풀면 $x=-3$, $y=2$

따라서 $a=-3$, $b=2$이므로 $a+b=-3+2=-1$

21 답 $(1, 2)$

기울기가 -2, y절편이 4인 직선의 방정식은 $y=-2x+4$

연립방정식 $\begin{cases} y=-2x+4 \\ x-y+1=0 \end{cases}$을 풀면 $x=1$, $y=2$

따라서 구하는 교점의 좌표는 $(1, 2)$이다.

22 답 ③

두 그래프의 교점의 좌표가 $(1, 2)$이므로
$ax+y=1$에 $x=1$, $y=2$를 대입하면
$a+2=1$　　$\therefore a=-1$
$3x+by=5$에 $x=1$, $y=2$를 대입하면
$3+2b=5$　　$\therefore b=1$
$\therefore a+b=-1+1=0$

23 답 ⑤

$2x-y+6=0$의 그래프의 x절편이 -3이므로 두 그래프의 교점의 좌표는 $(-3, 0)$이다.
따라서 $ax+y-3=0$에 $x=-3$, $y=0$을 대입하면
$-3a-3=0$　　$\therefore a=-1$

24 답 $\frac{11}{2}$

두 직선의 교점의 y좌표가 2이므로
$y=-x+4$에 $y=2$를 대입하면 $2=-x+4$　　$\therefore x=2$
직선 $y=ax+b$의 y절편이 -3이므로 $b=-3$
즉, 직선 $y=ax-3$이 점 $(2, 2)$를 지나므로

$2=2a-3$, $2a=5$　　$\therefore a=\frac{5}{2}$

$\therefore a-b=\frac{5}{2}-(-3)=\frac{11}{2}$

유형 **08** 두 직선의 교점을 지나는 직선의 방정식   90쪽

두 직선의 교점을 지나는 직선의 방정식 구하기
❶ 연립방정식의 해를 구하여 두 직선의 교점의 좌표를 구한다.
❷ (i) 기울기가 주어진 경우
　　→ 기울기와 교점을 이용하여 직선의 방정식을 구한다.
　(ii) 직선이 지나는 다른 한 점이 주어진 경우
　　→ 교점과 주어진 점을 이용하여 기울기를 구한 후 직선의 방정식을 구한다.

25 답 ①

연립방정식 $\begin{cases} 2x-y-5=0 \\ 3x+y+5=0 \end{cases}$ 을 풀면 $x=0$, $y=-5$

즉, 두 일차방정식의 그래프의 교점의 좌표는 $(0, -5)$이다.

$x-2y+7=0$에서 $y=\dfrac{1}{2}x+\dfrac{7}{2}$

따라서 기울기가 $\dfrac{1}{2}$이고 점 $(0, -5)$를 지나는 직선의 방정식은

$y=\dfrac{1}{2}x-5$, 즉 $x-2y-10=0$

26 답 $\dfrac{2}{3}$

연립방정식 $\begin{cases} 3x+y-8=0 \\ x-3y+4=0 \end{cases}$ 을 풀면 $x=2$, $y=2$

즉, 두 일차방정식의 그래프의 교점의 좌표는 $(2, 2)$이므로 두 점 $(2, 2)$, $(0, -1)$을 지나는 직선의 기울기는

$\dfrac{-1-2}{0-2}=\dfrac{3}{2}$

y절편이 -1이므로 $y=\dfrac{3}{2}x-1$

따라서 이 직선의 x절편은 $\dfrac{2}{3}$이다.

27 답 -1

연립방정식 $\begin{cases} x-3y=6 \\ 2x+3y=3 \end{cases}$ 을 풀면 $x=3$, $y=-1$

즉, 두 직선의 교점의 좌표는 $(3, -1)$이다.

점 $(3, -1)$을 지나고 x축에 평행한 직선의 방정식은 $y=-1$이다.

따라서 이 직선 위의 점의 y좌표는 모두 -1이므로

$a=-1$

28 답 $\dfrac{9}{2}$

연립방정식 $\begin{cases} x+y=1 \\ 2x-3y=1 \end{cases}$ 을 풀면 $x=\dfrac{4}{5}$, $y=\dfrac{1}{5}$

즉, 두 직선 $x+y=1$, $2x-3y=1$의 교점의 좌표가 $\left(\dfrac{4}{5}, \dfrac{1}{5}\right)$이

므로 $(a+2)x-y=5$에 $x=\dfrac{4}{5}$, $y=\dfrac{1}{5}$을 대입하면

$(a+2)\times\dfrac{4}{5}-\dfrac{1}{5}=5$, $\dfrac{4}{5}a=\dfrac{18}{5}$ $\qquad\therefore a=\dfrac{9}{2}$

참고 세 직선이 한 점에서 만날 때

❶ 미지수를 포함하지 않은 두 직선의 교점의 좌표를 구한다.

❷ 미지수를 포함한 직선의 방정식에 ❶에서 구한 교점의 좌표를 대입하여 미지수를 구한다.

29 답 ②

세 직선 중 어느 두 직선도 평행하지 않으므로 세 직선에 의해 삼각형이 만들어지지 않는 경우는 세 직선이 한 점에서 만날 때이다.

연립방정식 $\begin{cases} x+y-1=0 \\ x-2y-4=0 \end{cases}$ 을 풀면 $x=2$, $y=-1$

즉, 두 직선 $x+y-1=0$, $x-2y-4=0$의 교점의 좌표가 $(2, -1)$이므로 $x-y-a=0$에 $x=2$, $y=-1$을 대입하면

$2-(-1)-a=0$ $\qquad\therefore a=3$

참고 서로 다른 세 직선에 의해 삼각형이 만들어지지 않는 경우

(1) 세 직선이 한 점에서 만나는 경우

(2) 어느 두 직선이 평행하거나 세 직선이 평행한 경우

유형 **09** 연립방정식의 해의 개수와 두 직선의 위치 관계　90쪽

연립방정식 $\begin{cases} ax+by+c=0 \\ a'x+b'y+c'=0 \end{cases}$, 즉 $\begin{cases} y=-\dfrac{a}{b}x-\dfrac{c}{b} \\ y=-\dfrac{a'}{b'}x-\dfrac{c'}{b'} \end{cases}$ 에 대하여

(1) 연립방정식의 해가 없으면 두 일차방정식의 그래프는 평행하다.

→ $-\dfrac{a}{b}=-\dfrac{a'}{b'}$, $-\dfrac{c}{b}\neq-\dfrac{c'}{b'}$ ┌기울기는 같고 y절편은 다르다.

(2) 연립방정식의 해가 무수히 많으면 두 일차방정식의 그래프는 일치한다. └기울기와 y절편이 각각 같다.

→ $-\dfrac{a}{b}=-\dfrac{a'}{b'}$, $-\dfrac{c}{b}=-\dfrac{c'}{b'}$

30 답 ①

$x-ay=1$에서 $y=\dfrac{1}{a}x-\dfrac{1}{a}$

$2x+6y=b$에서 $y=-\dfrac{1}{3}x+\dfrac{b}{6}$

해가 무수히 많으려면 두 일차방정식의 그래프가 일치해야 하므로

$\dfrac{1}{a}=-\dfrac{1}{3}$, $-\dfrac{1}{a}=\dfrac{b}{6}$에서 $a=-3$, $b=2$

$\therefore ab=-3\times2=-6$

다른 풀이

$\dfrac{1}{2}=\dfrac{-a}{6}=\dfrac{1}{b}$에서 $a=-3$, $b=2$

$\therefore ab=-3\times2=-6$

31 답 $a\neq-1$

$ax+y-5=0$에서 $y=-ax+5$

$x-y+2=0$에서 $y=x+2$

두 직선의 교점이 오직 한 개이려면 두 직선의 기울기가 달라야 하므로

$-a\neq1$ $\qquad\therefore a\neq-1$

다른 풀이

$\dfrac{a}{1}\neq\dfrac{1}{-1}$에서 $a\neq-1$

32 답 ②

$ax+y=6$에서 $y=-ax+6$

$3x-3y=b$에서 $y=x-\dfrac{b}{3}$

두 직선의 교점이 존재하지 않으려면 두 직선이 평행해야 하므로

$-a=1$, $6\neq-\dfrac{b}{3}$에서 $a=-1$, $b\neq-18$

따라서 a, b의 값이 될 수 있는 것은 ②이다.

다른 풀이

$\dfrac{a}{3}=\dfrac{1}{-3}\neq\dfrac{6}{b}$에서 $a=-1$, $b\neq-18$

❶ 각 직선의 x절편, y절편과 두 직선의 교점의 좌표를 구한다.
❷ ❶을 이용하여 직선으로 둘러싸인 도형의 넓이를 구한다.

33 답 ⑤

연립방정식 $\begin{cases} 3x-y-4=0 \\ x+y-4=0 \end{cases}$ 을 풀면

$x=2$, $y=2$
즉, 두 직선의 교점의 좌표는 $(2, 2)$이다.
직선 $3x-y-4=0$의 y절편은 -4,
직선 $x+y-4=0$의 y절편은 4이므로
구하는 도형의 넓이는

$\dfrac{1}{2}\times(4+4)\times2=8$

34 답 25

세 직선 $x-3=0$, $2x-y=0$, $y+4=0$에서 $x=3$, $y=2x$, $y=-4$이므로 세 직선을 그리면 오른쪽 그림과 같다.
두 직선 $x=3$과 $y=2x$의 교점의 좌표는 $(3, 6)$
두 직선 $x=3$과 $y=-4$의 교점의 좌표는 $(3, -4)$
두 직선 $y=2x$와 $y=-4$의 교점의 좌표는 $(-2, -4)$
따라서 구하는 도형의 넓이는

$\dfrac{1}{2}\times(3+2)\times(6+4)=25$

35 답 $\dfrac{3}{5}$

직선 $y=-x+3$의 x절편은 3, y절편은 3
직선 $y=ax+3$의 x절편은 $-\dfrac{3}{a}$, y절편은 3
이때 도형의 넓이가 12이므로

$\dfrac{1}{2}\times\left(3+\dfrac{3}{a}\right)\times3=12$, $\dfrac{3}{a}=5$ ∴ $a=\dfrac{3}{5}$

36 답 $-\dfrac{2}{3}$

$2x-3y+12=0$의 그래프의 x절편은 -6, y절편은 4이므로
$A(-6, 0)$, $B(0, 4)$

$\triangle AOC=\dfrac{1}{2}\triangle AOB$

$=\dfrac{1}{2}\times\left(\dfrac{1}{2}\times6\times4\right)=6$

이므로 점 C의 y좌표는 2이다.
$2x-3y+12=0$에 $y=2$를 대입하면
$2x-6+12=0$ ∴ $x=-3$ ∴ $C(-3, 2)$
따라서 $y=ax$에 $x=-3$, $y=2$를 대입하면

$2=-3a$ ∴ $a=-\dfrac{2}{3}$

두 일차함수의 그래프가 주어지면
❶ 그래프가 지나는 두 점 또는 조건을 이용하여 두 직선의 방정식을 구한다.
❷ 두 직선의 방정식을 연립하여 교점의 좌표를 구한다.

37 답 2분

물통 A의 그래프는 두 점 $(3, 0)$, $(0, 30)$을 지나므로

$(기울기)=\dfrac{30-0}{0-3}=-10$

y절편이 30이므로 $y=-10x+30$
물통 B의 그래프는 두 점 $(4, 0)$, $(0, 20)$을 지나므로

$(기울기)=\dfrac{20-0}{0-4}=-5$

y절편이 20이므로 $y=-5x+20$
즉, $-10x+30=-5x+20$에서 $-5x=-10$ ∴ $x=2$
따라서 물을 빼내기 시작한 지 2분 후에 두 물통에 남아 있는 물의 양이 같아진다.

38 답 20분

동생의 그래프는 두 점 $(0, 0)$, $(30, 3)$을 지나므로

$(기울기)=\dfrac{3-0}{30-0}=\dfrac{1}{10}$ ∴ $y=\dfrac{1}{10}x$

형의 그래프는 두 점 $(10, 0)$, $(25, 3)$을 지나므로

$(기울기)=\dfrac{3-0}{25-10}=\dfrac{1}{5}$

$y=\dfrac{1}{5}x+b$라 하고 $x=10$, $y=0$을 대입하면

$0=2+b$에서 $b=-2$ ∴ $y=\dfrac{1}{5}x-2$

즉, $\dfrac{1}{10}x=\dfrac{1}{5}x-2$에서 $x=20$

따라서 두 사람은 동생이 출발한 지 20분 후에 만난다.

서술형

01 답 1

채점 기준 1 a의 값 구하기 ··· 3점
두 일차방정식의 교점의 좌표가 (3 , 2)이므로
$ax+3y=3$에 $x=$ 3 , $y=$ 2 를 대입하면
3 $a+6=3$ ∴ $a=$ -1

채점 기준 2 b의 값 구하기 ··· 2점
$x+by=1$에 $x=$ 3 , $y=$ 2 를 대입하면
3 $+$ 2 $b=1$ ∴ $b=$ -1

채점 기준 3 $a-2b$의 값 구하기 ··· 1점
$a-2b=$ -1 $-2\times($ -1 $)=$ 1

01-1 답 -4

채점 기준 1 a의 값 구하기 ··· 3점
두 일차방정식의 교점의 좌표가 $(-2, -3)$이므로
$2x-ay=-1$에 $x=-2$, $y=-3$을 대입하면

$-4+3a=-1$ ∴ $a=1$

채점 기준 2 b의 값 구하기 … 2점

$x+y=b$에 $x=-2$, $y=-3$을 대입하면

$-2+(-3)=b$ ∴ $b=-5$

채점 기준 3 $a+b$의 값 구하기 … 1점

$a+b=1+(-5)=-4$

02 답 $\dfrac{15}{2}$

채점 기준 1 두 직선의 교점의 좌표 구하기 … 2점

연립방정식 $\begin{cases} 3x-2y+12=0 \\ x+y-1=0 \end{cases}$ 을 풀면 $x=\underline{-2}$, $y=\underline{3}$

따라서 두 직선의 교점의 좌표는 ($\underline{-2}$, $\underline{3}$)이다.

채점 기준 2 두 직선의 x절편 구하기 … 3점

직선 $3x-2y+12=0$의 x절편은 $\underline{-4}$,

직선 $x+y-1=0$의 x절편은 $\underline{1}$이다.

채점 기준 3 두 직선과 x축으로 둘러싸인 도형의 넓이 구하기 … 2점

두 직선과 x축으로 둘러싸인 도형의 넓이는

$\dfrac{1}{2}\times(1+\underline{4})\times\underline{3}=\dfrac{15}{2}$

02-1 답 $\dfrac{11}{2}$

채점 기준 1 두 직선의 교점의 좌표 구하기 … 2점

연립방정식 $\begin{cases} 2x-5y+9=0 \\ 4x+y-4=0 \end{cases}$ 을 풀면 $x=\dfrac{1}{2}$, $y=2$

따라서 두 직선의 교점의 좌표는 $\left(\dfrac{1}{2},\ 2\right)$이다.

채점 기준 2 두 직선의 x절편 구하기 … 3점

직선 $2x-5y+9=0$의 x절편은 $-\dfrac{9}{2}$,

직선 $4x+y-4=0$의 x절편은 1이다.

채점 기준 3 두 직선과 x축으로 둘러싸인 도형의 넓이 구하기 … 2점

두 직선과 x축으로 둘러싸인 도형의 넓이는

$\dfrac{1}{2}\times\left(1+\dfrac{9}{2}\right)\times2=\dfrac{11}{2}$

03 답 3

$(2a-1)x+y+3b=0$에서 $y=-(2a-1)x-3b$

이 그래프의 기울기가 -1이므로

$-(2a-1)=-1$ ∴ $a=1$ ……❶

y절편이 3이므로 $-3b=3$ ∴ $b=-1$ ……❷

∴ $2a-b=2\times1-(-1)=3$ ……❸

채점 기준	배점
❶ a의 값 구하기	2점
❷ b의 값 구하기	2점
❸ $2a-b$의 값 구하기	2점

04 답 $a=-4$, $b=0$

점 $(1, 2)$를 지나고 y축에 평행한 직선의 방정식은 $x=1$이다.

……❶

$x=1$에서 $x-1=0$, $-4x+4=0$

이 식이 $ax+by+4=0$과 같으므로

$a=-4$, $b=0$ ……❷

채점 기준	배점
❶ 점 $(1, 2)$를 지나고 y축에 평행한 직선의 방정식 구하기	2점
❷ a, b의 값을 각각 구하기	2점

05 답 4

$x=3$의 그래프는 y축에 평행한 직선이므로 두 점 $(1, a-5)$, $(-3, -3a+11)$을 지나는 직선은 x축에 평행하다.

즉, 이 직선 위의 점은 y좌표가 모두 같으므로 ……❶

$a-5=-3a+11$, $4a=16$ ∴ $a=4$ ……❷

채점 기준	배점
❶ 두 점의 y좌표가 같음을 알기	4점
❷ a의 값 구하기	2점

06 답 -2, -1, 1

두 직선 $x-y+2=0$, $2x+y-5=0$의 기울기가 다르므로 세 직선에 의해 삼각형이 만들어지지 않기 위해서는 세 직선이 한 점에서 만나거나 세 직선 중 두 직선이 평행해야 한다. ……❶

(i) 세 직선이 한 점에서 만나는 경우

연립방정식 $\begin{cases} x-y+2=0 \\ 2x+y-5=0 \end{cases}$ 을 풀면 $x=1$, $y=3$

즉, 두 직선 $x-y+2=0$, $2x+y-5=0$의 교점의 좌표가 $(1, 3)$이므로 직선 $ax-y+4=0$도 점 $(1, 3)$을 지나야 한다.

$ax-y+4=0$에 $x=1$, $y=3$을 대입하면

$a-3+4=0$ ∴ $a=-1$ ……❷

(ii) 세 직선 중 두 직선이 평행한 경우

세 직선의 방정식을 $y=mx+n$ 꼴로 바꾸면

$y=x+2$, $y=-2x+5$, $y=ax+4$

∴ $a=1$ 또는 $a=-2$ ……❸

(i), (ii)에서 a의 값은 -2, -1, 1이다.

채점 기준	배점
❶ 세 직선이 삼각형을 이루지 않기 위한 조건 알기	3점
❷ 세 직선이 한 점에서 만나는 경우 a의 값 구하기	2점
❸ 세 직선 중 두 직선이 평행한 경우 a의 값 구하기	2점

07 답 (1) $a=-2$, $b=-6$ (2) 제2, 3, 4사분면

(1) $x-2y=3$에서 $y=\dfrac{1}{2}x-\dfrac{3}{2}$

$ax+4y=b$에서 $y=-\dfrac{a}{4}x+\dfrac{b}{4}$

해가 무수히 많으려면 두 직선이 일치해야 하므로

$\dfrac{1}{2}=-\dfrac{a}{4}$, $-\dfrac{3}{2}=\dfrac{b}{4}$에서 $a=-2$, $b=-6$ ……❶

(2) $y=-2x-6$의 그래프의 x절편은 -3, y절편은 -6이므로 오른쪽 그림과 같이 제2, 3, 4사분면을 지난다. ……❷

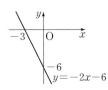

채점 기준	배점
❶ a, b의 값을 각각 구하기	3점
❷ 일차함수 $y=ax+b$의 그래프가 지나는 사분면 구하기	3점

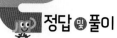

08 답 12

두 직선 $x-y+4=0$과
$ax-y+1=0$의 교점의 x좌표가
-1이므로
$x-y+4=0$에 $x=-1$을 대입하면
$-1-y+4=0$ ∴ $y=3$
즉, 직선 $ax-y+1=0$이 점 $(-1, 3)$
을 지나므로 $-a-3+1=0$ ∴ $a=-2$ ······**❶**
두 직선 $x-y+4=0$과 $y=-1$의 교점의 좌표는 $(-5, -1)$
두 직선 $-2x-y+1=0$과 $y=-1$의 교점의 좌표는 $(1, -1)$
                                           ······**❷**
따라서 구하는 도형의 넓이는
$\frac{1}{2}\times(1+5)\times(3+1)=12$ ······**❸**

채점 기준	배점
❶ a의 값 구하기	2점
❷ 두 직선 $x-y+4=0$, $ax-y+1=0$과 직선 $y=-1$의 교점의 좌표를 각각 구하기	3점
❸ 도형의 넓이 구하기	2점

학교 시험 ①회

94쪽~97쪽

01 ②	02 ④	03 ⑤	04 ④	05 ⑤
06 ③	07 ③	08 ③	09 ①	10 ②
11 ④	12 ⑤	13 ①	14 ⑤	15 ②
16 ④	17 ③	18 ④	19 -9	20 3
21 $-6<a<3$		22 -6	23 $\frac{7}{2}$	

01 답 ② 유형 01

$4x+2y-7=0$에서 $y=-2x+\frac{7}{2}$

02 답 ④ 유형 01

$6x+y-5=0$에서 $y=-6x+5$

① x절편은 $\frac{5}{6}$, y절편은 5이다.

② 오른쪽 아래로 향하는 직선이다.

③ 일차함수 $y=6x-4$의 그래프의 기울기는 6이므로 평행하지 않다.

⑤ x의 값이 2만큼 증가할 때 y의 값은 12만큼 감소한다.
따라서 옳은 것은 ④이다.

03 답 ⑤ 유형 02

주어진 일차방정식에 $x=2$, $y=-2$를 각각 대입하면
① $2+(-2)-1=-1\neq0$
② $2\times2+3\times(-2)=-2\neq0$
③ $3\times2-(-2)-7=1\neq0$
④ $3\times2+2\times(-2)-9=-7\neq0$
⑤ $4\times2+5\times(-2)+2=0$
따라서 그래프가 점 $(2, -2)$를 지나는 것은 ⑤이다.

04 답 ④ 유형 02

$2x-y+3=0$에 $x=-k$, $y=2k-5$를 대입하면
$-2k-(2k-5)+3=0$, $-4k=-8$ ∴ $k=2$

05 답 ⑤ 유형 03

주어진 그래프가 두 점 $(4, -2)$, $(0, -4)$를 지나므로
$x-2ay-b=0$에 $x=4$, $y=-2$를 대입하면
$4+4a-b=0$, $4a-b=-4$ ······㉠
$x-2ay-b=0$에 $x=0$, $y=-4$를 대입하면
$8a-b=0$ ······㉡
㉠, ㉡을 연립하여 풀면 $a=1$, $b=8$
∴ $ab=1\times8=8$

[다른 풀이]

$x-2ay-b=0$에서 $y=\frac{1}{2a}x-\frac{b}{2a}$

$(기울기)=\frac{-2-(-4)}{4-0}=\frac{1}{2}$, $(y절편)=-4$이므로

$\frac{1}{2a}=\frac{1}{2}$, $-\frac{b}{2a}=-4$에서 $a=1$, $b=8$

∴ $ab=1\times8=8$

06 답 ③ 유형 03

$ax+by+9=0$에서 $y=-\frac{a}{b}x-\frac{9}{b}$

이 그래프의 y절편이 -3이므로

$-\frac{9}{b}=-3$ ∴ $b=3$

또, 이 그래프가 $y=-\frac{2}{3}x+1$의 그래프와 평행하므로

$-\frac{a}{b}=-\frac{2}{3}$에서 $a=2$

∴ $a+b=2+3=5$

07 답 ③ 유형 04

$ax+by+c=0$에서 $y=-\frac{a}{b}x-\frac{c}{b}$

$ab>0$이므로 $-\frac{a}{b}<0$, $bc<0$이므로 $-\frac{c}{b}>0$

따라서 $(기울기)<0$, $(y절편)>0$이므로 $ax+by+c=0$의 그래프는 제3사분면을 지나지 않는다.

08 답 ③ 유형 05

기울기가 -3이고 y절편이 7인 직선의 방정식은
$y=-3x+7$, 즉 $3x+y-7=0$

09 답 ① 유형 05

두 점 $(-1, a)$, $(6-2a, 3)$을 지나므로
$(기울기)=\frac{3-a}{6-2a-(-1)}=\frac{3-a}{7-2a}$

직선 $x-3y=2$, 즉 $y=\frac{1}{3}x-\frac{2}{3}$와 평행하므로

$\frac{3-a}{7-2a}=\frac{1}{3}$, $9-3a=7-2a$ ∴ $a=2$

구하는 직선의 방정식을 $y=\frac{1}{3}x+b$라 하면

이 직선이 점 $(-1, 2)$를 지나므로

$2=-\frac{1}{3}+b$ ∴ $b=\frac{7}{3}$

따라서 $y=\dfrac{1}{3}x+\dfrac{7}{3}$이므로 이 직선이 x축과 만나는 점의 좌표는 $(-7,\,0)$이다.

10 답 ②　　　　　　　　　　　　　　유형 **06**

① $y=-1$　　　② $x=3$　　　③ $x=2$

④ $x=4$　　　⑤ $y=3$

따라서 일차방정식 $x=3$의 그래프인 것은 ②이다.

11 답 ④　　　　　　　　　　유형 **04** + 유형 **06**

x축에 수직인 직선의 방정식은 $x=p$ 꼴이므로

$ax-by+1=0$에서 $b=0$, 즉 $x=-\dfrac{1}{a}$

이때 직선이 제2사분면과 제3사분면만을 지나야 하므로

$-\dfrac{1}{a}<0$　　　$\therefore a>0$

12 답 ⑤　　　　　　　　　　　　　　유형 **07**

$ax+y=2$에 $x=-1$, $y=2$를 대입하면

$-a+2=2$　　　$\therefore a=0$

$-2x+3y=b$에 $x=-1$, $y=2$를 대입하면

$2+6=b$　　　$\therefore b=8$

$\therefore a+b=0+8=8$

13 답 ①　　　　　　　　　　　　　　유형 **07**

두 일차방정식의 그래프의 교점의 x좌표가 -1이므로

$x+2y-4=0$에 $x=-1$을 대입하면

$-1+2y-4=0$, $2y=5$　　　$\therefore y=\dfrac{5}{2}$

즉, $-2x+ay+2=0$의 그래프가 점 $\left(-1,\,\dfrac{5}{2}\right)$를 지나므로

$2+\dfrac{5}{2}a+2=0$, $\dfrac{5}{2}a=-4$　　　$\therefore a=-\dfrac{8}{5}$

14 답 ⑤　　　　　　　　　　　　　　유형 **08**

연립방정식 $\begin{cases} x+y+1=0 \\ 2x-y-4=0 \end{cases}$을 풀면 $x=1$, $y=-2$

즉, 두 직선 $x+y+1=0$, $2x-y-4=0$의 교점의 좌표가 $(1,\,-2)$이므로 두 점 $(1,\,-2)$, $(3,\,4)$를 지나는 직선의 기울기는

$\dfrac{4-(-2)}{3-1}=3$　　　$\therefore a=3$

직선 $y=3x+b$가 점 $(3,\,4)$를 지나므로

$4=9+b$　　　$\therefore b=-5$

$\therefore a-b=3-(-5)=8$

15 답 ②　　　　　　　　　　　　　　유형 **08**

두 직선 $y=-\dfrac{1}{2}x+\dfrac{3}{2}$, $2x-y+1=0$의 기울기가 다르므로 세 직선에 의해 삼각형이 만들어지지 않기 위해서는 세 직선이 한 점에서 만나거나 세 직선 중 두 직선이 평행해야 한다.

(i) 세 직선이 한 점에서 만나는 경우

연립방정식 $\begin{cases} y=-\dfrac{1}{2}x+\dfrac{3}{2} \\ 2x-y+1=0 \end{cases}$을 풀면 $x=\dfrac{1}{5}$, $y=\dfrac{7}{5}$

즉, 두 직선 $y=-\dfrac{1}{2}x+\dfrac{3}{2}$, $2x-y+1=0$의 교점의 좌표가

$\left(\dfrac{1}{5},\,\dfrac{7}{5}\right)$이므로 직선 $ax-y=0$도 점 $\left(\dfrac{1}{5},\,\dfrac{7}{5}\right)$을 지나야 한다.

$ax-y=0$에 $x=\dfrac{1}{5}$, $y=\dfrac{7}{5}$을 대입하면

$\dfrac{1}{5}a-\dfrac{7}{5}=0$　　　$\therefore a=7$

(ii) 세 직선 중 두 직선이 평행한 경우

세 직선의 방정식을 $y=mx+n$ 꼴로 바꾸면

$y=-\dfrac{1}{2}x+\dfrac{3}{2}$, $y=2x+1$, $y=ax$

$\therefore a=-\dfrac{1}{2}$ 또는 $a=2$

(i), (ii)에서 a의 값의 합은 $7+\left(-\dfrac{1}{2}\right)+2=\dfrac{17}{2}$

16 답 ④　　　　　　　　　　　　　　유형 **09**

$3x+ay=2$에서 $y=-\dfrac{3}{a}x+\dfrac{2}{a}$

$bx-8y=4$에서 $y=\dfrac{b}{8}x-\dfrac{1}{2}$

두 그래프의 교점이 무수히 많으려면 두 그래프가 일치해야 하므로

$-\dfrac{3}{a}=\dfrac{b}{8}$, $\dfrac{2}{a}=-\dfrac{1}{2}$에서 $a=-4$, $b=6$

$\therefore b-a=6-(-4)=10$

다른 풀이

$\dfrac{3}{b}=\dfrac{a}{-8}=\dfrac{2}{4}$에서 $a=-4$, $b=6$

$\therefore b-a=6-(-4)=10$

17 답 ③　　　　　　　　　　　　　　유형 **10**

연립방정식 $\begin{cases} x-y+2=0 \\ 3x+y-6=0 \end{cases}$을 풀면 $x=1$, $y=3$

즉, 두 직선 $x-y+2=0$과 $3x+y-6=0$의 교점의 좌표는 $(1,\,3)$이고 두 직선 $x-y+2=0$과 $3x+y-6=0$의 x절편은 각각 -2, 2이므로 두 직선을 그리면 오른쪽 그림과 같다.

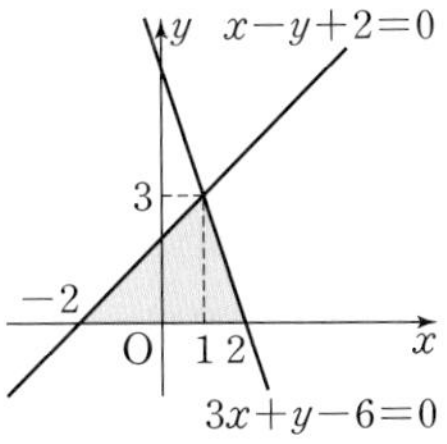

따라서 구하는 도형의 넓이는

$\dfrac{1}{2}\times(2+2)\times3=6$

18 답 ④　　　　　　　　　　　　　　유형 **11**

① 형에 대한 직선은 두 점 $(0,\,0)$, $(120,\,600)$을 지나므로

(기울기)$=\dfrac{600-0}{120-0}=5$　　　$\therefore y=5x$

② 동생에 대한 직선은 두 점 $(0,\,100)$, $(150,\,600)$을 지나므로

(기울기)$=\dfrac{600-100}{150-0}=\dfrac{500}{150}=\dfrac{10}{3}$

y절편이 100이므로 $y=\dfrac{10}{3}x+100$

③ 형은 $600\,m$를 달리는 데 120초가 걸렸다.

④ $5x=\dfrac{10}{3}x+100$에서 $\dfrac{5}{3}x=100$　　　$\therefore x=60$

즉, 두 사람이 동시에 달리기 시작한 지 60초 후에 형이 동생을 앞지른다.

⑤ $y=5x$에 $x=60$을 대입하면 $y=5\times60=300$

즉, 두 사람이 만나는 것은 출발선으로부터 300 m 떨어진 지점이다.

따라서 옳은 것은 ④이다.

19 답 -9 유형 03

$ax-3y+7=0$에서 $y=\dfrac{a}{3}x+\dfrac{7}{3}$

주어진 그래프가 두 점 $(2,\,0)$, $(0,\,6)$을 지나므로

$(기울기)=\dfrac{6-0}{0-2}=-3$ ......❶

즉, $\dfrac{a}{3}=-3$이므로 $a=-9$ ......❷

채점 기준	배점
❶ 주어진 그래프의 기울기 구하기	4점
❷ a의 값 구하기	2점

20 답 3 유형 06

네 직선 $x=p$, $x=3p$, $y=-2$, $y=5$는 오른쪽 그림과 같으므로

(네 직선으로 둘러싸인 도형의 넓이)

$=(3p-p)\times(5+2)$ ......❶

$=14p$

이때 도형의 넓이가 42이므로

$14p=42$ ∴ $p=3$ ......❷

채점 기준	배점
❶ 도형의 넓이 구하는 식 세우기	4점
❷ p의 값 구하기	2점

21 답 $-6<a<3$ 유형 07

$x-y+3=0$의 그래프의 x절편은 -3, y절편은 3이다.

$2x+y-a=0$의 그래프의 기울기가 -2이므로 $2x+y-a=0$의 그래프는 오른쪽 그림과 같이 색칠한 부분을 지나야 한다.

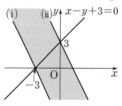

(i) $2x+y-a=0$의 그래프가 점 $(-3,\,0)$을 지날 때

$-6+0-a=0$ ∴ $a=-6$ ......❶

(ii) $2x+y-a=0$의 그래프가 점 $(0,\,3)$을 지날 때

$0+3-a=0$ ∴ $a=3$ ......❷

(i), (ii)에서 상수 a의 값의 범위는

$-6<a<3$ ......❸

채점 기준	배점
❶ $2x+y-a=0$의 그래프가 점 $(-3,\,0)$을 지날 때 a의 값 구하기	3점
❷ $2x+y-a=0$의 그래프가 점 $(0,\,3)$을 지날 때 a의 값 구하기	3점
❸ a의 값의 범위 구하기	1점

22 답 -6 유형 09

$2x+y-2=0$에서 $y=-2x+2$

$ax-3y-6=0$에서 $y=\dfrac{a}{3}x-2$

해가 없으려면 두 일차방정식의 그래프가 서로 평행해야 하므로 ......❶

$-2=\dfrac{a}{3}$ ∴ $a=-6$ ......❷

채점 기준	배점
❶ 해가 없을 조건 알기	2점
❷ a의 값 구하기	2점

23 답 $\dfrac{7}{2}$ 유형 10

일차방정식 $x+y=a$의 그래프와 직선 $x=-1$의 교점은 A$(-1,\,a+1)$

일차방정식 $x+y=a$의 그래프와 y축이 만나는 점 C의 좌표는 C$(0,\,a)$

또, 직선 $x=-1$과 x축이 만나는 점 B의 좌표는 B$(-1,\,0)$ ......❶

이때 사각형 ABOC의 넓이가 4이므로

$\dfrac{1}{2}\times(a+1+a)\times1=4$, $2a+1=8$ ∴ $a=\dfrac{7}{2}$ ......❷

채점 기준	배점
❶ 세 점 A, B, C의 좌표를 각각 구하기	3점
❷ a의 값 구하기	4점

실전! 중단원 학교 시험 2회

98쪽~101쪽

01 ④	02 ④	03 ④	04 ⑤	05 ③
06 ②	07 ⑤	08 ①	09 ②	10 ④
11 ④	12 ②, ④	13 ①	14 ①	15 ②
16 ①	17 ⑤	18 ①	19 7	20 1
21 $0\le a\le4$		22 -3		23 2개월

01 답 ④ 유형 01

$4x-3y+5=0$에서 $y=\dfrac{4}{3}x+\dfrac{5}{3}$

따라서 기울기는 $\dfrac{4}{3}$, y절편은 $\dfrac{5}{3}$이므로 $a=\dfrac{4}{3}$, $b=\dfrac{5}{3}$

∴ $a+b=\dfrac{4}{3}+\dfrac{5}{3}=3$

02 답 ④ 유형 02

$3x+y-7=0$에 주어진 점을 각각 대입하면

① $3\times(-3)+10-7=-6\ne0$

② $3\times(-1)+9-7=-1\ne0$

③ $3\times0+(-2)-7=-9\ne0$

④ $3\times2+1-7=0$

⑤ $3\times4+(-2)-7=3\ne0$

따라서 일차방정식 $3x+y-7=0$의 그래프 위의 점은 ④이다.

03 답 ④ 유형 02

$2x+y-4=0$의 그래프를 y축의 방향으로 k만큼 평행이동하면
$y=-2x+4+k$
이 그래프가 점 $(-2, 3)$을 지나므로
$3=4+4+k$　　$\therefore k=-5$

04 답 ⑤ 유형 03

$ax-2y-8=0$에 $x=4$, $y=8$을 대입하면
$4a-16-8=0$　　$\therefore a=6$
즉, $6x-2y-8=0$에서 $y=3x-4$이므로 이 그래프의 기울기는 3이다.

05 답 ③ 유형 03

주어진 그래프가 두 점 $(0, -2)$, $(a, 1)$을 지나므로
$2x-ky-1=0$에 $x=0$, $y=-2$를 대입하면
$2k-1=0$　　$\therefore k=\dfrac{1}{2}$
$2x-\dfrac{1}{2}y-1=0$에 $x=a$, $y=1$을 대입하면
$2a-\dfrac{1}{2}-1=0$　　$\therefore a=\dfrac{3}{4}$

06 답 ② 유형 03

두 점 $(2, -4)$, $(4, -10)$을 지나는 직선의 기울기는
$\dfrac{-10-(-4)}{4-2}=\dfrac{-6}{2}=-3$
이 직선과 일차방정식 $3x-ay+9=0$의 그래프가 서로 평행하므로 기울기가 같다.
$3x-ay+9=0$에서 $y=\dfrac{3}{a}x+\dfrac{9}{a}$
따라서 $\dfrac{3}{a}=-3$이므로 $a=-1$

07 답 ⑤ 유형 04

$ax+by-1=0$에서 $y=-\dfrac{a}{b}x+\dfrac{1}{b}$
주어진 그래프에서 (기울기)<0, (y절편)>0이므로
$-\dfrac{a}{b}<0$, $\dfrac{1}{b}>0$　　$\therefore a>0$, $b>0$

08 답 ① 유형 05

$5x-2y+4=0$에서 $y=\dfrac{5}{2}x+2$
이 그래프와 평행한 직선의 기울기는 $\dfrac{5}{2}$이므로 구하는 직선의 방정식을 $y=\dfrac{5}{2}x+b$라 하면
이 직선이 점 $(4, -1)$을 지나므로
$-1=10+b$　　$\therefore b=-11$
즉, 구하는 직선의 방정식은 $y=\dfrac{5}{2}x-11$이다.
① $-21=\dfrac{5}{2}\times(-4)-11$
따라서 직선 $y=\dfrac{5}{2}x-11$ 위의 점은 ①이다.

09 답 ② 유형 05

$ax-y+b=0$에서 $y=ax+b$
(기울기)$=\dfrac{8}{-2-(-4)}=4$　　$\therefore a=4$
$y=4x+b$에 $x=7$, $y=20$을 대입하면
$20=28+b$　　$\therefore b=-8$
$\therefore a+b=4+(-8)=-4$

10 답 ④ 유형 06

$y+5=0$에서 $y=-5$
① y축에 수직인 직선이다.
② 직선 $y=-3$과 평행한 직선이다.
③ 직선 $x=1$과 한 점 $(1, -5)$에서 만난다.
⑤ 제3사분면과 제4사분면을 지난다.
따라서 옳은 것은 ④이다.

11 답 ④ 유형 06

네 직선 $x=-1$, $x=6$, $y=-2$,
$y=4$는 오른쪽 그림과 같으므로
구하는 도형의 넓이는
$(6+1)\times(4+2)=42$

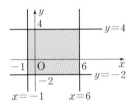

12 답 ②, ④ 유형 06

네 직선 $x=1$, $x=5$, $y=2$, $y=4$는 오른쪽 그림과 같으므로 네 직선으로 둘러싸인 도형은 직사각형이다.
이때 직사각형의 넓이를 이등분하는 직선은 직사각형의 대각선의 교점 $(3, 3)$을 지나는 직선이다.
주어진 직선의 방정식에 점 $(3, 3)$을 각각 대입하면
① $3\neq-2\times3=-6$　　② $3=3$
③ $3\neq3+1=4$　　④ $3=\dfrac{1}{3}\times3+2$
⑤ $3\neq3\times3+1=10$
따라서 점 $(3, 3)$을 지나는 직선은 ②, ④이다.

13 답 ① 유형 05 + 유형 07

직선 l은 두 점 $(0, -4)$, $(2, 0)$을 지나므로
(기울기)$=\dfrac{0-(-4)}{2-0}=2$
y절편이 -4이므로 직선 l의 방정식은 $y=2x-4$ ……㉠
직선 m은 두 점 $(0, 4)$, $(6, 0)$을 지나므로
(기울기)$=\dfrac{0-4}{6-0}=-\dfrac{2}{3}$
y절편이 4이므로 직선 m의 방정식은 $y=-\dfrac{2}{3}x+4$ ……㉡
㉠, ㉡을 연립하여 풀면 $x=3$, $y=2$
따라서 점 P의 좌표는 $(3, 2)$이다.

14 답 ① 유형 08

연립방정식 $\begin{cases} 7x+8y+2=0 \\ 3x-4y-14=0 \end{cases}$을 풀면 $x=2$, $y=-2$
즉, 두 직선 $7x+8y+2=0$, $3x-4y-14=0$의 교점의 좌표는 $(2, -2)$이다.

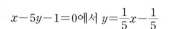

$x-5y-1=0$에서 $y=\dfrac{1}{5}x-\dfrac{1}{5}$

구하는 직선의 기울기는 $\dfrac{1}{5}$이므로 $y=\dfrac{1}{5}x+b$라 하면

이 직선이 점 $(2, -2)$를 지나므로

$-2=\dfrac{2}{5}+b$ $\therefore b=-\dfrac{12}{5}$

따라서 $y=\dfrac{1}{5}x-\dfrac{12}{5}$에서 $x-5y-12=0$

15 답 ②　　　　　　　　　　　　　　　　유형 08

연립방정식 $\begin{cases} x+y-3=0 \\ 4x-y-2=0 \end{cases}$ 을 풀면 $x=1$, $y=2$

즉, 두 일차방정식 $x+y-3=0$, $4x-y-2=0$의 그래프의 교점의 좌표가 $(1, 2)$이므로

$x+my-4=0$에 $x=1$, $y=2$를 대입하면

$1+2m-4=0$ $\therefore m=\dfrac{3}{2}$

16 답 ①　　　　　　　　　　　　　　　　유형 09

$ax+y=2$에서 $y=-ax+2$

$2y-3x=5$에서 $y=\dfrac{3}{2}x+\dfrac{5}{2}$

두 직선의 교점이 존재하지 않으려면 두 직선이 평행해야 하므로

$-a=\dfrac{3}{2}$에서 $a=-\dfrac{3}{2}$

다른 풀이

$\dfrac{a}{-3}=\dfrac{1}{2}\neq\dfrac{2}{5}$에서 $a=-\dfrac{3}{2}$

17 답 ⑤　　　　　　　　　　　　　　　　유형 09

$3x+2ay=5$에서 $y=-\dfrac{3}{2a}x+\dfrac{5}{2a}$

$3x-2y=-b$에서 $y=\dfrac{3}{2}x+\dfrac{b}{2}$

해가 무수히 많으려면 두 그래프가 일치해야 하므로

$-\dfrac{3}{2a}=\dfrac{3}{2}$, $\dfrac{5}{2a}=\dfrac{b}{2}$에서 $a=-1$, $b=-5$

따라서 두 직선 $-3x+y+10=0$, $x+ky-2=0$이 서로 평행하므로

$y=3x-10$, $y=-\dfrac{1}{k}x+\dfrac{2}{k}$에서

$3=-\dfrac{1}{k}$, $-10\neq\dfrac{2}{k}$ $\therefore k=-\dfrac{1}{3}$

다른 풀이

연립방정식 $\begin{cases} 3x+2ay=5 \\ 3x-2y=-b \end{cases}$ 의 해가 무수히 많으므로

$\dfrac{3}{3}=\dfrac{2a}{-2}=\dfrac{5}{-b}$ $\therefore a=-1$, $b=-5$

18 답 ①　　　　　　　　　　　　　　　　유형 10

연립방정식 $\begin{cases} x-3y+6=0 \\ 2x+y+5=0 \end{cases}$ 을 풀면 $x=-3$, $y=1$

즉, 두 직선 $x-3y+6=0$, $2x+y+5=0$의 교점의 좌표가 $(-3, 1)$이므로 $P(-3, 1)$

직선 $x-3y+6=0$의 y절편이 2이므로 $A(0, 2)$

직선 $2x+y+5=0$의 y절편이 -5이므로 $B(0, -5)$

$\therefore \triangle PBA=\dfrac{1}{2}\times(2+5)\times3=\dfrac{21}{2}$

19 답 7　　　　　　　　　　　　　　　　유형 03

$3x-y+k=0$의 그래프를 y축의 방향으로 -4만큼 평행이동하면 $y=3x+k-4$

$y=3x+k-4$에 $y=0$을 대입하면

$0=3x+k-4$, $-3x=k-4$ $\therefore x=\dfrac{-k+4}{3}$

즉, 그래프의 x절편은 $\dfrac{-k+4}{3}$이므로

$m=\dfrac{-k+4}{3}$

$y=3x+k-4$에 $x=0$을 대입하면 $y=k-4$

즉, 그래프의 y절편은 $k-4$이므로 $n=k-4$　……❶

이때 $m+n=2$이므로

$\dfrac{-k+4}{3}+k-4=2$, $\dfrac{2k-8}{3}=2$, $2k=14$

$\therefore k=7$　　　　　　　　　　　　　　　……❷

채점 기준	배점
❶ m, n을 k에 대한 식으로 각각 나타내기	4점
❷ k의 값 구하기	2점

20 답 1　　　　　　　　　　　　　　　　유형 05

$ax-y+b=0$에서 $y=ax+b$

백현이가 그린 그래프의 기울기는

$\dfrac{2-(-2)}{-3-1}=-1$ $\therefore y=-x+b$

이 그래프가 점 $(1, -2)$를 지나므로

$-2=-1+b$ $\therefore b=-1$

태용이가 그린 그래프의 기울기는

$\dfrac{4-2}{0-(-1)}=2$ $\therefore a=2$　　　……❶

따라서 처음 일차방정식은 $2x-y-1=0$이고 이 그래프가 점 $(k, 1)$을 지나므로

$2k-1-1=0$ $\therefore k=1$　　　　　……❷

채점 기준	배점
❶ a, b의 값을 각각 구하기	4점
❷ k의 값 구하기	2점

21 답 $0\leq a\leq 4$　　　　　　　　　유형 04 + 유형 06

점 $(-4, 1)$을 지나는 일차방정식 $x+ay+b=0$의 그래프가 제1사분면을 지나지 않으려면 오른쪽 그림과 같이 색칠한 부분을 지나야 한다.

(ⅰ) $x+ay+b=0$의 그래프가 원점을 지날 때 $b=0$

　　즉, $x+ay=0$의 그래프가 점 $(-4, 1)$을 지나므로

　　$-4+a=0$ $\therefore a=4$　　　　　……❶

(ⅱ) $x+ay+b=0$의 그래프가 y축에 평행할 때 $a=0$　……❷

(ⅰ), (ⅱ)에서 상수 a의 값의 범위는

$0\leq a\leq 4$　　　　　　　　　　　　……❸

채점 기준	배점
❶ 원점과 점 $(-4, 1)$을 지날 때 a의 값 구하기	3점
❷ y축에 평행할 때 a의 값 구하기	3점
❸ a의 값의 범위 구하기	1점

22 답 -3 유형 **07**

$2x+3y=6$에 $y=0$을 대입하면

$2x=6$ ∴ $x=3$

직선 $2x+3y=6$의 x절편은 3이다. …… ❶

즉, 두 직선의 교점의 좌표가 $(3, 0)$이므로

$ax+5y=-9$에 $x=3$, $y=0$을 대입하면

$3a=-9$ ∴ $a=-3$ …… ❷

채점 기준	배점
❶ 직선 $2x+3y=6$의 x절편 구하기	2점
❷ a의 값 구하기	2점

23 답 2개월 유형 **11**

상품 A의 판매량을 나타내는 직선은 두 점 $(0, 320)$, $(6, 920)$을 지나므로

$(\text{기울기})=\dfrac{920-320}{6-0}=100$

y절편이 320이므로 $y=100x+320$

상품 B의 판매량을 나타내는 직선은 $(0, 0)$, $(6, 1560)$을 지나므로

$(\text{기울기})=\dfrac{1560-0}{6-0}=260$ ∴ $y=260x$ …… ❶

즉, $100x+320=260x$에서 $160x=320$ ∴ $x=2$

따라서 두 상품의 총 판매량이 같아지는 것은 2개월 후이다. …… ❷

채점 기준	배점
❶ 두 상품의 판매량을 나타내는 직선의 방정식을 각각 구하기	4점
❷ 두 상품의 판매량이 같아지는 것은 몇 개월 후인지 구하기	3점

교과서 속 특이 문제 ★

◦102쪽

01 답 $a=3$, $b=-4$

조건 ㈎에서 두 직선이 두 점 이상에서 만나면 두 직선은 일치한다.

$\begin{cases} ax-y+2=0 \\ (1-2b)x-3y+6=0 \end{cases}$ 에서 $\begin{cases} y=ax+2 \\ y=\dfrac{1-2b}{3}x+2 \end{cases}$

즉, $a=\dfrac{1-2b}{3}$에서 $3a+2b=1$ …… ㉠

조건 ㈏에서 두 직선이 만나지 않으면 두 직선은 평행하다.

$\begin{cases} ax-y+2=0 \\ (b-2)x+2y-5=0 \end{cases}$ 에서 $\begin{cases} y=ax+2 \\ y=-\dfrac{b-2}{2}x+\dfrac{5}{2} \end{cases}$

즉, $a=-\dfrac{b-2}{2}$에서 $2a+b=2$ …… ㉡

따라서 ㉠, ㉡을 연립하여 풀면 $a=3$, $b=-4$

02 답 ㄱ

주어진 그래프에서 $(\text{기울기})>0$, $(y\text{절편})<0$이므로

$\dfrac{b}{a}>0$, $a+b<0$ ∴ $a<0$, $b<0$

따라서 주어진 보기의 네 직선은 다음 그림과 같으므로 제1사분면을 지나지 않는 직선은 ㄱ. $y=ax+b$이다.

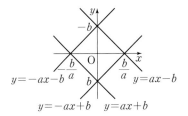

03 답 $\left(\dfrac{6}{5}, \dfrac{18}{5}\right)$

직선 l의 x절편은 -6, y절편은 3이므로 직선 l의 기울기는

$\dfrac{3-0}{0-(-6)}=\dfrac{1}{2}$

즉, 직선 l의 방정식은 $y=\dfrac{1}{2}x+3$이다.

직선 m의 x절편은 3, y절편은 6이므로 직선 m의 기울기는

$\dfrac{6-0}{0-3}=-2$

즉, 직선 m의 방정식은 $y=-2x+6$이다.

연립방정식 $\begin{cases} y=\dfrac{1}{2}x+3 \\ y=-2x+6 \end{cases}$ 을 풀면 $x=\dfrac{6}{5}$, $y=\dfrac{18}{5}$

따라서 두 직선의 교점의 좌표는 $\left(\dfrac{6}{5}, \dfrac{18}{5}\right)$이다.

04 답 120초

형에 대한 직선은 두 점 $(0, 0)$, $(200, 1000)$을 지나므로

$(\text{기울기})=\dfrac{1000-0}{200-0}=5$ ∴ $y=5x$

동생에 대한 직선은 두 점 $(0, 1000)$, $(300, 0)$을 지나므로

$(\text{기울기})=\dfrac{0-1000}{300-0}=-\dfrac{10}{3}$

y절편이 1000이므로 $y=-\dfrac{10}{3}x+1000$

즉, $5x=-\dfrac{10}{3}x+1000$에서 $\dfrac{25}{3}x=1000$ ∴ $x=120$

따라서 두 사람이 만나는 것은 출발한 지 120초 후이다.

정답 및 풀이

고난도 50

104쪽~112쪽

01 답 $3.7 \leq x < 4.3$

소수점 아래 첫째 자리에서 반올림하면 6이 되므로

$5.5 \leq \dfrac{5x-2}{3} < 6.5$, $16.5 \leq 5x-2 < 19.5$

$18.5 \leq 5x < 21.5$ $\therefore 3.7 \leq x < 4.3$

02 답 -3

$x-4y=3$에서 $x=4y+3$이므로

$-5 \leq x < 1$에 대입하면 $-5 \leq 4y+3 < 1$

$-8 \leq 4y < -2$ $\therefore -2 \leq y < -\dfrac{1}{2}$

따라서 정수 y는 -2, -1이므로 그 합은 $-2+(-1)=-3$

03 답 $x>2$

$0.5a+0.2 < 0.2a-1$에서

$5a+2 < 2a-10$, $3a < -12$ $\therefore a < -4$

$a(x-2) < 8-4x$에서

$ax+4x < 8+2a$, $(a+4)x < 2(a+4)$

이때 $a+4<0$이므로 $x > \dfrac{2(a+4)}{a+4}$ $\therefore x>2$

04 답 $x>-1$

$(a-2b)x+3a+b>0$에서

$(a-2b)x > -3a-b$의 해가 $x>2$이므로

$a-2b>0$이고 $x > \dfrac{-3a-b}{a-2b}$에서 $\dfrac{-3a-b}{a-2b}=2$

$-3a-b=2a-4b$, $5a=3b$ $\therefore a=\dfrac{3}{5}b$

또, $a-2b>0$이므로 $\dfrac{3}{5}b-2b>0$, $-\dfrac{7}{5}b>0$ $\therefore b<0$

$(5a+b)x+10a-2b<0$에 $a=\dfrac{3}{5}b$를 대입하면

$(3b+b)x+6b-2b<0$, $4bx+4b<0$, $4bx<-4b$

이때 $b<0$이므로 $x>-1$

05 답 $-\dfrac{15}{4}$

$(5a-1)x-3 < 2x+b$에서

$(5a-1)x-2x < b+3$, $(5a-3)x < b+3$

즉, $(5a-3)x < b+3$의 해가 $x>\dfrac{1}{4}$이므로

$5a-3<0$이고 $x > \dfrac{b+3}{5a-3}$에서 $\dfrac{b+3}{5a-3}=\dfrac{1}{4}$

$4(b+3)=5a-3$, $4b+12=5a-3$ $\therefore b=\dfrac{5a-15}{4}$

$\therefore a+b=a+\dfrac{5a-15}{4}=\dfrac{9}{4}a-\dfrac{15}{4}$

이때 $a \leq 0$이므로 $a+b$의 최댓값은 $a=0$일 때, $-\dfrac{15}{4}$이다.

06 답 5

$0.7(x-2)-\dfrac{4}{5}x \leq 0.3(7-a-2x)-\dfrac{1}{4}(a+3)$에서

$14x-28-16x \leq 42-6a-12x-5a-15$

$10x \leq 55-11a$ $\therefore x \leq \dfrac{55-11a}{10}$

이 부등식을 만족시키는 양수 x가 존재하지 않으므로

$\dfrac{55-11a}{10} \leq 0$, $55-11a \leq 0$, $-11a \leq -55$ $\therefore a \geq 5$

따라서 a의 최솟값은 5이다.

07 답 $\dfrac{23}{2} \leq a < 14$

$\dfrac{x+1}{4} \leq a-x$에서

$x+1 \leq 4a-4x$, $5x \leq 4a-1$ $\therefore x \leq \dfrac{4a-1}{5}$

x의 값 중 32와 서로소인 자연수가 5개이므로 그 값은 1, 3, 5, 7, 9이다.

따라서 $9 \leq \dfrac{4a-1}{5} < 11$이므로 $45 \leq 4a-1 < 55$

$46 \leq 4a < 56$ $\therefore \dfrac{23}{2} \leq a < 14$

08 답 3개

3 kg의 소포를 x개 보낸다고 하면 6 kg의 소포는 $(10-x)$개 보내므로 $6000x+8000(10-x) \leq 74000$

$-2000x+80000 \leq 74000$, $-2000x \leq -6000$ $\therefore x \geq 3$

따라서 3 kg의 소포는 적어도 3개 이상 보내야 한다.

09 답 17장

티셔츠를 x장 구매한다고 하면

$6000x-5000 > 6000 \times x \times \left(1-\dfrac{5}{100}\right)$

$6000x-5000 > 5700x$, $300x > 5000$ $\therefore x > \dfrac{50}{3}$

이때 x는 자연수이므로 장당 할인을 받는 것이 유리하려면 티셔츠를 17장 이상 구매해야 한다.

10 답 도서관

네 사람이 이용하는 버스 요금은 $1200 \times 4=4800$(원)

2 km까지는 기본 요금이 3000원이고, 이후부터는 1 km당

$\dfrac{1000}{100} \times 65=650$(원)씩 요금이 부과되므로 x km를 간다고 할 때, 택시 요금은 $\{3000+650(x-2)\}$원 $(x>2)$

즉, $4800 > 3000+650(x-2)$에서

$1800 > 650(x-2)$, $1800 > 650x-1300$

$-650x > -3100$ $\therefore x < \dfrac{62}{13}=4.769\cdots$

따라서 $\dfrac{62}{13}$ km 미만까지 가는 경우에 택시를 타는 것이 유리하므로 택시를 타고 최대 도서관까지 갈 수 있다.

11 답 38개월, 5000원

정수기를 x개월 동안 사용한다고 하면 $(x>3)$

$940000 < 27000(x-3)$

$940 < 27(x-3)$, $27x > 1021$ $\therefore x > 37.81\cdots$

따라서 38개월 이상 사용해야 구매하는 것이 유리하다.

이때 렌탈 비용과 구매 비용의 차는

$27000 \times (38-3)-940000=5000$(원)

12 답 20 %

유리컵 한 개의 구입 가격을 a원이라 하고, a원에 x %의 이익을 붙여서 판다고 하면

$$950a\left(1+\frac{x}{100}\right)\geq 1000a\times\left(1+\frac{14}{100}\right)$$

$$950\left(1+\frac{x}{100}\right)\geq 1140,\ 95000+950x\geq 114000$$

$$950x\geq 19000 \qquad \therefore x\geq 20$$

따라서 20 % 이상의 이익을 붙여서 팔아야 한다.

13 답 6명

전체 일의 양을 1이라 하면 A 그룹의 사람들은 한 사람당 하루에 $\frac{1}{8}$의 일을 하고, B 그룹의 사람들은 한 사람당 하루에 $\frac{1}{12}$의 일을 한다.

B 그룹에 속한 사람이 x명일 때, A 그룹에 속한 사람은 $(10-x)$명이므로

A, B 두 그룹의 10명이 함께 하루 동안 일하는 양은

$$\frac{1}{8}(10-x)+\frac{1}{12}x=\frac{5}{4}-\frac{1}{24}x$$

즉, $\frac{5}{4}-\frac{1}{24}x\geq 1$에서 $30-x\geq 24$ $\qquad \therefore x\leq 6$

따라서 B 그룹에 속한 사람은 최대 6명이어야 한다.

14 답 10

주어진 뺄셈식에서 $(10A+B)-(10B+A)=10B+6$

$9A-9B=10B+6$ $\qquad \therefore 9A-19B=6$

이때 A, B는 한 자리의 자연수이므로 $A=7$, $B=3$

$\therefore A+B=7+3=10$

15 답 12

$x=a$, $y=b$를 $3x+7y=17$에 대입하면 $3a+7b=17$

$x=a+1$, $y=b-2$를 $6x+14y=k$에 대입하면

$k=6(a+1)+14(b-2)=6a+6+14b-28$

$\qquad =6a+14b-22=2(3a+7b)-22=2\times 17-22=12$

16 답 6

$0.6x-0.5y=\dfrac{x}{2}-ay=2$에서

$\begin{cases} 0.6x-0.5y=2 \\ \dfrac{x}{2}-ay=2 \end{cases}$, 즉 $\begin{cases} 6x-5y=20 & \cdots\cdots\ \text{㉠} \\ x-2ay=4 & \cdots\cdots\ \text{㉡} \end{cases}$

$x=b$, $y=2$를 ㉠에 대입하면

$6b-10=20,\ 6b=30$ $\qquad \therefore b=5$

$x=5$, $y=2$를 ㉡에 대입하면

$5-4a=4,\ -4a=-1$ $\qquad \therefore a=\dfrac{1}{4}$

$\therefore 4a+b=4\times\dfrac{1}{4}+5=6$

17 답 7

$\begin{cases} \dfrac{x}{a}+\dfrac{y}{b}=\dfrac{7}{ab} \\ \dfrac{x}{b}+\dfrac{y}{a}=\dfrac{7}{2b} \end{cases}$ 에서 $\begin{cases} bx+ay=7 \\ ax+by=\dfrac{7}{2}a \end{cases}$

$x=5$, $y=-2$를 위의 연립방정식에 대입하면

$\begin{cases} 5b-2a=7 \\ 5a-2b=\dfrac{7}{2}a \end{cases}$, 즉 $\begin{cases} 5b-2a=7 & \cdots\cdots\ \text{㉠} \\ a=\dfrac{4}{3}b & \cdots\cdots\ \text{㉡} \end{cases}$

㉡을 ㉠에 대입하면 $5b-\dfrac{8}{3}b=7,\ \dfrac{7}{3}b=7$ $\qquad \therefore b=3$

$b=3$을 ㉡에 대입하면 $a=4$

$\therefore a+b=4+3=7$

18 답 $-\dfrac{1}{2}$

$4^x\times 2^y=(2^2)^x\times 2^y=2^{2x}\times 2^y=2^{2x+y}$

$32=2^5$이므로 $2^{2x+y}=2^5$

$\therefore 2x+y=5 \qquad \cdots\cdots\ \text{㉠}$

$\dfrac{27^x}{9^{2y}}=\dfrac{(3^3)^x}{(3^2)^{2y}}=\dfrac{3^{3x}}{3^{4y}}=3^{3x-4y}$

$9=3^2$이므로 $3^{3x-4y}=3^2$

$\therefore 3x-4y=2 \qquad \cdots\cdots\ \text{㉡}$

㉠$\times 3-$㉡$\times 2$를 하면 $11y=11$ $\qquad \therefore y=1$

$y=1$을 ㉠에 대입하면 $2x+1=5,\ 2x=4$ $\qquad \therefore x=2$

$x=2$, $y=1$을 $2ax+3y-1=0$에 대입하면

$4a+3-1=0$ $\qquad \therefore a=-\dfrac{1}{2}$

19 답 -2

$x=-1$, $y=4$와 $x=5$, $y=6$은 $ax+by=-13$의 해이므로

$\begin{cases} -a+4b=-13 & \cdots\cdots\ \text{㉠} \\ 5a+6b=-13 & \cdots\cdots\ \text{㉡} \end{cases}$

㉠$\times 5+$㉡을 하면 $26b=-78$ $\qquad \therefore b=-3$

$b=-3$을 ㉠에 대입하면

$-a-12=-13,\ -a=-1$ $\qquad \therefore a=1$

$x=-1$, $y=4$는 $cx+2y=7$의 해이므로

$-c+8=7,\ -c=-1$ $\qquad \therefore c=1$

$x=5$, $y=6$은 $dx+2y=7$의 해이므로

$5d+12=7,\ 5d=-5$ $\qquad \therefore d=-1$

$\therefore a+b+c+d=1+(-3)+1+(-1)=-2$

20 답 ㄱ, ㄷ

$\begin{cases} 5x-2y=a \\ (2-3b)x+4y=6 \end{cases}$ 에서 $\begin{cases} -10x+4y=-2a \\ (2-3b)x+4y=6 \end{cases}$

(i) 해가 무수히 많은 경우

$-10=2-3b,\ -2a=6$ $\qquad \therefore a=-3,\ b=4$

(ii) 해가 없는 경우

$-10=2-3b,\ -2a\neq 6$ $\qquad \therefore a\neq -3,\ b=4$

(i), (ii) 이외의 경우에는 한 쌍의 해가 존재하므로 보기의 설명 중 옳은 것은 ㄱ, ㄷ이다.

21 답 64점

남학생의 평균 점수를 x점, 여학생의 평균 점수를 y점이라 하면 전체의 평균 점수는 $\dfrac{4x+6y}{10}$점, 즉 $\dfrac{2x+3y}{5}$점이므로

$\begin{cases} x=1.5y-14 \\ x=\dfrac{2x+3y}{5}+9 \end{cases}$, 즉 $\begin{cases} 2x-3y=-28 & \cdots\cdots\ \text{㉠} \\ x-y=15 & \cdots\cdots\ \text{㉡} \end{cases}$

㉠$-$㉡$\times 2$를 하면 $-y=-58$ $\qquad \therefore y=58$

$y=58$을 ㉡에 대입하면 $x-58=15$ $\qquad \therefore x=73$

따라서 전체 10명의 평균 점수는 $\dfrac{2\times 73+3\times 58}{5}=64$(점)

22 답 36 cm

정삼각형을 x개, 정오각형을 y개 만들었다고 하면

$x+4+y=10$ $\qquad \therefore x+y=6 \qquad \cdots\cdots\ \text{㉠}$

정삼각형, 정사각형, 정오각형 한 개의 둘레의 길이는 각각 9 cm, 16 cm, 25 cm이므로

$9x+16\times4+25y=150$ $\therefore 9x+25y=86$ ……ⓛ

ⓐ$\times9-$ⓛ을 하면 $-16y=-32$ $\therefore y=2$

$y=2$를 ⓐ에 대입하면 $x+2=6$ $\therefore x=4$

따라서 정삼각형을 만드는 데 사용한 끈의 길이는 $9\times4=36\,(cm)$

23 탭 90명

서류 전형을 통과한 지원자 중 남자를 x명, 여자를 y명이라 하면

필기시험을 통과한 남자는 $20\times\dfrac{3}{5}=12$(명),

여자는 $20\times\dfrac{2}{5}=8$(명)이므로

$\begin{cases}x:y=4:5\\(x-12):(y-8)=2:3\end{cases}$ 즉 $\begin{cases}5x-4y=0 & ……ⓐ\\3x-2y=20 & ……ⓛ\end{cases}$

ⓐ$-$ⓛ$\times2$를 하면 $-x=-40$ $\therefore x=40$

$x=40$을 ⓐ에 대입하면

$200-4y=0,\ -4y=-200$ $\therefore y=50$

따라서 서류 전형을 통과한 지원자는 $40+50=90$(명)

24 탭 10시간

수영장에 물이 가득 차 있을 때의 물의 양을 1로 놓고, A, B 호스로 1시간 동안 넣을 수 있는 물의 양을 각각 $x,\ y$라 하면

$\begin{cases}4(x+y)+4x=1\\6(x+y)+2y=1\end{cases}$ 즉 $\begin{cases}8x+4y=1 & ……ⓐ\\6x+8y=1 & ……ⓛ\end{cases}$

ⓐ$\times2-$ⓛ을 하면 $10x=1$ $\therefore x=\dfrac{1}{10}$

$x=\dfrac{1}{10}$을 ⓐ에 대입하면 $\dfrac{4}{5}+4y=1,\ 4y=\dfrac{1}{5}$ $\therefore y=\dfrac{1}{20}$

따라서 A 호스만 사용하여 물을 넣으면 10시간 만에 물이 가득 찬다.

25 탭 12 cm

향초 A, B가 1시간에 타는 길이를 각각 x cm, y cm라 하면

향초 A의 길이는 $5x$ cm, 향초 B의 길이는 $4y$ cm이므로

$\begin{cases}4y=5x+2\\5x-2x=4y-2y\end{cases}$ 즉 $\begin{cases}4y=5x+2 & ……ⓐ\\x=\dfrac{2}{3}y & ……ⓛ\end{cases}$

ⓛ을 ⓐ에 대입하면 $4y=\dfrac{10}{3}y+2,\ \dfrac{2}{3}y=2$ $\therefore y=3$

$y=3$을 ⓛ에 대입하면 $x=2$

따라서 향초 B의 길이는 $4\times3=12\,(cm)$

26 탭 1.5 km

수영한 거리를 x km, 사이클로 이동한 거리를 y km라 하면

$\begin{cases}x+y+10=51.5\\\dfrac{x}{4.5}+\dfrac{y}{48}+\dfrac{10}{12}=2\end{cases}$ 즉 $\begin{cases}x+y=41.5 & ……ⓐ\\32x+3y=168 & ……ⓛ\end{cases}$

ⓐ$\times3-$ⓛ을 하면 $-29x=-43.5$ $\therefore x=1.5$

$x=1.5$를 ⓐ에 대입하면 $y=40$

따라서 수영한 거리는 1.5 km이다.

27 탭 시속 12 km

강을 거슬러 올라가는 데 걸리는 시간을 a시간, 내려오는 데 걸리는 시간을 b시간이라 하면

$\begin{cases}a=2b & ……ⓐ\\a+b=\dfrac{3}{2} & ……ⓛ\end{cases}$

ⓐ을 ⓛ에 대입하면 $2b+b=\dfrac{3}{2},\ 3b=\dfrac{3}{2}$ $\therefore b=\dfrac{1}{2}$

$b=\dfrac{1}{2}$을 ⓐ에 대입하면 $a=1$

정지한 물에서의 배의 속력을 시속 x km, 강물의 속력을 시속 y km라 하면

$\begin{cases}x-y=8\\\dfrac{1}{2}(x+y)=8\end{cases}$ 즉 $\begin{cases}x-y=8 & ……ⓒ\\x+y=16 & ……ⓔ\end{cases}$

ⓒ$+$ⓔ을 하면 $2x=24$ $\therefore x=12$

$x=12$를 ⓒ에 대입하면 $12-y=8$ $\therefore y=4$

따라서 정지한 물에서의 배의 속력은 시속 12 km이다.

28 탭 400 g

합금 A를 x g, 합금 B를 y g 녹였다고 하면

$\begin{cases}x+y=1000\\\dfrac{40}{100}x+\dfrac{20}{100}y=\dfrac{10}{100}x+\dfrac{40}{100}y\end{cases}$

즉, $\begin{cases}x+y=1000 & ……ⓐ\\3x-2y=0 & ……ⓛ\end{cases}$

ⓐ$\times2+$ⓛ을 하면 $5x=2000$ $\therefore x=400$

$x=400$을 ⓐ에 대입하면

$400+y=1000$ $\therefore y=600$

따라서 합금 A는 400 g 녹였다.

29 탭 91

20 이하의 소수는 2, 3, 5, 7, 11, 13, 17, 19이므로

$f(1)=0,\ f(2)=1,\ f(3)=f(4)=2,\ f(5)=f(6)=3,$
$f(7)=f(8)=f(9)=f(10)=4,\ f(11)=f(12)=5,$
$f(13)=f(14)=f(15)=f(16)=6,\ f(17)=f(18)=7,$
$f(19)=f(20)=8$

$\therefore f(1)+f(2)+\cdots+f(19)+f(20)$
$=0+1+(2\times2)+(3\times2)+(4\times4)+(5\times2)$
$\qquad\qquad\qquad\qquad+(6\times4)+(7\times2)+(8\times2)$
$=1+4+6+16+10+24+14+16=91$

30 탭 $a=0,\ b\neq0,\ c\neq6$

$3y(ax-2)+bx+cy-3=0$에서 $3axy+bx+(c-6)y-3=0$

이 함수가 x에 대한 일차함수가 되려면

$3a=0,\ b\neq0,\ c-6\neq0$ $\therefore a=0,\ b\neq0,\ c\neq6$

31 탭 8

점 A의 좌표를 $(a,\ 2a)$라 하면 $\overline{AB}=2a$

즉, $\overline{AD}=a$이므로 점 D의 좌표는 $(2a,\ 2a)$이다.

점 D가 $y=-2x+12$의 그래프 위의 점이므로

$2a=-4a+12,\ 6a=12$ $\therefore a=2$

따라서 사각형 ABCD의 넓이는

$2\times4=8$

32 탭 $\dfrac{2}{5}$

사각형 OABC의 넓이가 $10\times10=100$이므로

사각형 OAED의 넓이는 $100\times\dfrac{3}{3+7}=30$

$y=ax+1$의 그래프의 y절편은 1이므로 D(0, 1)

$\overline{AE}=k$라 하면 사각형 OAED의 넓이가 30이므로

$\dfrac{1}{2}\times(1+k)\times10=30,\ 1+k=6$ $\therefore k=5$ $\therefore$ E(10, 5)

따라서 $y=ax+1$의 그래프가 점 E(10, 5)를 지나므로

$5=10a+1,\ 10a=4$ $\therefore a=\dfrac{2}{5}$

33 답 $p=6$, $q=2$

$y=-2x+p$의 그래프의 x절편이 $\dfrac{p}{2}$, y절편이 p이므로

$D\left(\dfrac{p}{2},\ 0\right)$, $A(0,\ p)$

$y=\dfrac{1}{3}x+q$의 그래프의 x절편이 $-3q$, y절편이 q이므로

$C(-3q,\ 0)$, $B(0,\ q)$

이때 $\overline{AB}:\overline{BO}=2:1$이므로 $2\overline{BO}=\overline{AB}$에서

$2q=p-q$ ∴ $p=3q$ ······ ㉠

$\overline{CD}=9$이므로

$\dfrac{p}{2}-(-3q)=9$ ∴ $p+6q=18$ ······ ㉡

㉠을 ㉡에 대입하면 $3q+6q=18$, $9q=18$ ∴ $q=2$

$q=2$를 ㉠에 대입하면 $p=6$

34 답 12π

$y=\dfrac{1}{3}x-1$의 그래프의 x절편은 3, y절편은 -1이고,

$y=-x+a$의 그래프의 x절편은 a, y절편은 a이다.

이때 두 그래프의 x절편이 같으므로 $a=3$

오른쪽 그림과 같이 색칠한 삼각형을 x축을 기준으로 윗부분을 A, 아랫부분을 B라 하면

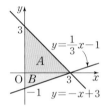

A를 y축을 회전축으로 하여 1회전 시켜 생기는 입체도형의 부피는

$\dfrac{1}{3}\times\pi\times 3^2\times 3=9\pi$

B를 y축을 회전축으로 하여 1회전 시켜 생기는 입체도형의 부피는

$\dfrac{1}{3}\times\pi\times 3^2\times 1=3\pi$

따라서 구하는 입체도형의 부피는 $9\pi+3\pi=12\pi$

35 답 제3사분면

$0<f(0)$이고 $f(0)=b$이므로 $b>0$

$f(-1)-f(1)=-a+b-(a+b)=-2a>0$이므로 $a<0$

따라서 $a-b<0$, $-\dfrac{a}{b}>0$이므로

$y=(a-b)x-\dfrac{a}{b}$의 그래프는 오른쪽 그림과 같이 제3사분면을 지나지 않는다.

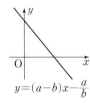

36 답 $-\dfrac{20}{3}$

두 일차함수 $y=x+a$, $y=bx+1$의 그래프가 정사각형과 만날 때, a, b의 값은 모두 점 $D(2,\ 6)$을 지날 때 최대이고, 점 $B(6,\ 2)$를 지날 때 최소이다.

(i) 점 $D(2,\ 6)$을 지날 때

$6=2+a$, $6=2b+1$ ∴ $a=4$, $b=\dfrac{5}{2}$

(ii) 점 $B(6,\ 2)$를 지날 때

$2=6+a$, $2=6b+1$ ∴ $a=-4$, $b=\dfrac{1}{6}$

(i), (ii)에서 $M=4$, $N=\dfrac{5}{2}$, $m=-4$, $n=\dfrac{1}{6}$이므로

$MNmn=4\times\dfrac{5}{2}\times(-4)\times\dfrac{1}{6}=-\dfrac{20}{3}$

37 답 9개

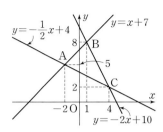

(i) 두 점 $A(-2,\ 5)$, $B(1,\ 8)$을 지나는 직선을 그래프로 하는 일차함수의 식은 $y=x+7$

$\overline{AB}$ 위의 점 $(x,\ y)$에서 x, y가 모두 정수인 점은

$(-2,\ 5)$, $(-1,\ 6)$, $(0,\ 7)$, $(1,\ 8)$

(ii) 두 점 $B(1,\ 8)$, $C(4,\ 2)$를 지나는 직선을 그래프로 하는 일차함수의 식은 $y=-2x+10$

$\overline{BC}$ 위의 점 $(x,\ y)$에서 x, y가 모두 정수인 점은

$(1,\ 8)$, $(2,\ 6)$, $(3,\ 4)$, $(4,\ 2)$

(iii) 두 점 $A(-2,\ 5)$, $C(4,\ 2)$를 지나는 직선을 그래프로 하는 일차함수의 식은 $y=-\dfrac{1}{2}x+4$

$\overline{AC}$ 위의 점 $(x,\ y)$에서 x, y가 모두 정수인 점은

$(-2,\ 5)$, $(0,\ 4)$, $(2,\ 3)$, $(4,\ 2)$

(i), (ii), (iii)에서 세 점 $(-2,\ 5)$, $(1,\ 8)$, $(4,\ 2)$는 두 번씩 세었으므로 구하는 점 $(x,\ y)$는 $4+4+4-3=9$(개)

38 답 692 m

기온이 $x\ ℃$일 때의 소리의 속력을 초속 y m라 하면

$y=331+0.6x$

이 식에 $x=25$를 대입하면

$y=331+0.6\times 25=346$

즉, 기온이 $25\ ℃$일 때의 소리의 속력은 초속 346 m이다.

소리를 지르면 4초 후에 메아리 소리를 들을 수 있으므로 소리가 산 정상에서 절벽까지 가는 데 $\dfrac{4}{2}=2$(초)가 걸렸다.

따라서 산 정상과 절벽 사이의 거리는

$346\times 2=692$(m)

39 답 $p=18$, $q=6\pi-18$

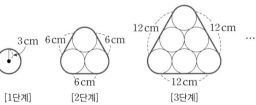

[1단계] [2단계] [3단계]

[1단계]에서 필요한 끈의 길이는 $2\pi\times 3=6\pi$(cm)

[2단계]에서 필요한 끈의 길이는 $6\pi+6\times 3=6\pi+18$(cm)

[3단계]에서 필요한 끈의 길이는 $6\pi+12\times 3=6\pi+36$(cm)

⋮

[x단계]에서 필요한 끈의 길이는 $\{6\pi+18(x-1)\}$cm

즉, $y=6\pi+18(x-1)=18x+6\pi-18$

따라서 $p=18$, $q=6\pi-18$이다.

40 답 (1) $y=27x$ (2) 108 (3) $y=378-27x$

(1) 점 P는 $0 \leq x \leq 4$일 때 $\overline{AB}$ 위에 있고, $\overline{AP}=3x$이므로

$$y=\frac{1}{2} \times 18 \times 3x=27x$$

(2) 점 P가 $\overline{BC}$ 위에 있을 때, $\triangle APD$의 밑변의 길이는 18 cm 이고 높이는 12 cm이므로

$$y=\frac{1}{2} \times 18 \times 12=108$$

(3) 점 P는 $10 \leq x \leq 14$일 때 $\overline{CD}$ 위에 있고 $\overline{CP}=3(x-10)$이므로 $\overline{DP}=12-\overline{CP}$에서

$$\overline{DP}=12-(3x-30)=42-3x$$

$$\therefore y=\frac{1}{2} \times 18 \times (42-3x)=378-27x$$

41 답 119°

시침은 1시간에 $\frac{360°}{12}=30°$를 움직이므로 3시 30분을 가리키는 시계의 시침과 분침이 이루는 각의 크기는

$$180°-(90°+15°)=75°$$

이때 시침은 1분 동안 $\frac{30°}{60}=0.5°$를 움직이고 분침은 1분 동안 $\frac{360°}{60}=6°$를 움직이므로 시침과 분침이 이루는 각의 크기는 1분 마다 $6-0.5=5.5(°)$씩 커진다.

즉, x분 후에 시침과 분침이 이루는 각의 크기를 $y°$라 하면

$$y=5.5x+75$$

이 식에 $x=8$을 대입하면 $y=5.5 \times 8+75=119$

따라서 8분 후에 시침과 분침이 이루는 각의 크기는 119°이다.

42 답 2

$y=ax-4+2a=a(x+2)-4$의 그래프가 a의 값에 관계없이 점 $(-2, -4)$를 지나므로 $P(-2, -4)$

또, $y=bx+5-b=b(x-1)+5$의 그래프가 b의 값에 관계없이 점 $(1, 5)$를 지나므로 $Q(1, 5)$

이때 두 점 $P(-2, -4)$, $Q(1, 5)$가 직선 $ax+by+2=0$ 위의 점이므로

$$\begin{cases} -2a-4b+2=0 \\ a+5b+2=0 \end{cases}, \text{즉} \begin{cases} -a-2b=-1 & \cdots\cdots \text{㉠} \\ a+5b=-2 & \cdots\cdots \text{㉡} \end{cases}$$

㉠+㉡을 하면 $3b=-3$ $\therefore b=-1$

$b=-1$을 ㉡에 대입하면 $a-5=-2$ $\therefore a=3$

$$\therefore a+b=3+(-1)=2$$

43 답 18

$2x+ay+b=0$의 그래프는 점 $(3, 0)$을 지나고 x축에 수직인 직선이므로 이 그래프의 식은 $x=3$ $\therefore a=0$, $b=-6$

$cx+dy-6=0$의 그래프는 점 $(0, 2)$를 지나고 y축에 수직인 직선이므로 이 그래프의 식은 $y=2$ $\therefore c=0$, $d=3$

따라서 두 직선 $x=-6$, $y=3$과 x축, y축으로 둘러싸인 도형의 넓이는 $6 \times 3=18$

44 답 $\frac{1}{2}$

두 직선 $y=2ax$, $y=10$의 교점은

$2ax=10$에서 $x=\frac{10}{2a}=\frac{5}{a}$ $\therefore A\left(\frac{5}{a}, 10\right)$

두 직선 $y=ax$, $y=10$의 교점은

$ax=10$에서 $x=\frac{10}{a}$ $\therefore B\left(\frac{10}{a}, 10\right)$

직선 BC는 $x=\frac{10}{a}$이므로 두 직선 $x=\frac{10}{a}$, $y=2ax$의 교점은

$y=2a \times \frac{10}{a}=20$ $\therefore C\left(\frac{10}{a}, 20\right)$

따라서 $\overline{AB}=\frac{10}{a}-\frac{5}{a}=\frac{5}{a}$, $\overline{BC}=20-10=10$이므로

$$\triangle ABC=\frac{1}{2} \times \frac{5}{a} \times 10=\frac{25}{a}=50 \quad \therefore a=\frac{1}{2}$$

45 답 $-2<a<6$

$6x+2y+a=0$에서 $y=-3x-\frac{a}{2}$

(i) 직선 $y=-3x-\frac{a}{2}$가 점 $(0, 1)$을 지날 때

$$1=-\frac{a}{2} \quad \therefore a=-2$$

(ii) 직선 $y=-3x-\frac{a}{2}$가 점 $(-1, 0)$을 지날 때

$$0=3-\frac{a}{2} \quad \therefore a=6$$

(i), (ii)에서 직선 $6x+2y+a=0$이 직선 l과 제2사분면 위에서 만나도록 하는 상수 a의 값의 범위는 $-2<a<6$

46 답 11

직선 $x-y+1=0$의 x절편이 -1이므로

직선 l의 방정식은 $x=-1$ $\therefore p=-1$

두 직선 $x=-1$과 $2x+y-4=0$의 교점의 좌표는 $(-1, 6)$이므로 직선 m의 방정식은 $y=6$ $\therefore q=6$

두 직선 $y=6$과 $x-y+1=0$의 교점의 좌표는 $(5, 6)$이므로 $r=5$

한편, $\begin{cases} x-y+1=0 & \cdots\cdots \text{㉠} \\ 2x+y-4=0 & \cdots\cdots \text{㉡} \end{cases}$에서

㉠+㉡을 하면 $3x-3=0$ $\therefore x=1$

$x=1$을 ㉠에 대입하면 $1-y+1=0$ $\therefore y=2$

$\therefore s=1$

$$\therefore p+q+r+s=-1+6+5+1=11$$

47 답 21

직선 l은 두 점 $(-4, 0)$, $(0, 2)$를 지나므로

$$(기울기)=\frac{2-0}{0-(-4)}=\frac{1}{2}$$

y절편이 2이므로 $y=\frac{1}{2}x+2$

두 직선 l, m의 교점의 좌표를 $(2, k)$라 하면

$k=1+2=3$

즉, 직선 m은 두 점 $(2, 3)$, $(5, -1)$을 지나므로

$$(기울기)=\frac{-1-3}{5-2}=-\frac{4}{3}$$

직선 m의 방정식을 $y=-\frac{4}{3}x+b$라 하면 이 직선이 점 $(2, 3)$을 지나므로 $3=-\frac{8}{3}+b$ $\therefore b=\frac{17}{3}$

따라서 직선 m의 방정식은 $y=-\frac{4}{3}x+\frac{17}{3}$이고 x절편은 $\frac{17}{4}$이 므로 $p=4$, $q=17$

$$\therefore p+q=4+17=21$$

48 답 $\dfrac{3}{2}$

$x+3y+a=0$에서 $y=-\dfrac{1}{3}x-\dfrac{a}{3}$

$-2x+by-1=0$에서 $y=\dfrac{2}{b}x+\dfrac{1}{b}$

두 직선이 일치하므로

$-\dfrac{1}{3}=\dfrac{2}{b}$, $-\dfrac{a}{3}=\dfrac{1}{b}$에서 $a=\dfrac{1}{2}$, $b=-6$

$\begin{cases} -6x+2y-10=0 \\ kx-\dfrac{1}{2}y-1=0 \end{cases}$, 즉 $\begin{cases} y=3x+5 \\ y=2kx-2 \end{cases}$의 해가 존재하지 않으

려면 그래프가 평행해야 하므로

$3=2k$에서 $k=\dfrac{3}{2}$

49 답 27

직선 $x+3y-18=0$의 x절편은 18, y절편은 6이므로

$A(0, 6)$, $D(18, 0)$

$\therefore \triangle AOD=\dfrac{1}{2}\times 18\times 6=54$

직선 $x-y-2=0$의 x절편은 2이므로 $B(2, 0)$

한편, $\begin{cases} x-y-2=0 & \cdots\cdots \ \unicode{x24D8} \\ x+3y-18=0 & \cdots\cdots \ \unicode{x24D9} \end{cases}$에서

$\unicode{x24D8}-\unicode{x24D9}$을 하면 $-4y+16=0$, $-4y=-16$ $\therefore y=4$

$y=4$를 $\unicode{x24D8}$에 대입하면 $x-4-2=0$ $\therefore x=6$

$C(6, 4)$이므로

$\triangle BDC=\dfrac{1}{2}\times(18-2)\times 4=32$

즉, $\square OBCA=\triangle AOD-\triangle BDC=54-32=22$이므로

$\square OBCA : \triangle BDC=22 : 32=11 : 16$

따라서 $a=11$, $b=16$이므로

$a+b=11+16=27$

50 답 8

직선 $y=\dfrac{1}{2}x+10$의 x절편은 -20이므로 $B(-20, 0)$

직선 $y=-2x+20$의 x절편은 10이므로 $C(10, 0)$

한편, $\begin{cases} y=-2x+20 \\ y=\dfrac{1}{2}x+10 \end{cases}$, 즉 $\begin{cases} -2x-y=-20 & \cdots\cdots \ \unicode{x24D8} \\ x-2y=-20 & \cdots\cdots \ \unicode{x24D9} \end{cases}$에서

$\unicode{x24D8}+\unicode{x24D9}\times 2$를 하면 $-5y=-60$ $\therefore y=12$

$y=12$를 $\unicode{x24D9}$에 대입하면 $x-24=-20$ $\therefore x=4$

즉, $A(4, 12)$이다.

직선 $y=ax+b$가 x축과 만

나는 점을 $D(k, 0)$이라 하면

$\triangle ABC$의 넓이를 이등분하

려면 $\overline{BD}=\overline{DC}$이므로

$k=-5$

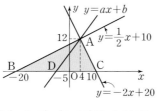

따라서 직선 $y=ax+b$가 두 점 $(-5, 0)$, $(4, 12)$를 지나므로

$a=\dfrac{12-0}{4-(-5)}=\dfrac{4}{3}$

$y=\dfrac{4}{3}x+b$에 $x=-5$, $y=0$을 대입하면

$0=-\dfrac{20}{3}+b$ $\therefore b=\dfrac{20}{3}$

$\therefore a+b=\dfrac{4}{3}+\dfrac{20}{3}=8$

---

01 ④	02 ②	03 ⑤	04 ③	05 ⑤
06 ⑤	07 ⑤	08 ④	09 ④	10 ①
11 ⑤	12 ⑤	13 ③	14 ④	15 ③
16 ②	17 ①	18 ②	19 $a\geq 3$	20 97점
21 $x=3$, $y=-2$		22 19		23 18초

01 답 ④

① $a-5<b-5$ ② $-3a>-3b$

③ $-a-3>-b-3$ ⑤ $5a-3<5b-3$

따라서 옳은 것은 ④이다.

02 답 ②

$2-3.2x\leq -6$의 양변에 10을 곱하면

$20-32x\leq -60$, $-32x\leq -80$ $\therefore x\geq \dfrac{5}{2}$

따라서 x의 값 중 가장 작은 정수는 3이다.

03 답 ⑤

삼각형의 가장 긴 변의 길이는 나머지 두 변의 길이의 합보다 작

아야 하므로

$x+5<x+(x+2)$, $x+5<2x+2$ $\therefore x>3$

04 답 ③

x명 입장한다고 하면

$4000x>4000\times\dfrac{80}{100}\times 20$, $4000x>64000$ $\therefore x>16$

따라서 17명 이상이어야 유리하다.

05 답 ⑤

$x=2$, $y=1$을 $ax+y=7$에 대입하면

$2a+1=7$, $2a=6$ $\therefore a=3$

$x=k$, $y=-8$을 $3x+y=7$에 대입하면

$3k-8=7$, $3k=15$ $\therefore k=5$

$\therefore a+k=3+5=8$

06 답 ⑤

$\begin{cases} 2x-y=2 & \cdots\cdots \ \unicode{x24D8} \\ 3x+2y=10 & \cdots\cdots \ \unicode{x24D9} \end{cases}$

$\unicode{x24D8}\times 2+\unicode{x24D9}$을 하면 $7x=14$ $\therefore x=2$

$x=2$를 $\unicode{x24D8}$에 대입하면 $4-y=2$ $\therefore y=2$

07 답 ⑤

x의 값이 y의 값의 2배이므로 $x=2y$

$\begin{cases} 0.2x-0.3y=0.3 \\ x=2y \end{cases}$, 즉 $\begin{cases} 2x-3y=3 & \cdots\cdots \ \unicode{x24D8} \\ x=2y & \cdots\cdots \ \unicode{x24D9} \end{cases}$

$\unicode{x24D9}$을 $\unicode{x24D8}$에 대입하면 $4y-3y=3$ $\therefore y=3$

$y=3$을 $\unicode{x24D9}$에 대입하면 $x=6$

따라서 $x=6$, $y=3$을 $\dfrac{1}{2}x+\dfrac{1}{3}y=a$에 대입하면

$3+1=a$ $\therefore a=4$

08 답 ④

$\begin{cases} x+2y=6 & \cdots\cdots \ \unicode{x24D8} \\ 3x-2y=2 & \cdots\cdots \ \unicode{x24D9} \end{cases}$

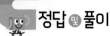
㉠+㉡을 하면 $4x=8$ $\therefore x=2$

$x=2$를 ㉠에 대입하면 $2+2y=6$, $2y=4$ $\therefore y=2$

$x=2$, $y=2$를 $ax+y=-4$에 대입하면

$2a+2=-4$, $2a=-6$ $\therefore a=-3$

$x=2$, $y=2$를 $x+y=b$에 대입하면 $2+2=b$ $\therefore b=4$

$\therefore a+b=-3+4=1$

09 답 ④

a, b를 서로 바꾼 연립방정식은 $\begin{cases} bx+ay=9 \\ ax+by=11 \end{cases}$

$x=3$, $y=1$을 위의 연립방정식에 대입하면

$\begin{cases} 3b+a=9 \\ 3a+b=11 \end{cases}$, 즉 $\begin{cases} a+3b=9 & \cdots\cdots ㉠ \\ 3a+b=11 & \cdots\cdots ㉡ \end{cases}$

㉠×3-㉡을 하면 $8b=16$ $\therefore b=2$

$b=2$를 ㉠에 대입하면 $a+6=9$ $\therefore a=3$

$a=3$, $b=2$를 처음 연립방정식에 대입하면

$\begin{cases} 3x+2y=9 & \cdots\cdots ㉢ \\ 2x+3y=11 & \cdots\cdots ㉣ \end{cases}$

㉢×2-㉣×3을 하면 $-5y=-15$ $\therefore y=3$

$y=3$을 ㉢에 대입하면 $3x+6=9$, $3x=3$ $\therefore x=1$

10 답 ①

A 장난감의 정가를 x원, B 장난감의 정가를 y원이라 하면

$\begin{cases} 3\left(1-\dfrac{20}{100}\right)x+\left(1-\dfrac{30}{100}\right)y=10000 \\ 3x+y=13000 \end{cases}$

즉, $\begin{cases} 24x+7y=100000 & \cdots\cdots ㉠ \\ 3x+y=13000 & \cdots\cdots ㉡ \end{cases}$

㉠-㉡×7을 하면 $3x=9000$ $\therefore x=3000$

$x=3000$을 ㉡에 대입하면 $9000+y=13000$ $\therefore y=4000$

따라서 A 장난감의 할인한 가격은

$3000\times\left(1-\dfrac{20}{100}\right)=2400$(원)

11 답 ⑤

$f(x)=2x+a$에서 $f(2)=9$이므로

$2\times2+a=9$ $\therefore a=5$

12 답 ⑤

$y=-2x-4$의 그래프를 y축의 방향으로 a만큼 평행이동하면

$y=-2x-4+a$

이 그래프가 점 $(1, -b)$를 지나므로

$-b=-2-4+a$ $\therefore a+b=6$

13 답 ③

$y=-\dfrac{5}{3}x+2$의 그래프의 x절편은 $\dfrac{6}{5}$, y절편은 2이므로

$m=\dfrac{6}{5}$, $n=2$ $\therefore mn=\dfrac{6}{5}\times2=\dfrac{12}{5}$

14 답 ④

①, ② $y=bx-a$의 그래프의 x절편은 $\dfrac{a}{b}$, y절편은 $-a$이다.

③ 주어진 그래프에서 $a>0$, $b>0$이므로

$y=bx-a$의 그래프는 오른쪽 그림과

같이 제2사분면을 지나지 않는다.

④ (기울기)>0이므로 x의 값이 증가할 때 y의 값도 증가한다.

⑤ $y=bx-a$의 그래프는 $y=bx$의 그래프를 y축의 방향으로 $-a$만큼 평행이동한 것이다.

따라서 옳지 않은 것은 ④이다.

15 답 ③

기울기가 3이므로 일차함수의 식을 $y=3x+b$라 하면

이 그래프가 점 $(1, 4)$를 지나므로 $4=3+b$ $\therefore b=1$

따라서 $y=3x+1$의 그래프의 y절편은 1이다.

16 답 ②

$y=-x+2$의 그래프의 x절편은 2이므로 C$(2, 0)$

점 B$(-k, 0)(k>0)$이라 하면

$\triangle\text{ABC}=\dfrac{1}{2}\times(k+2)\times3=9$이므로

$k+2=6$ $\therefore k=4$ $\therefore$ B$(-4, 0)$

즉, $y=ax+b$의 그래프는 두 점 A$(-1, 3)$, B$(-4, 0)$을 지나

므로 (기울기)$=\dfrac{0-3}{-4-(-1)}=1$ $\therefore a=1$

$y=x+b$에 $x=-4$, $y=0$을 대입하면 $b=4$

$\therefore a+b=1+4=5$

17 답 ①

$ab<0$, $a-b>0$이므로 $a>0$, $b<0$

$x+ay-b=0$에서 $y=-\dfrac{1}{a}x+\dfrac{b}{a}$

이때 $-\dfrac{1}{a}<0$, $\dfrac{b}{a}<0$이므로

$x+ay-b=0$의 그래프는 오른쪽 그림과

같이 제1사분면을 지나지 않는다.

18 답 ②

직선 $y=3x+2$의 x절편은 $-\dfrac{2}{3}$, y절편은

2이고, 두 직선 $y=3x$, $y=2$의 교점의 좌

표는 $\left(\dfrac{2}{3}, 2\right)$이다.

따라서 주어진 세 직선과 x축으로 둘러

싸인 도형은 오른쪽 그림과 같이 평행사변형이므로 구하는 도형

의 넓이는 $\dfrac{2}{3}\times2=\dfrac{4}{3}$

19 답 $a\geq3$

$x-5=\dfrac{x-a}{3}$에서 $3x-15=x-a$

$2x=-a+15$ $\therefore x=\dfrac{15-a}{2}$ $\cdots\cdots$ ❶

해가 6보다 크지 않으므로 $\dfrac{15-a}{2}\leq6$ $\cdots\cdots$ ❷

$15-a\leq12$, $-a\leq-3$ $\therefore a\geq3$ $\cdots\cdots$ ❸

채점 기준	배점
❶ 일차방정식의 해 구하기	2점
❷ a에 대한 부등식 세우기	2점
❸ a의 값의 범위 구하기	2점

20 답 97점

다섯 번째 시험에서 x점을 받는다고 하면

$$\frac{79+86+82+81+x}{5} \geq 85 \qquad \cdots\cdots \text{❶}$$

$$328+x \geq 425 \qquad \therefore x \geq 97 \qquad \cdots\cdots \text{❷}$$

따라서 97점 이상을 받아야 한다. $\qquad \cdots\cdots \text{❸}$

채점 기준	배점
❶ 부등식 세우기	3점
❷ 부등식의 해 구하기	2점
❸ 몇 점 이상을 받아야 하는지 구하기	1점

21 답 $x=3,\ y=-2$

$4x+7y=-4x-5y=-2$에서

$$\begin{cases} 4x+7y=-2 & \cdots\cdots ㉠ \\ -4x-5y=-2 & \cdots\cdots ㉡ \end{cases} \qquad \cdots\cdots \text{❶}$$

㉠+㉡을 하면 $2y=-4 \qquad \therefore y=-2$

$y=-2$를 ㉠에 대입하면

$4x-14=-2,\ 4x=12 \qquad \therefore x=3 \qquad \cdots\cdots \text{❷}$

채점 기준	배점
❶ 연립방정식 세우기	2점
❷ 연립방정식의 해 구하기	2점

22 답 19

처음 자연수의 십의 자리의 숫자를 x, 일의 자리의 숫자를 y라 하면

$$\begin{cases} 2x=y-7 \\ 10y+x=(10x+y)+72 \end{cases} \qquad \cdots\cdots \text{❶}$$

즉, $\begin{cases} 2x-y=-7 & \cdots\cdots ㉠ \\ x-y=-8 & \cdots\cdots ㉡ \end{cases}$

㉠-㉡을 하면 $x=1$

$x=1$을 ㉠에 대입하면 $2-y=-7 \qquad \therefore y=9 \qquad \cdots\cdots \text{❷}$

따라서 처음 수는 19이다. $\qquad \cdots\cdots \text{❸}$

채점 기준	배점
❶ 연립방정식 세우기	3점
❷ 연립방정식의 해 구하기	3점
❸ 처음 수 구하기	1점

23 답 18초

점 P는 매초 2 cm씩 움직이므로 x초 후에는 $2x$ cm를 움직인다.

점 P가 $\overline{CD}$ 위에 있을 때

$\overline{DP}=\overline{AB}+\overline{BC}+\overline{CD}-2x=44-2x$ (cm)이므로

$\overline{CP}=12-(44-2x)=2x-32$ (cm) $\qquad \cdots\cdots \text{❶}$

$$y=\frac{1}{2}\times\{12+(2x-32)\}\times 20$$

$$=20x-200 \qquad \cdots\cdots \text{❷}$$

$y=20x-200$에 $y=160$을 대입하면 $x=18$

따라서 사각형 ABCP의 넓이는 18초 후에 160 cm²가 된다.

$\qquad\qquad \cdots\cdots \text{❸}$

채점 기준	배점
❶ $\overline{CP}$의 길이 구하기	3점
❷ x와 y 사이의 관계를 식으로 나타내기	2점
❸ 몇 초 후에 넓이가 160 cm²가 되는지 구하기	2점

기말고사 대비 실전 모의고사 2회 117쪽~120쪽

01 ②, ④	02 ②	03 ③	04 ④	05 ②
06 ④	07 ①	08 ③	09 ⑤	10 ②
11 ③	12 ⑤	13 ①	14 ④	15 ②
16 ⑤	17 ③	18 ⑤	19 $x \leq 2$	20 7 cm
21 51만 원	22 −1	23 (1) $y=60-2x$ (2) 50 m		

01 답 ②, ④

② $x-5 \geq 4x$ ④ $2(x+10) \geq 30$

따라서 옳지 않은 것은 ②, ④이다.

02 답 ②

$-1<x<3$의 각 변에 3을 곱하면 $-3<3x<9$

각 변에 2를 더하면 $-1<3x+2<11 \qquad \therefore -1<A<11$

03 답 ③

$\dfrac{x}{3}-\dfrac{4}{5}<\dfrac{x}{5}$의 양변에 15를 곱하면

$5x-12<3x,\ 2x<12 \qquad \therefore x<6$

따라서 자연수 x는 1, 2, 3, 4, 5의 5개이다.

04 답 ④

초콜릿을 x개 산다고 하면

$200\times 15+600x+2000 \leq 10000,\ 600x \leq 5000 \qquad \therefore x \leq \dfrac{25}{3}$

따라서 초콜릿은 최대 8개까지 살 수 있다.

05 답 ②

집에서 상점까지의 거리를 x km라 하면

$\dfrac{x}{3}+\dfrac{10}{60}+\dfrac{x}{3} \leq \dfrac{30}{60},\ 2x+1+2x \leq 3,\ 4x \leq 2 \qquad \therefore x \leq \dfrac{1}{2}$

따라서 집에서 최대 0.5 km 이내에 있는 상점을 이용할 수 있다.

06 답 ④

$a:b=2:1$에서 $a=2b$

$x=2b,\ y=b$를 $3x-5y=15$에 대입하면

$6b-5b=15 \qquad \therefore b=15$

$b=15$를 $a=2b$에 대입하면 $a=30$

$\therefore a+b=30+15=45$

07 답 ①

① $\begin{cases} -2x+3y=4 & \cdots\cdots ㉠ \\ x+2y=5 & \cdots\cdots ㉡ \end{cases}$

㉠+㉡×2를 하면 $7y=14 \qquad \therefore y=2$

$y=2$를 ㉡에 대입하면 $x+4=5 \qquad \therefore x=1$

② $\begin{cases} x-2y=5 & \cdots\cdots ㉠ \\ 2x+3y=-4 & \cdots\cdots ㉡ \end{cases}$

㉠×2-㉡을 하면 $-7y=14 \qquad \therefore y=-2$

$y=-2$를 ㉠에 대입하면 $x+4=5 \qquad \therefore x=1$

③ $\begin{cases} y=-2x & \cdots\cdots ㉠ \\ x+y=-1 & \cdots\cdots ㉡ \end{cases}$

㉠을 ㉡에 대입하면 $x-2x=-1,\ -x=-1 \qquad \therefore x=1$

$x=1$을 ㉠에 대입하면 $y=-2$

④ $\begin{cases} x-y=3 & \cdots\cdots ㉠ \\ 3x-2y=7 & \cdots\cdots ㉡ \end{cases}$

㉠×2−㉡을 하면 $-x=-1$ ∴ $x=1$

$x=1$을 ㉠에 대입하면 $1-y=3$ ∴ $y=-2$

⑤ $\begin{cases} 3x+2y=-1 & \cdots\cdots ㉠ \\ 2x-5y=12 & \cdots\cdots ㉡ \end{cases}$

㉠×2−㉡×3을 하면 $19y=-38$ ∴ $y=-2$

$y=-2$를 ㉠에 대입하면 $3x-4=-1$, $3x=3$ ∴ $x=1$

따라서 해가 나머지 넷과 다른 하나는 ①이다.

---

08 탑 ③

$3x+2y=2(x+3)+y=3(2y-1)$에서

$\begin{cases} 3x+2y=2(x+3)+y \\ 3x+2y=3(2y-1) \end{cases}$, 즉 $\begin{cases} x+y=6 & \cdots\cdots ㉠ \\ 3x-4y=-3 & \cdots\cdots ㉡ \end{cases}$

㉠×4+㉡을 하면 $7x=21$ ∴ $x=3$

$x=3$을 ㉠에 대입하면 $3+y=6$ ∴ $y=3$

---

09 탑 ⑤

$\begin{cases} ax-2(x+y)=5 \\ 2(x-y)=3-5y \end{cases}$, 즉 $\begin{cases} (a-2)x-2y=5 & \cdots\cdots ㉠ \\ 2x+3y=3 & \cdots\cdots ㉡ \end{cases}$

$x=3$, $y=b$를 ㉡에 대입하면 $6+3b=3$, $3b=-3$ ∴ $b=-1$

$x=3$, $y=-1$을 ㉠에 대입하면

$3(a-2)+2=5$, $3a=9$ ∴ $a=3$

∴ $a-b=3-(-1)=4$

---

10 탑 ②

혜선이는 12번 이기고 9번 졌고, 태준이는 9번 이기고 12번 졌으므로

$\begin{cases} 12a-9b=-15 \\ 9a-12b=-27 \end{cases}$, 즉 $\begin{cases} 4a-3b=-5 & \cdots\cdots ㉠ \\ 3a-4b=-9 & \cdots\cdots ㉡ \end{cases}$

㉠×3−㉡×4를 하면 $7b=21$ ∴ $b=3$

$b=3$을 ㉠에 대입하면 $4a-9=-5$, $4a=4$ ∴ $a=1$

---

11 탑 ③

② $y=\frac{1}{2}x^2+\frac{3}{2}$ ③ $y=-\frac{1}{4}x$ ⑤ $y=-2x^2+2x$

따라서 y가 x에 대한 일차함수인 것은 ③이다.

---

12 탑 ⑤

$y=-3x+4$의 그래프의 y절편은 4이고, $y=-x+a$의 그래프의 x절편은 a이므로 $a=4$

---

13 탑 ①

주어진 일차함수의 그래프를 그리면 오른쪽 그림과 같으므로 제4사분면을 지나지 않는 것은 ①이다.

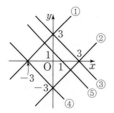

---

14 탑 ④

$y=-3x$의 그래프를 y축의 방향으로 2만큼 평행이동하면 $y=-3x+2$이고 그 그래프는 오른쪽 그림과 같다.

ㄷ. 제3사분면을 지나지 않는다.

ㅁ. $-3\times2+2=-4$이므로 점 $(2, -4)$를 지난다.

따라서 옳은 것은 ㄱ, ㄴ, ㄹ이다.

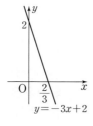

---

15 탑 ②

(기울기)$=\frac{3-5}{-2-2}=\frac{1}{2}$이므로 일차함수의 식을 $y=\frac{1}{2}x+b$

라 하면 이 그래프의 x절편이 3이므로

$0=\frac{1}{2}\times3+b$ ∴ $b=-\frac{3}{2}$

∴ $y=\frac{1}{2}x-\frac{3}{2}$

---

16 탑 ⑤

점 $(-2, -6)$을 지나고 x축에 수직인 직선은 $x=-2$

점 $(-3, -5)$를 지나고 y축에 수직인 직선은 $y=-5$

따라서 구하는 교점의 좌표는 $(-2, -5)$이다.

---

17 탑 ③

직선 $x+y-5=0$이 두 직선 $x-2y+4=0$, $ax-3y+1=0$의 교점을 지나므로 세 직선은 한 점을 지난다.

$\begin{cases} x+y-5=0 & \cdots\cdots ㉠ \\ x-2y+4=0 & \cdots\cdots ㉡ \end{cases}$

㉠−㉡을 하면 $3y-9=0$, $3y=9$ ∴ $y=3$

$y=3$을 ㉠에 대입하면 $x+3-5=0$ ∴ $x=2$

따라서 직선 $ax-3y+1=0$이 점 $(2, 3)$을 지나므로

$2a-9+1=0$, $2a=8$ ∴ $a=4$

---

18 탑 ⑤

$\begin{cases} ax-4y=8 \\ 2x-y=2 \end{cases}$, 즉 $\begin{cases} ax-4y=8 \\ 8x-4y=8 \end{cases}$의 해가 무수히 많으므로 $a=8$

다른 풀이

$\frac{a}{2}=\frac{-4}{-1}=\frac{8}{2}$에서 $a=8$

---

19 탑 $x\le2$

$\frac{2a-1}{3}<\frac{-a+4}{2}$에서 $2(2a-1)<3(-a+4)$

$4a-2<-3a+12$, $7a<14$ ∴ $a<2$ ⋯⋯❶

$ax+4\ge2x+2a$에서 $(a-2)x\ge2(a-2)$ ⋯⋯❷

이때 $a<2$에서 $a-2<0$이므로 양변을 $(a-2)$로 나누면 부등호의 방향이 바뀐다.   ∴ $x\le2$ ⋯⋯❸

채점 기준	배점
❶ a의 값의 범위 구하기	2점
❷ 일차부등식 $ax+4\ge2x+2a$를 $px\ge q$ 꼴로 나타내기	2점
❸ 일차부등식 $ax+4\ge2x+2a$의 해 구하기	3점

---

20 탑 7 cm

사다리꼴의 윗변의 길이를 x cm라 하면

$\frac{1}{2}\times(x+9)\times4\ge32$ ⋯⋯❶

$2(x+9)\ge32$, $2x\ge14$ ∴ $x\ge7$ ⋯⋯❷

따라서 윗변의 길이는 7 cm 이상이어야 한다.   ⋯⋯❸

채점 기준	배점
❶ 부등식 세우기	3점
❷ 부등식의 해 구하기	2점
❸ 윗변의 길이는 몇 cm 이상이어야 하는지 구하기	1점

21 답 51만 원

제품 A를 x개, 제품 B를 y개 만들었다고 하면

$$\begin{cases} 4x+2y=30 & \cdots\cdots ㉠ \\ 5x+y=33 & \cdots\cdots ㉡ \end{cases} \quad \cdots\cdots ❶$$

㉠$-$㉡$\times 2$를 하면 $-6x=-36$ $\therefore x=6$

$x=6$을 ㉡에 대입하면 $30+y=33$ $\therefore y=3$ $\cdots\cdots ❷$

따라서 제품 A는 6개, 제품 B는 3개 만들었으므로 총이익은

$6\times 7+3\times 3=42+9=51$(만 원) $\cdots\cdots ❸$

채점 기준	배점
❶ 연립방정식 세우기	3점
❷ 연립방정식의 해 구하기	2점
❸ 총이익 구하기	2점

22 답 -1

연립방정식의 해는 그래프의 교점의 좌표와 같으므로

$2x-y+6=0$에 $x=-2$를 대입하면

$-4-y+6=0$ $\therefore y=2$ $\cdots\cdots ❶$

따라서 $x=-2$, $y=2$를 $ax+y=4$에 대입하면

$-2a+2=4$, $-2a=2$ $\therefore a=-1$ $\cdots\cdots ❷$

채점 기준	배점
❶ 교점의 y좌표 구하기	2점
❷ a의 값 구하기	2점

23 답 (1) $y=60-2x$ (2) 50 m

(1) 1초에 2 m씩 내려오므로 $y=60-2x$ $\cdots\cdots ❶$

(2) $y=60-2x$에 $x=5$를 대입하면 $y=60-2\times 5=50$

따라서 5초 후의 지상으로부터의 엘리베이터의 높이는 50 m이다. $\cdots\cdots ❷$

채점 기준	배점
❶ x와 y 사이의 관계를 식으로 나타내기	3점
❷ 5초 후의 지상으로부터의 엘리베이터의 높이 구하기	3점

기말고사 대비 실전 모의고사 ③회 121쪽~124쪽

01 ③	02 ④	03 ③	04 ④	05 ⑤
06 ⑤	07 ④	08 ⑤	09 ①	10 ⑤
11 ③	12 ⑤	13 ①	14 ②	15 ②
16 ③	17 ④	18 ⑤	19 $a\leq -\dfrac{10}{3}$	
20 600 m	21 3경기	22 3	23 4	

01 답 ③

ㄱ, ㄴ, ㄹ. 부등식   ㄷ. 일차식   ㅁ, ㅂ. 등식

따라서 부등식은 ㄱ, ㄴ, ㄹ의 3개이다.

02 답 ④

$\dfrac{x+2}{3}\geq \dfrac{x-1}{2}-x$에서 $2(x+2)\geq 3(x-1)-6x$

$2x+4\geq -3x-3$, $5x\geq -7$ $\therefore x\geq -\dfrac{7}{5}$

03 답 ③

$6x-3<3(x+a)$에서 $6x-3<3x+3a$

$3x<3a+3$ $\therefore x<a+1$

이 부등식을 만족시키는 자연수 x가 2개이므로

$2<a+1\leq 3$ $\therefore 1<a\leq 2$

04 답 ④

9 %의 소금물을 x g 넣는다고 하면

$$\dfrac{6}{100}\times 50+\dfrac{9}{100}\times x\geq \dfrac{8}{100}\times (50+x)$$

$300+9x\geq 8(50+x)$, $300+9x\geq 400+8x$ $\therefore x\geq 100$

따라서 9 %의 소금물은 최소 100 g 넣어야 한다.

05 답 ⑤

x, y가 20보다 작은 자연수일 때, $4x-y=1$의 해는

$(1, 3)$, $(2, 7)$, $(3, 11)$, $(4, 15)$, $(5, 19)$의 5개이다.

06 답 ⑤

$$\begin{cases} 2x-y=8 \\ 0.5x-\dfrac{1}{6}y=1 \end{cases}, 즉 \begin{cases} 2x-y=8 & \cdots\cdots ㉠ \\ 3x-y=6 & \cdots\cdots ㉡ \end{cases}$$

㉠$-$㉡을 하면 $-x=2$ $\therefore x=-2$

$x=-2$를 ㉠에 대입하면 $-4-y=8$ $\therefore y=-12$

따라서 $a=-2$, $b=-12$이므로 $ab=-2\times (-12)=24$

07 답 ④

$x=a$, $y=b$를 주어진 연립방정식에 대입하면

$$\begin{cases} 2a+8b=6-m & \cdots\cdots ㉠ \\ a-5b=18+m & \cdots\cdots ㉡ \end{cases}$$

㉠$+$㉡을 하면 $3a+3b=24$ $\therefore a+b=8$

08 답 ⑤

$$\begin{cases} 5x+3y=18 & \cdots\cdots ㉠ \\ 2x-3y=3 & \cdots\cdots ㉡ \end{cases}$$

㉠$+$㉡을 하면 $7x=21$ $\therefore x=3$

$x=3$을 ㉡에 대입하면 $6-3y=3$, $-3y=-3$ $\therefore y=1$

따라서 $x=3$, $y=1$을 $\dfrac{2}{3}x-ay=-1$에 대입하면

$2-a=-1$ $\therefore a=3$

09 답 ①

$$\begin{cases} 4x+3y=-3 & \cdots\cdots ㉠ \\ 2x-y=11 & \cdots\cdots ㉡ \end{cases}$$

㉠$-$㉡$\times 2$를 하면 $5y=-25$ $\therefore y=-5$

$y=-5$를 ㉡에 대입하면 $2x+5=11$, $2x=6$ $\therefore x=3$

$x=3$, $y=-5$를 $x-ay=6a$에 대입하면

$3+5a=6a$ $\therefore a=3$

$x=3$, $y=-5$를 $3x+by=4$에 대입하면

$9-5b=4$, $-5b=-5$ $\therefore b=1$

$\therefore ab=3\times 1=3$

10 답 ⑤

합금 A의 양을 x g, 합금 B의 양을 y g이라 하면

$$\begin{cases} \dfrac{20}{100}x+\dfrac{10}{100}y=130 \\ \dfrac{30}{100}x+\dfrac{20}{100}y=220 \end{cases}, 즉 \begin{cases} 2x+y=1300 & \cdots\cdots ㉠ \\ 3x+2y=2200 & \cdots\cdots ㉡ \end{cases}$$

㉠$\times 2-$㉡을 하면 $x=400$

$x=400$을 ㉠에 대입하면 $800+y=1300$ $\therefore y=500$

따라서 합금 B는 500 g이 필요하다.

11 답 ③

$y=ax-6$의 그래프를 y축의 방향으로 b만큼 평행이동하면

$y=ax-6+b$

$y=ax-6+b$의 그래프가 점 $(-6, -19)$를 지나므로

$-19=-6a-6+b$, $-6a+b=-13$ $\quad$ ……㉠

$y=ax-6+b$의 그래프가 점 $(2, 5)$를 지나므로

$5=2a-6+b$, $2a+b=11$ $\quad$ ……㉡

㉠, ㉡을 연립하여 풀면 $a=3$, $b=5$

$\therefore a-b=3-5=-2$

12 답 ⑤

$y=2x+a$의 그래프의 x절편이 -3이므로

$0=2\times(-3)+a$ $\quad \therefore a=6$

따라서 $y=2x+6$의 그래프의 y절편은 6이다.

13 답 ①

① x절편은 4이다.

따라서 옳지 않은 것은 ①이다.

14 답 ②

오른쪽 아래로 향하는 직선이므로 $-a<0$ $\quad \therefore a>0$

y축과 양의 부분에서 만나므로 $-b>0$ $\quad \therefore b<0$

15 답 ②

주어진 그래프가 두 점 $(2, 0)$, $(0, 3)$을 지나므로

$(기울기)=\dfrac{3-0}{0-2}=-\dfrac{3}{2}$

y절편이 3이므로 $y=-\dfrac{3}{2}x+3$

이 그래프가 점 $(2a, 5-a)$를 지나므로

$5-a=-3a+3$, $2a=-2$ $\quad \therefore a=-1$

16 답 ③

주어진 그래프가 두 점 $(4, 200)$, $(0, 300)$을 지나므로

$(기울기)=\dfrac{300-200}{0-4}=-25$

y절편이 300이므로 $y=-25x+300$

$y=-25x+300$에 $y=50$을 대입하면

$50=-25x+300$ $\quad \therefore x=10$

따라서 10시간 후에 남은 물의 양이 50 mL가 된다.

17 답 ④

연립방정식 $\begin{cases} 3x-y+7=0 \\ x+y-11=0 \end{cases}$을 풀면 $x=1$, $y=10$

즉, 직선 $y=ax+b$는 두 점 $(-2, -2)$, $(1, 10)$을 지나므로

$a=\dfrac{10-(-2)}{1-(-2)}=4$

직선 $y=4x+b$가 점 $(1, 10)$을 지나므로

$10=4+b$ $\quad \therefore b=6$

$\therefore ab=4\times6=24$

18 답 ⑤

$\begin{cases} 2x+y=-1 \\ 4x+2y=a \end{cases}$, 즉 $\begin{cases} 4x+2y=-2 \\ 4x+2y=a \end{cases}$의 해가 무수히 많으므로

$a=-2$

$\begin{cases} 2x-y=3 \\ bx-2y=2 \end{cases}$, 즉 $\begin{cases} 4x-2y=6 \\ bx-2y=2 \end{cases}$의 해가 없으므로 $b=4$

$\therefore a+b=-2+4=2$

19 답 $a\leq-\dfrac{10}{3}$

$-3(a+x)<10-2x$에서

$-3a-3x<10-2x$ $\quad \therefore x>-3a-10$ $\quad$ ……❶

이 부등식을 만족시키는 음수 x가 존재하지 않으므로

$-3a-10\geq0$, $-3a\geq10$ $\quad \therefore a\leq-\dfrac{10}{3}$ $\quad$ ……❷

채점 기준	배점
❶ 부등식의 해 구하기	3점
❷ a의 값의 범위 구하기	4점

20 답 600 m

연아가 걸은 거리를 x m라 하면 뛴 거리는 $(2600-x)$ m이므로

$\dfrac{x}{50}+\dfrac{2600-x}{250}\leq20$ $\quad$ ……❶

$5x+(2600-x)\leq5000$, $4x\leq2400$ $\quad \therefore x\leq600$ $\quad$ ……❷

따라서 연아가 걸은 거리는 최대 600 m이다. $\quad$ ……❸

채점 기준	배점
❶ 부등식 세우기	4점
❷ 부등식의 해 구하기	2점
❸ 걸은 거리는 최대 몇 m인지 구하기	1점

21 답 3경기

x경기를 이기고 y경기를 졌다고 하면

$\begin{cases} x=y+2 & ……㉠ \\ 2x+y=7 & ……㉡ \end{cases}$ $\quad$ ……❶

㉠을 ㉡에 대입하면

$2(y+2)+y=7$, $3y=3$ $\quad \therefore y=1$

$y=1$을 ㉠에 대입하면 $x=3$ $\quad$ ……❷

따라서 두 사람이 속한 반은 3경기를 이겼다. $\quad$ ……❸

채점 기준	배점
❶ 연립방정식 세우기	3점
❷ 연립방정식의 해 구하기	2점
❸ 몇 경기를 이겼는지 구하기	1점

22 답 3

$y=-x+a$의 그래프를 y축의 방향으로 3만큼 평행이동하면

$y=-x+a+3$ $\quad$ ……❶

이 그래프의 x절편이 $2a$이므로

$0=-2a+a+3$ $\quad \therefore a=3$ $\quad$ ……❷

채점 기준	배점
❶ 평행이동한 그래프를 나타내는 일차함수의 식 구하기	2점
❷ a의 값 구하기	2점

23 답 4

네 직선 $x=\dfrac{3}{2}$, $y=-a$, $x=-3$,

$y=\dfrac{2}{3}a$는 오른쪽 그림과 같으므로

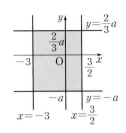

(네 직선으로 둘러싸인 도형의 넓이)

$=\left(\dfrac{3}{2}+3\right)\times\left(\dfrac{2}{3}a+a\right)=30$ ······ ❶

$\dfrac{15}{2}a=30$ ∴ $a=4$ ······ ❷

채점 기준	배점
❶ 도형의 넓이 구하는 식 세우기	4점
❷ a의 값 구하기	2점

기말고사 대비 **실전 모의고사 ④회** 125쪽~128쪽

01 ⑤	02 ④	03 ②	04 ⑤	05 ④
06 ②	07 ③	08 ①	09 ⑤	10 ②
11 ③	12 ②	13 ⑤	14 ⑤	15 ③
16 ③	17 ④	18 ②	19 -6	
20 $a=2, b=2$		21 10	22 8	23 $x=-1$

01 답 ⑤

⑤ $a<0<b$이면 $a^2>0$이고 $ab<0$이므로 $a^2>ab$이다.

따라서 옳지 않은 것은 ⑤이다.

02 답 ④

① $3x+7\le x+11$에서 $2x\le4$ ∴ $x\le2$

② $x+7\le5x+11$에서 $-4x\le4$ ∴ $x\ge-1$

③ $-2x+5\ge x+11$에서 $-3x\ge6$ ∴ $x\le-2$

④ $-x+3\le x-1$에서 $-2x\le-4$ ∴ $x\ge2$

⑤ $5x+4<3x+8$에서 $2x<4$ ∴ $x<2$

따라서 해가 수직선의 x의 값의 범위인 $x\ge2$인 것은 ④이다.

03 답 ②

$ax+7>2x-3$에서 $ax-2x>-3-7$, $(a-2)x>-10$

이 부등식의 해가 $x<10$이므로 $a-2<0$이고 $x<\dfrac{-10}{a-2}$

따라서 $\dfrac{-10}{a-2}=10$이므로 $a-2=-1$ ∴ $a=1$

04 답 ⑤

한 번에 상자를 x개 운반한다고 하면

$65+60+50x\le750$, $50x\le625$ ∴ $x\le12.5$

따라서 한 번에 운반할 수 있는 상자는 최대 12개이다.

05 답 ④

④ $2\times4-2=6\ne10$

따라서 일차방정식 $2x-y=10$의 해가 아닌 것은 ④이다.

06 답 ②

x, y가 자연수일 때,

$x+y=3$의 해는 $(1, 2)$, $(2, 1)$

$2x-y=3$의 해는 $(2, 1)$, $(3, 3)$, $(4, 5)$, $\cdots$

따라서 주어진 연립방정식의 해는 $(2, 1)$이다.

07 답 ③

$\begin{cases}3(-x+2y)=-x+12\\x:y=5:2\end{cases}$, 즉 $\begin{cases}-2x+6y=12 & \cdots\cdots\ ㉠\\2x-5y=0 & \cdots\cdots\ ㉡\end{cases}$

㉠+㉡을 하면 $y=12$

$y=12$를 ㉡에 대입하면 $2x-60=0$ ∴ $x=30$

∴ $x+y=30+12=42$

08 답 ①

주어진 방정식에서 $\begin{cases}ax-2y=4\\x+by=4\end{cases}$

$x=-2$, $y=3$을 $ax-2y=4$에 대입하면

$-2a-6=4$, $-2a=10$ ∴ $a=-5$

$x=-2$, $y=3$을 $x+by=4$에 대입하면

$-2+3b=4$, $3b=6$ ∴ $b=2$

∴ $a+b=-5+2=-3$

09 답 ⑤

$x-3y=0$, 즉 $x=3y$를 주어진 연립방정식에 대입하면

$\begin{cases}2y=a & \cdots\cdots\ ㉠\\3y=a+1 & \cdots\cdots\ ㉡\end{cases}$

㉠을 ㉡에 대입하면 $3y=2y+1$ ∴ $y=1$

따라서 $y=1$을 ㉠에 대입하면 $a=2$

10 답 ②

걸어간 거리를 x km, 뛰어간 거리를 y km라 하면 집에서 출발하여 도서관에 도착할 때까지 걸린 시간은 1시간이므로

$\begin{cases}x+y=4\\\dfrac{x}{5}+\dfrac{1}{4}+\dfrac{y}{6}=1\end{cases}$, 즉 $\begin{cases}x+y=4 & \cdots\cdots\ ㉠\\12x+10y=45 & \cdots\cdots\ ㉡\end{cases}$

㉠$\times10-㉡$을 하면 $-2x=-5$ ∴ $x=\dfrac{5}{2}$

$x=\dfrac{5}{2}$를 ㉠에 대입하면 $\dfrac{5}{2}+y=4$ ∴ $y=\dfrac{3}{2}$

따라서 청아가 뛰어간 거리는 $\dfrac{3}{2}$ km이다.

11 답 ③

$f(x)=2x+3$에서 $f(a)=13$이므로

$2a+3=13$, $2a=10$ ∴ $a=5$

12 답 ②

$y=ax+2$의 그래프를 y축의 방향으로 -3만큼 평행이동하면

$y=ax+2-3$, 즉 $y=ax-1$

이 그래프가 $y=-3x+b$의 그래프와 서로 같으므로

$a=-3$, $b=-1$

$y=-3x-1$의 그래프가 점 $(-1, c)$를 지나므로 $c=3-1=2$

∴ $a+b+c=-3+(-1)+2=-2$

13 답 ⑤

$y=(5k-1)x+3k$의 그래프가 제1, 2, 4사분면을 지나므로

(기울기)$=5k-1<0$ ∴ $k<\dfrac{1}{5}$

(y절편)$=3k>0$ ∴ $k>0$

따라서 상수 k의 값이 될 수 없는 것은 ⑤이다.

14 답 ⑤

①, ②, ③, ④ (기울기)$=-\dfrac{1}{2}$ ⑤ (기울기)$=2$

따라서 서로 평행하지 않은 것은 ⑤이다.

15 답 ③

$y=3x+6$의 그래프의 x절편은 -2,

$y=-x+5$의 그래프의 y절편은 5이므로

$y=ax+b$의 그래프는 두 점 $(-2, 0)$, $(0, 5)$를 지난다.

따라서 $a=\dfrac{5-0}{0-(-2)}=\dfrac{5}{2}$, $b=5$이므로

$a+b=\dfrac{5}{2}+5=\dfrac{15}{2}$

16 답 ③

1분에 $2\,\text{mL}$씩 들어가므로 x분 동안 $2x\,\text{mL}$ 들어간다.

처음 링거액의 양을 $a\,\text{mL}$라 하면

$y=a-2x$

$y=a-2x$에 $x=40$, $y=420$을 대입하면

$420=a-2\times40$ ∴ $a=500$

∴ $y=500-2x$

17 답 ④

연립방정식 $\begin{cases} 2x-y=4 \\ x+y=5 \end{cases}$를 풀면 $x=3$, $y=2$

따라서 점 $(3, 2)$를 지나면서 x축에 평행한 직선은 $y=2$이다.

18 답 ②

연립방정식 $\begin{cases} x+y=4 \\ 3x-2y=2 \end{cases}$를 풀면

$x=2$, $y=2$

즉, 두 직선의 교점의 좌표는 $(2, 2)$이

고 두 직선의 x절편은 각각 4, $\dfrac{2}{3}$이므로

구하는 삼각형의 넓이는

$\dfrac{1}{2}\times\left(4-\dfrac{2}{3}\right)\times2=\dfrac{10}{3}$

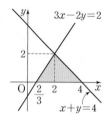

19 답 -6

$x-\dfrac{4x-3}{3}>-2$의 양변에 3을 곱하면 $3x-(4x-3)>-6$

$-x>-9$, $x<9$ ∴ $a=9$ ······❶

$0.2(3x-2)\leq0.3x-0.6$의 양변에 10을 곱하면

$2(3x-2)\leq3x-6$, $6x-4\leq3x-6$

$3x\leq-2$, $x\leq-\dfrac{2}{3}$ ∴ $b=-\dfrac{2}{3}$ ······❷

∴ $ab=9\times\left(-\dfrac{2}{3}\right)=-6$ ······❸

채점 기준	배점
❶ a의 값 구하기	3점
❷ b의 값 구하기	3점
❸ ab의 값 구하기	1점

20 답 $a=2$, $b=2$

$x=2$, $y=1$을 $x+ay=4$에 대입하면

$2+a=4$ ∴ $a=2$ ······❶

$x=2$, $y=1$을 $bx+y=5$에 대입하면

$2b+1=5$, $2b=4$ ∴ $b=2$ ······❷

채점 기준	배점
❶ a의 값 구하기	2점
❷ b의 값 구하기	2점

21 답 10

$\begin{cases} 3x-2y=-1 & \cdots\cdots\ \text{㉠} \\ 2x+3y=8 & \cdots\cdots\ \text{㉡} \end{cases}$

㉠$\times3+$㉡$\times2$를 하면 $13x=13$ ∴ $x=1$

$x=1$을 ㉠에 대입하면

$3-2y=-1$, $-2y=-4$ ∴ $y=2$ ······❶

$x=1$, $y=2$를 $ax-y=13$에 대입하면

$a-2=13$ ∴ $a=15$

$x=1$, $y=2$를 $3x+5by=-47$에 대입하면

$3+10b=-47$, $10b=-50$ ∴ $b=-5$ ······❷

∴ $a+b=15+(-5)=10$ ······❸

채점 기준	배점
❶ 두 연립방정식의 해 구하기	2점
❷ a, b의 값을 각각 구하기	3점
❸ $a+b$의 값 구하기	1점

22 답 8

$y=-x+3$의 그래프를 y축의 방향으로 2만큼 평행이동하면

$y=-x+5$ ······❶

따라서 직선 $y=-x+5$의 x절편은 5, y절편은 5이므로

구하는 도형의 넓이는

$\left(\dfrac{1}{2}\times5\times5\right)-\left(\dfrac{1}{2}\times3\times3\right)=8$ ······❷

채점 기준	배점
❶ 평행이동한 그래프를 나타내는 일차함수의 식 구하기	2점
❷ 주어진 도형의 넓이 구하기	5점

23 답 $x=-1$

연립방정식 $\begin{cases} 4x-y+3=0 \\ x+2y+3=0 \end{cases}$을 풀면 $x=-1$, $y=-1$

즉, 두 직선의 교점의 좌표는 $(-1, -1)$이다.   ······❶

따라서 직선 $y=k$에 수직이고, 점 $(-1, -1)$을 지나는 직선의

방정식은 $x=-1$이다.   ······❷

채점 기준	배점
❶ 두 직선 $4x-y+3=0$, $x+2y+3=0$의 교점의 좌표 구하기	4점
❷ 직선 $y=k$에 수직이고 두 직선 $4x-y+3=0$, $x+2y+3=0$의 교점을 지나는 직선의 방정식 구하기	2점

기말고사 대비 **실전 모의고사** 5회

129쪽~132쪽

01 ③	02 ②	03 ③	04 ④	05 ④
06 ②	07 ①	08 ①	09 ③	10 ⑤
11 ⑤	12 ⑤	13 ③	14 ②	15 ①
16 ②	17 ②	18 ③	19 4개	20 17개
21 3	22 2	23 8초		

01 답 ③

③ $2 \times 3 + 2 = 8 \leq 3 \times 3 - 5 = 4$ (거짓)

따라서 $x = 3$이 해가 아닌 것은 ③이다.

02 답 ②

$-1 < x \leq 3$의 각 변에 5를 곱하면 $-5 < 5x \leq 15$

각 변에 1을 더하면 $-4 < 5x + 1 \leq 16$

03 답 ③

$\dfrac{x-1}{18} - 1 > \dfrac{7x - 34}{3} - 2(x+10)$에서

$x - 1 - 18 > 6(7x - 34) - 36(x+10)$, $x - 19 > 6x - 564$

$-5x > -545$ ∴ $x < 109$

04 답 ④

x km 올라간다고 하면 $\dfrac{x}{3} + \dfrac{x}{5} \leq 4$

$5x + 3x \leq 60$, $8x \leq 60$ ∴ $x \leq \dfrac{15}{2}$

따라서 최대 $\dfrac{15}{2}$ km까지 올라갔다 내려올 수 있다.

05 답 ④

x, y가 자연수일 때, $2x + 3y = 25$의 해는

$(2, 7)$, $(5, 5)$, $(8, 3)$, $(11, 1)$의 4개이다.

06 답 ②

$x = 3$, $y = -1$을 주어진 일차방정식에 각각 대입하면

ㄱ. $2 \times 3 - 3 \times (-1) = 9$ ㄴ. $3 + 2 \times (-1) = 1 \neq 3$

ㄷ. $3 \times 3 + 5 \times (-1) - 4 = 0$ ㄹ. $-2 \times 3 + 4 = -2 \neq -1$

따라서 두 일차방정식 ㄱ, ㄷ을 짝 지어 만든 연립방정식의 해가

$x = 3$, $y = -1$이다.

07 답 ①

$\begin{cases} 2x + 3y = -1 & \cdots\cdots ㉠ \\ x - 2y = 10 & \cdots\cdots ㉡ \end{cases}$

㉠$-$㉡$\times 2$를 하면 $7y = -21$ ∴ $y = -3$

$y = -3$을 ㉡에 대입하면 $x + 6 = 10$ ∴ $x = 4$

따라서 $x = 4$, $y = -3$을 $x + y = a$에 대입하면

$4 - 3 = a$ ∴ $a = 1$

08 답 ①

$\begin{cases} \dfrac{x}{4} - \dfrac{y}{6} = 1 \\ 0.25x + 0.5y = 3 \end{cases}$, 즉 $\begin{cases} 3x - 2y = 12 & \cdots\cdots ㉠ \\ x + 2y = 12 & \cdots\cdots ㉡ \end{cases}$

㉠$+$㉡을 하면 $4x = 24$ ∴ $x = 6$

$x = 6$을 ㉡에 대입하면 $6 + 2y = 12$, $2y = 6$ ∴ $y = 3$

즉, $\begin{cases} 6x - 3y = 15 \\ 3x + 6y = 15 \end{cases}$에서 $\begin{cases} 2x - y = 5 & \cdots\cdots ㉢ \\ x + 2y = 5 & \cdots\cdots ㉣ \end{cases}$

㉢$\times 2 +$㉣을 하면 $5x = 15$ ∴ $x = 3$

$x = 3$을 ㉢에 대입하면 $6 - y = 5$ ∴ $y = 1$

따라서 $m = 3$, $n = 1$이므로 $m + n = 3 + 1 = 4$

09 답 ②

$x = 5$, $y = 9$는 $bx - y = 11$의 해이므로

$5b - 9 = 11$, $5b = 20$ ∴ $b = 4$

$x = 6$, $y = -5$는 $x + ay = -4$의 해이므로

$6 - 5a = -4$, $-5a = -10$ ∴ $a = 2$

따라서 처음 연립방정식은 $\begin{cases} x + 2y = -4 & \cdots\cdots ㉠ \\ 4x - y = 11 & \cdots\cdots ㉡ \end{cases}$

㉠$+$㉡$\times 2$를 하면 $9x = 18$ ∴ $x = 2$

$x = 2$를 ㉠에 대입하면

$2 + 2y = -4$, $2y = -6$ ∴ $y = -3$

10 답 ⑤

지난달에 판매한 상의가 x벌, 하의가 y벌이라 하면

$\begin{cases} x + y = 200 \\ \dfrac{20}{100}x - \dfrac{15}{100}y = 12 \end{cases}$, 즉 $\begin{cases} x + y = 200 & \cdots\cdots ㉠ \\ 4x - 3y = 240 & \cdots\cdots ㉡ \end{cases}$

㉠$\times 3 +$㉡을 하면 $7x = 840$ ∴ $x = 120$

$x = 120$을 ㉠에 대입하면 $120 + y = 200$ ∴ $y = 80$

따라서 이달의 하의 판매량은

$80 - 80 \times \dfrac{15}{100} = 68$(벌)

11 답 ⑤

① $y = 4x$ ② $y = 20x$ ③ $y = 5x$

④ $100x + 200y = 1500$에서 $y = -\dfrac{1}{2}x + \dfrac{15}{2}$

⑤ $y = \pi x^2$

따라서 y가 x에 대한 일차함수가 아닌 것은 ⑤이다.

12 답 ⑤

$f(x) = 5x - a$에서 $f(-2) = -5$이므로

$5 \times (-2) - a = -5$ ∴ $a = -5$

따라서 $f(x) = 5x + 5$이므로

$f(3) = 5 \times 3 + 5 = 20$, $f(-4) = 5 \times (-4) + 5 = -15$

∴ $3f(3) + 2f(-4) = 3 \times 20 + 2 \times (-15) = 30$

13 답 ③

$y = \dfrac{4}{3}x + a$의 그래프가 점 $(-3, 1)$을 지나므로

$1 = -4 + a$ ∴ $a = 5$

$y = \dfrac{4}{3}x + 5$의 그래프를 y축의 방향으로 b만큼 평행이동하면

$y = \dfrac{4}{3}x + 5 + b$

이 그래프가 점 $(6, 5)$를 지나므로 $5 = 8 + 5 + b$ ∴ $b = -8$

∴ $a - b = 5 - (-8) = 13$

14 답 ②

$y = \dfrac{5}{3}x + 15$의 그래프의 x절편은 -9

$y = -2x - 1 + 2k$의 그래프의 y절편은 $-1 + 2k$

따라서 $-9 = -1 + 2k$이므로 $2k = -8$ ∴ $k = -4$

15 답 ①

두 점 $(-6, 2)$, $(3, 5)$를 지나는 일차함수의 그래프에서

$(기울기) = \dfrac{5 - 2}{3 - (-6)} = \dfrac{1}{3}$ ∴ $a = \dfrac{1}{3}$

y절편이 b이므로 일차함수의 식을 $y = \dfrac{1}{3}x + b$라 하면

이 그래프가 점 $(3, 5)$를 지나므로

$5 = 1 + b$ ∴ $b = 4$

따라서 $y = \dfrac{1}{3}x + 4$의 그래프의 x절편은 -12이므로 $c = -12$

∴ $abc = \dfrac{1}{3} \times 4 \times (-12) = -16$

16 답 ②

6분 동안 양초의 길이가 4 cm 짧아졌으므로 1분마다 양초의 길이는 $\dfrac{2}{3}$ cm씩 짧아진다. 처음 양초의 길이를 a cm라 하고, 불을 붙인 지 x분 후의 양초의 길이를 y cm라 하면 $y=a-\dfrac{2}{3}x$

불을 붙인 지 9분 후의 양초의 길이가 14 cm이므로

$y=a-\dfrac{2}{3}x$에 $x=9$, $y=14$를 대입하면

$14=a-\dfrac{2}{3}\times 9$ $\therefore a=20$

따라서 처음 양초의 길이는 20 cm이다.

17 답 ②

$ax+by+c=0$에서 $y=-\dfrac{a}{b}x-\dfrac{c}{b}$

주어진 그래프에서 $-\dfrac{a}{b}<0$, $-\dfrac{c}{b}>0$이므로 $\dfrac{a}{b}>0$, $\dfrac{c}{b}<0$

$\therefore a>0$, $b>0$, $c<0$ 또는 $a<0$, $b<0$, $c>0$

18 답 ③

직선 $2x+y-8=0$, 즉 $y=-2x+8$의 x절편은 4, y절편은 8이다.

두 직선의 교점의 좌표가 $(0, 8)$이므로

$ax-y+b=0$에서 $b=8$

직선 $ax-y+8=0$, 즉 $y=ax+8$의 x절편은 $-\dfrac{8}{a}$이고, 색칠한 도형의 넓이가 48이므로

$\dfrac{1}{2}\times\left(-\dfrac{8}{a}-4\right)\times 8=48$, $-\dfrac{8}{a}-4=12$ $\therefore a=-\dfrac{1}{2}$

$\therefore ab=-\dfrac{1}{2}\times 8=-4$

19 답 4개

$3x-2\geq 7x+a$에서 $-4x\geq a+2$ $\therefore x\leq -\dfrac{a+2}{4}$ ……❶

부등식을 만족시키는 자연수 x가 3개이므로

$3\leq -\dfrac{a+2}{4}<4$, $-16<a+2\leq -12$

$\therefore -18<a\leq -14$ ……❷

따라서 정수 a는 -17, -16, -15, -14의 4개이다.   ……❸

채점 기준	배점
❶ 주어진 부등식의 해 구하기	2점
❷ a의 값의 범위 구하기	2점
❸ 정수 a는 모두 몇 개인지 구하기	2점

20 답 17개

배를 x개 산다고 하면

$1000x\times\left(1-\dfrac{25}{100}\right)>600x+2400$ ……❶

$750x>600x+2400$, $150x>2400$ $\therefore x>16$ ……❷

따라서 배를 17개 이상 사야 유리하다.   ……❸

채점 기준	배점
❶ 부등식 세우기	4점
❷ 부등식의 해 구하기	2점
❸ 배를 몇 개 이상 사야 유리한지 구하기	1점

21 답 3

x의 값이 y의 값보다 3만큼 크므로 $x=y+3$

즉, $\begin{cases} 3x-7y=1 & \cdots\cdots\ \text{㉠} \\ x=y+3 & \cdots\cdots\ \text{㉡} \end{cases}$

㉡을 ㉠에 대입하면 $3(y+3)-7y=1$, $-4y=-8$ $\therefore y=2$

$y=2$를 ㉡에 대입하면 $x=5$ ……❶

따라서 $x=5$, $y=2$를 $-x+4y=a$에 대입하면

$-5+8=a$ $\therefore a=3$ ……❷

채점 기준	배점
❶ 연립방정식 $\begin{cases} 3x-7y=1 \\ x=y+3 \end{cases}$의 해 구하기	2점
❷ a의 값 구하기	2점

22 답 2

$\begin{cases} x-3y=9 \\ ax+y=b \end{cases}$, 즉 $\begin{cases} x-3y=9 \\ -3ax-3y=-3b \end{cases}$의 해가 없으므로

$1=-3a$, $9\neq -3b$ $\therefore a=-\dfrac{1}{3}$, $b\neq -3$ ……❶

$x=6$, $y=-4$를 $-\dfrac{1}{3}x+y=b$에 대입하면

$b=-2-4=-6$ ……❷

$\therefore ab=-\dfrac{1}{3}\times(-6)=2$ ……❸

채점 기준	배점
❶ 연립방정식의 해가 존재하지 않기 위한 a, b의 조건 구하기	3점
❷ b의 값 구하기	2점
❸ ab의 값 구하기	1점

23 답 8초

점 P가 점 B를 출발한 지 x초 후의 $\triangle ABP$와 $\triangle DPC$의 넓이의 합을 y cm^{2}라 하면

$\overline{BP}=1.5x$ cm, $\overline{PC}=(20-1.5x)$ cm이므로

$y=\left(\dfrac{1}{2}\times 12\times 1.5x\right)+\left\{\dfrac{1}{2}\times 4\times(20-1.5x)\right\}$

$=9x+(40-3x)$

$=6x+40$ ……❶

$y=6x+40$에 $y=88$을 대입하면

$88=6x+40$ $\therefore x=8$

따라서 $\triangle ABP$와 $\triangle DPC$의 넓이의 합이 88 cm^{2}가 되는 것은 8초 후이다.   ……❷

채점 기준	배점
❶ x와 y 사이의 관계를 식으로 나타내기	4점
❷ 몇 초 후에 삼각형의 넓이의 합이 88 cm^{2}가 되는지 구하기	3점

특급기출

기출예상문제집

중학 수학 **2-1** 기말고사

정답 및 풀이